江苏省高等学校重点教材

（编号：2021-1-098）

焊接有限元技术

焊接CAE技术与应用

第2版

U0161564

初雅杰　主编

徐振钦　张　旭　等　副主编

化学工业出版社

·北京·

内 容 简 介

《焊接有限元技术——焊接 CAE 技术与应用》（第 2 版）介绍了有限元理论知识；有限元分析在焊接工程中，特别是在温度场、应力场及耦合场分析中的应用；ANSYS 基本操作、实体建模、网格划分和后处理等基本功能及相关操作步骤；ANSYS 命令流与参数化设计语言方面的知识以及材料连接（焊接）有限元分析工程案例。

本书可供高等本科院校焊接技术与工程、材料成型与控制工程专业教学使用，也可供焊接科研人员参考。

图书在版编目（CIP）数据

焊接有限元技术：焊接 CAE 技术与应用/初雅杰主编. —2 版. —北京：化学工业出版社，2023.11
江苏省高等学校重点教材
ISBN 978-7-122-44623-7

Ⅰ. ①焊…　Ⅱ. ①初…　Ⅲ. ①焊接-有限元分析-应用软件-高等学校-教材　Ⅳ. ①TG4-39

中国国家版本馆 CIP 数据核字（2023）第 228261 号

责任编辑：李玉晖　杨　菁　　　　　　　　装帧设计：张　辉
责任校对：王鹏飞

出版发行：化学工业出版社（北京市东城区青年湖南街 13 号　邮政编码 100011）
印　　　刷：三河市航远印刷有限公司
装　　　订：三河市宇新装订厂
787mm×1092mm　1/16　印张 15¾　彩插 2　字数 389 千字　2023 年 12 月北京第 2 版第 1 次印刷

购书咨询：010-64518888　　　　　　　售后服务：010-64518899
网　　　址：http://www.cip.com.cn
凡购买本书，如有缺损质量问题，本社销售中心负责调换。

定　　价：58.00 元　　　　　　　　　　　　　　　　版权所有　违者必究

前言

　　"焊接有限元技术（焊接 CAE 技术与应用）"是高等本科院校焊接技术与工程专业、材料成型与控制工程专业（焊接方向）的专业课程，主要讲授有限元原理和计算机辅助设计，帮助焊接专业学生利用有限元法对焊接结构件进行应力场、应变场和温度场的分析，在焊接专业本科人才培养中具有重要的地位。

　　本书注重贯彻"夯实基础，突出应用，培养能力"的基本指导思想，将有限元理论与焊接技术实践相结合，着重加强有限元技术在焊接领域的应用，引入电子封装、热喷涂、冷喷涂、堆焊及对焊等工程实例。通过焊接有限元技术的学习，学生能够获得有限元基础理论知识和数学建模能力，为学习后续课程以及从事有关的工程技术工作和科学研究工作打下一定的有限元基础。与《焊接有限元技术》第 1 版相比，第 2 版具有以下突出特点与创新。

　　（1）将课程思政融入教材中，用整体优化的观点构建本课程的知识体系和内在的逻辑联系。本书将课程思政、学习方法、教学心得融进教材，融入本领域先进技术与前沿知识，能适应不同层次学习者的选用，同时突出对学生工程应用能力和自学及创新能力的培养，符合应用型人才的培养目标。本书既适合于教学也便于自学，实用性强，能从一定程度上激发学生的学习兴趣。

　　（2）引领和促进教师在教学中贯彻项目教学法或焊接案例教学法。本书各主要章节的开始部分首先以工程案例作为导入内容，以激发学生学习兴趣和积极性，再通过对相关教学内容的介绍，达到使学生理解有限元分析理论和焊接工艺知识的目的。将典型焊接结构件的有限元分析融入教学之中，引导学生学以致用，培养其分析和解决问题的能力。本书编写内容具有创新性，体系结构完整，保留经典内容，融合目前先进焊接技术的各主要方面，体现了行业的新技术、新发展及对焊接人才的新要求，符合专业改革与发展方向。此外，为体现教材内容与实际生产的同步，邀请了企业高管参与编写，大部分的焊接结构和图片来源于实际生产，使本书更好地反映焊接行业的实际生产现状，扩大了学生的视野和知识面。

　　（3）以"大工程观"为指导，强化知识的工程背景。本书集专业知识、科普知识、行业新技术为一体，插入了大量直观的三维图片、简洁典型的二维图形和图表，图文并茂，可读性、趣味性、实用性强，符合认知规律。

　　（4）坚持推陈出新，认真处理好新旧教学内容、线上线下资源之间的关系。本书加强了对焊接新材料、新工艺、新技术内容（如 3D 打印技术、热喷涂、冷喷涂等）的介绍，以适应现代制造业材料成形生产技术水平和发展趋势，帮助学生扩大知识面和增强创新意识，满足应用型人才培养厚基础、强能力的要求。本书课件包括实例视频和部分命令流，读者可扫描二维码查看学习。

　　本书共分为 11 章，第 1 章主要介绍有限元理论知识。第 2 章主要介绍焊接工程中的有限元分析，特别是在温度场、应力场及耦合场的应用。第 3 章主要介绍 ANSYS 基本操作、实体建模、网格划分和后处理等基本功能及相关操作步骤。第 4 章主要介绍 ANSYS 命令流与参数化设计语言方面的知识。第 5 章～第 11 章主要介绍与材料连接（焊接）相关的工程案例。

本书通过详细的工程实例，并结合一些解决实际问题的相关经验技巧，融合 GUI 和 APDL 两种方式，向读者展示建模、分析计算以及处理结果。全部案例均来自科学研究和工程实践，其中部分案例参考了网上资料和本书参考文献。

本书由南京工程学院初雅杰担任主编，南京工程学院徐振钦、张旭，江苏中一环保科技股份有限公司夏浩，苏州迈哲焊接技术有限公司李晓伟担任副主编。各部分编写分工如下：南京工程学院初雅杰编写第 1 章，江苏中一环保科技股份有限公司夏浩编写第 2 章和第 7 章，南京工程学院徐振钦编写第 3 章，托普工业（江苏）有限公司浦杰编写第 4 章和第 10 章，南京工程学院张旭编写第 5 章和第 6 章，苏州迈哲焊接技术有限公司李晓伟编写第 8 章，江苏省特种设备安全监督检验研究院泰州分院戴永成编写第 9 章，托普工业（江苏）有限公司郭余龙编写第 11 章。书后所列参考文献为本书的编写起了重要的参考作用，在此谨向相关作者表示感谢。

本书可以作为本科、研究生教材，也可供焊接科研人员、工程技术人员参考。

由于编者水平有限，书中不足之处在所难免，敬请读者批评指正。

编者

焊接有限元技术
焊接 CAE 技术与应用
（第 2 版）

随着计算机技术的飞速发展，涌现出了许多通用和专用的科学研究和工程应用软件。ANSYS 是最为通用和有效的商用有限元软件之一，同时也引领着有限元的发展趋势，并为全球工业界广泛接受；它融结构、传热、流体和电磁分析于一体，具有极为强大的前后处理及计算分析能力。

ANSYS 是一个知识密集型的复杂高科技产品，版本更新较快，已经出版的中文资料很多，但它们多偏重于介绍 ANSYS 软件的基本操作和基础理论，仅是让读者快速地熟悉 ANSYS 软件的界面和基本功能。尽管有一些书籍对 ANSYS 在工程领域的应用做了一些介绍，但是对于该软件在材料连接（焊接）方面的介绍还是很少，特别是关于材料连接（焊接）的案例更少。网上的资料虽然比较丰富，但是缺乏完整性和系统性。读者要解决复杂的科学的工程应用方面的材料连接性问题，仅靠现有的 ANSYS 入门材料和简单的工程案例是远远不够的。于是，为了帮助焊接专业的读者尽快提高 ANSYS 软件用于材料连接的实战水平，我们编写了这本《焊接有限元技术》。

本书共分为 16 章，第 1 章～第 6 章主要介绍 ANSYS 基本操作、实体建模、网格划分和后处理等基本功能及相关操作步骤；第 7 章、第 8 章主要介绍 ANSYS 命令流与参数化设计语言方面的知识，以及 ANSYS 在焊接工程中的有限元分析，特别是在温度场、应力场及耦合场的应用；第 9 章～第 16 章主要介绍与材料连接（焊接）相关的工程案例。

本书分别介绍了 ANSYS 软件的使用功能及基本操作、有限元理论的基础知识、命令流及 APDL 的相关知识以及材料连接的工程实践案例。本书通过详细的工程实例，并结合一些解决实际问题的相关经验技巧，融合 GUI 和 APDL 两种方式，向读者展示了如何建模、分析计算以及处理结果。全部案例均来自科学研究和工程实践，其中有部分案例参考网上资料和书中提到的参考书籍。

本书由南京工程学院初雅杰主编，山东建筑大学刘鹏、安徽工业大学马群双、南京工程学院李晓泉、江苏双勤新能源科技有限公司夏浩担任副主编。各部分编写分工如下：初雅杰编写第 1 章～第 4 章，刘鹏编写第 5 章、第 6 章，马群双编写第 7 章、第 8 章，李晓泉编写第 9 章、第 10 章，夏浩编写第 11 章、第 12 章，江苏双勤新能源科技有限公司李勤峰编写第 13 章，江苏科技大学赵勇编写第 14 章，江苏科技大学许详平编写第 15 章，江苏东华测试技术股份有限公司沈劲松编写第 16 章。南京工程学院王思远、何秀男、许昕童、李建、郑基伟等参与完成本书实例部分建模、模拟分析、试验及文稿修改等工作，全书由初雅杰统稿。书末所列参考文献对本书的编写起了重要的参考作用，在此谨向相关作者表示感谢。

本书可以作为焊接、材料成型专业高校本科生和研究生、科研院所科研人员的参考用书，亦可作为广大工程技术人员的参考用书。读者可在 www.cipedu.com.cn 搜索"焊接有限元技术"下载本书代码。

由于编者水平有限，书中不足之处在所难免，敬请读者批评指正。

编者
2019 年 9 月

第 1 章
有限元基础及计算方法

1.1 有限元基础

1.1.1 有限元的作用

20 世纪 40 年代，飞速发展的航空业对飞机结构提出了愈来愈高的要求，即重量轻、强度高并且刚度好，人们不得不进行精确的设计和计算，在这一背景下，在工程中逐渐产生了矩阵分析法。

1954—1955 年，德国斯图加特大学的 Argyris 在航空工程杂志上发表了一组能量原理和结构分析论文，为有限元研究奠定了重要的基础。

1956 年，波音公司研究学者在纽约举行的航空学会年会上介绍了将矩阵分析法推广到求解平面应力问题上的方法，即把结构划分成若干个三角形或矩形"单元"，在单元内采用近似位移插值函数，建立单元节点力和节点位移关系的单元刚度矩阵，最终得到正确的解答。

1960 年，Clough 在他名为 *The finite element in plane stress analysis* 的论文中首次提出了有限元（Finite Element）这一术语。

1963 年前后，J.F.Besseling，R.J.Melosh，R.E.Jones，R.H.Gallaher 和 T.H.H.Pian 在有限元方面做了许多工作，认识到有限元法其实就是变分原理中 Ritz 近似法的一种变形，之后发展了用各种不同变分原理导出的有限元计算公式。

1965 年，O.C.Zienkiewicz 和 Y.K.Cheung 发现只要能写成变分形式的所有场问题，都可以用与固体力学有限元法相同的步骤进行求解。

1967 年，Zienkiewicz 和 Cheung 出版了第一本有关有限元分析的专著。

1969 年，B.A.Szabo 和 G.C.Lee 指出可以用加权余量法特别是 Galerkin 法，导出标准的有限元过程来求解非线性结构问题。

1970 年以后，有限元方法开始应用于处理非线性和大变形问题。Oden 于 1972 年出版了第一本关于处理非线性连续体的专著。

20 世纪 60 年代初期，我国力学工作者陈伯屏（结构矩阵方法）、钱伟长、胡海昌（广义

1

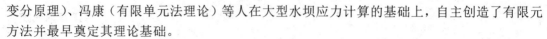

变分原理）、冯康（有限单元法理论）等人在大型水坝应力计算的基础上，自主创造了有限元方法并最早奠定其理论基础。

结构分析的有限元方法是由一批工业界和学术界的研究学者在 20 世纪 50 年代到 60 年代创立的，主要思路来源于固体力学结构分析矩阵位移法和工程结构相似性的特点，对于不同的结构件和所受的载荷，求解时都能得到统一的矩阵公式。从固体力学的角度看，桁架结构等标准离散系统与人为分割成有限个单元的非标准连续系统在结构上存在一定相似性，可以把杆系结构分析的矩阵法推广到非杆系结构的求解。

在此过程中，数学家们则发展了微分方程的近似解法，包括有限差分方法、变分原理和加权余量法。

有限元方法是处理各种复杂工程问题的重要分析手段，也是进行科学研究的重要工具。利用有限元分析可以获取几乎任意复杂工程结构的各种机械性能信息，可以直接就工程设计进行各种评判及优化，提高产品质量。如果人们有先进的精确分析手段，一个新产品的问题有60%以上可以在设计阶段消除。目前，国际上有90%以上的机械产品和装备都要采用有限元方法进行分析，进而进行设计修改和优化。有限元分析已成为替代大量实物试验的数值化"虚拟试验"，基于该方法的大量计算分析与典型的验证性试验相结合可以做到高效率和低成本。

有限元可以进行以下分析：

（1）结构分析

结构分析是有限元分析方法最常用的一个应用领域。结构这个术语是一个广义的概念，包括土木工程结构，如桥梁和建筑物；汽车结构，如车身骨架；海洋结构，如船舶结构；航空结构，如飞机机身；机械零部件，如活塞、传动轴等。结构分析中计算得出的基本未知量（节点自由度）是位移，其他的一些未知量，如应变、应力和反力可通过节点位移导出。

结构分析主要分为静力分析和动力分析。

① 静力分析：用于静态载荷，可以考虑结构的线性及非线性行为，例如大变形、大应变、应力刚化、接触、塑性、超弹及蠕变等。

② 动力分析：包括质量和阻尼效应、模态分析、谐响应分析和瞬态动力学分析等，可以考虑与静力分析相同的结构非线性行为，也可模拟冲击、碰撞、快速成形等。

（2）热分析

热分析计算物体的稳态或瞬态温度分布，以及热量的获取或损失、热梯度等。热分析之后往往进行结构分析，计算热膨胀或收缩不均匀引起的应力。热分析考虑的物理量：热量的获取和损失、热梯度、热通量。热分析可模拟三种热传递方式：热传导、热对流、热辐射。热分析分为稳态分析和瞬态分析。稳态分析：忽略时间效应；瞬态分析：确定以时间为函数的温度值等，并可模拟相变（熔化及凝固）。

（3）电磁分析

电磁分析用于计算电磁装置中的磁场，静态磁场及低频电磁场分析，模拟由直流电源、低频交流电或低频瞬时信号引起的磁场，例如螺线管制动器、电动机和变压器等。磁场分析中考虑的物理量是：磁通量密度、磁场密度、磁力和磁力矩、阻抗、电感、涡流、能耗及磁通量泄漏等。

（4）流体分析

流体分析用于确定流体的流动及热行为，可以处理不可压缩或可压缩流体、层流、湍流以及多组分流，作用于气动翼（叶）型上的升力和阻力，超音速喷管中的流场和弯管中流体的复杂的三维流动等。

（5）耦合场分析

耦合场分析考虑两个或多个物理场之间的相互作用。因为两个物理场之间相互影响，所以单独求解一个物理场是不可能的。因此需要一个能够将两个物理场组合到一起求解的分析软件。例如，热-应力分析、压电分析（电场和结构）、声学分析（流体和结构）、热-电分析、感应加热（磁场和热）和静电-结构分析。

1.1.2　有限元软件及在焊接中的应用

有限元法得以飞速发展的一个重要原因就是在工程实际（航空、机械制造、土木工程、冶金、核能和地震等）中提出了一大批重要问题需要进行分析。从 20 世纪 60 年代中期以来，科学家进行了大量的理论研究，不但拓展了有限单元法的应用领域，还开发了许多通用或专用的有限元分析软件。

大型通用有限元分析软件比较流行的有：ANSYS、ABAQUS、ADINA、MSC。ANSYS 是商业化比较早的一个软件，目前公司收购了很多其他软件，应用较为广泛；ABAQUS 在非线性分析方面有很强的能力，是业内最认可的有限元分析软件；ADINA 是在同一体系下开发有结构、流体、热分析的一款软件，功能强大，但进入中国的时间比较晚，市场还没有完全铺开；MSC 是比较老的一款软件，更新速度比较慢。目前在多物理场耦合方面，这四大软件都可以做到结构、流体和热的耦合分析。

ANSYS 公司成立于 1970 年，由 John Swanson 博士在美国匹兹堡创办，公司致力于工程仿真软件和技术的研发，公司旗下的 ANSYS 软件在全球众多行业中被工程师和设计师广泛采用。ANSYS 公司重点开发开放灵活的、对设计直接进行仿真的解决方案，提供从概念设计到最终测试产品研发全过程的统一平台，同时追求快速、高效的产品开发。ANSYS 公司和其全球网络的渠道合作伙伴为客户提供销售、培训和技术支持一体化服务，在 40 多个国家销售产品。ANSYS 公司于 2006 年收购了在流体仿真领域处于领导地位的美国 FLUENT 公司，于 2008 年收购了在电路和电磁仿真领域处于领导地位的美国 ANSOFT 公司。通过整合，ANSYS 公司成为全球最大的仿真软件公司。ANSYS 整个产品线包括结构分析（ANSYS MECHANICAL）系列、流体动力学（ANSYS FLUENT/CFX）系列、电子设计（ANSYS ANSOFT）系列以及 ANSYS WORKBENCH 和 EKM 等，产品广泛应用于航空、航天、电子、车辆、船舶、交通、通信、建筑、医疗、国防、石油和化工等众多行业。

ANSYS 软件是世界范围内增长最快的计算机辅助工程（CAE）软件，能与多数计算机辅助设计（CAD）软件接口，实现数据的共享和交换，是融结构、流体、电场、磁场和声场分析于一体的大型通用有限元分析软件。ANSYS 功能强大，操作简单方便，现在已成为国际最流行的有限元分析软件。目前，中国 100 多所理工院校采用 ANSYS 软件进行有限元分析或者作为标准教学软件。

工程专用有限元分析软件比较流行的有：SYSWELD（焊接）、PROCAST（铸造）、MOLDFLOW（注塑）、DEFORM（体积成形）。

SYSWELD 的开发最初源于核工业领域的焊接工艺模拟，核工业需要揭示焊接工艺中的复杂物理现象，以便提前预测裂纹等重大危险。在这种背景下，1980 年，法国法码通公司和 ESI 公司共同开展了 SYSWELD 的开发工作。由于热处理工艺中同样存在和焊接工艺相类似的多相物理现象，所以 SYSWELD 很快也被应用到热处理领域中并不断增强和完善。随着应

用的发展，SYSWELD 逐渐扩大了其应用范围，并迅速被汽车工业、航空航天、国防和重型工业所采用。1997 年，SYSWELD 正式加入 ESI 集团，法码通成为 SYSWELD 在法国最大的用户并继续承担软件的理论开发与工业验证工作。

SYSWELD 完全实现了机械、热传导和金属冶金的耦合计算，允许考虑晶相转变及同一时间晶相转变潜热和晶相组织对温度的影响。SYSWELD 扩散与析出模型可实现渗碳、渗氮、碳氮共渗模拟。SYSWELD 的氢扩散模型能计算模拟氢的浓度，预测冷裂纹的严重危害。

焊接过程是材料连接领域中一个涉及多学科的复杂的物理化学过程。由于焊接过程涉及的变量数目繁多，单凭积累工艺试验数据来深入了解和控制焊接过程，既不切实际又费时费力。随着计算机技术的发展，通过一组描述焊接基本物理过程的数学方程来模拟焊接过程，采用数值方法求解以获得焊接过程的定量认识，即焊接过程的计算机模拟，成为一种强有力的手段，计算机模拟方法为焊接科学技术的发展创造了有利的条件。

1993 年，美国能源部组织美国、加拿大、日本、瑞典和英国的 25 位著名专家对 21 世纪焊接科学技术的发展动向做出预测，其中焊接基本现象的模拟与仿真被列为最重要的研究方向之一。我国国家自然科学基金委员会制定的学科发展战略也将计算机模拟确定为机械热加工领域的发展方向之一。计算机模拟是使包括焊接在内的热加工工艺研究从"定性"走向"定量"、从"经验"走向"科学"的重要标志。采用科学的模拟技术和少量的实验验证，以代替过去一切都要通过大量重复实验的方法，不仅可以节省大量的人力和物力，还可以通过数值模拟解决一些目前无法在实验室里进行直接研究的复杂问题。在制造业，计算机模拟与仿真可以增加材料利用率 25%，节约生产成本 30%，产品设计至实际投产的时间缩短 40%。焊接过程数值模拟中，热源拟合、温度场的模拟是最基本的工作，然后就是应力和变形的模拟。我们可以看到大量这方面的文章。温度场的模拟起步较早，积累了比较丰富的经验，在实际生产中得到了一定的应用。温度场的模拟是对焊接应力、应变场及焊接过程其他现象进行模拟的基础，通过温度场的模拟我们可以判断固相和液相的分界，能够得出焊接熔池形状。焊接温度场准确模拟的关键在于提供准确的材料属性，热源模型与实际热源的拟合程度，热源移动路径的准确定义，边界条件是否设置恰当等。

ANSYS 是计算机辅助工程（CAE）领域应用最广泛的有限元分析软件，ANSYS 能与其他主流 CAD 软件传递数据，具有多物理场分析能力和便捷的前后数据处理能力，通过基于 ANSYS 的虚拟试验平台，可以低成本、高效率优化与材料连接相关产品设计方案，因而在焊接研究和生产方面有着广阔的应用前景。

车辆设计常常借助电子计算机利用 ANSYS 软件来分析车体的受力、变形以及应力分布情况，充分地利用了材料的高抗拉强度，设计出薄壁筒型和板梁焊接结构的车体。车体结构受力情况主要取决于车体材质和连接方法的可靠性，底架等关键部位一般采用高强度耐候钢、低合金结构钢和铝合金等材料，而连接方法则主要取决于电阻点焊工艺。车体表面质量要求较高，对热变形控制严格，因此在设计上要使车体的结构非常适合于装配，在工艺上则要严格控制焊接热量输入以减少焊接变形。此时，可借助 ANSYS 等计算机三维分析软件，对车体结构进行强度分析和优化设计。

与通用软件相比，专业焊接软件 SYSWELD 使用起来更加方便，减少了通用软件很多操作时间。例如 SYSWELD 中的焊接热源模型，有双椭球（Goldak）热源模型（适于 TIG、MIG 焊接）及圆锥（Conical）热源模型（适于激光、电子束等焊接）可以供使用者选择，并且具有热源校准功能，使得热源的拟合尽可能与实际情况相吻合。焊接应力与变形问题可以分为两类，一是焊接过程中的瞬态应力应变分析，二是焊接后的残余应力与应变计算。对后者进行分析计算较多，主要是为了减少残余应力，控制变形，防止缺陷的产生。经过几十年的发展，应力与变形的计算日益成熟，结果精度也在不断提高。改进了计算方法的效率和稳定性，计算速度更快，收敛性更好。还有很多程序应用了并行计算功能，进一步提升了计算速度，模型也考虑得更加精细，深入研究了对焊接应力与变形的影响因素，例如材料属性随温度变化、焊接接头几何形状、焊缝道数、不同的焊接方法等。对于焊接局部模型，存在非常强烈的非线性特征，材料经过高温、相变、冷却后会有残余应力，对焊接部位需要进行详细模拟，而作为整体结构而言，可能又体现为弹性变形，线弹性分析就够了。因此，对于多道焊接的问题，采用先局部再整体、将局部模型的内力映射到总体模型上的方法具有很大优势，能够快速得到整体模型的应力和变形结果。

1.2　有限元法

在许多实际工程问题中，由于问题复杂和影响因素众多，一般情况下是难以得到分析系统的精确解，即解析解。解决这个问题的基本思路是在满足工程需要的前提下，采用数值分析方法来得到近似解，即数值解。解析解表明了系统在任何点上的精确行为，而数值解只在称为节点的离散点上近似于解析解。

数值解法可以分为两类：有限差分法和有限单元法（或称有限元法）。有限元法是目前采用最多的一种数值方法，它是利用数学近似的方法对真实物理系统（几何和载荷工况）进行模拟，是对一个真实的系统用有限个"单元"进行描述、用有限数量未知量的模型去逼近无限未知量的真实系统。有限元模型是真实系统理想化的数学抽象。如图 1-1 所示。

每一个单元都有确定的方程来描述在一定载荷下的响应，模型中所有单元响应的"和"给出了设计的总体响应。由于单元中未知量的个数是有限的，因此称为"有限单元"。

这种包含有限个未知量的有限单元模型，只能近似具有无限未知量的实际系统的响应，所以实际解决的问题是：怎样才能达到最好的近似？然而，对该问题还没有一个完美的解决方案，这完全依赖于所模拟的对象和模拟所采用的方式以及模型建立的正确性。

工程中研究对象一般分为两类。第一类问题：研究对象为离散系统。离散系统可直接按组成的单元分

(a) 实体模型　　　　(b) 有限元模型

图 1-1　实体模型和有限元模型

解。例如，电阻及其组成的网络；杆件及其组成的桁架；水管及其组成的水管网络。第二类问题：研究对象为连续系统。将连续系统转换为离散系统进行分析，离散有一定近似，离散数目较多时可逼近真实的连续解，但是连续系统只有在非常简单的情况下才能精确计算求解。

节点：具有一定自由度和存在相互物理作用。

单元：单元有线、面或实体以及二维或三维的单元等种类。

自由度（degree of freedom，DOF）：用于描述一个物理场的响应特性。

有限元模型由一些简单形状的单元组成，单元之间通过节点连接，并承受一定载荷。每个单元的特性是通过一些线性方程式来描述，作为一个整体，单元形成了整体结构的数学模

型。信息是通过单元之间的公共节点进行传递，具有公共节点的单元之间存在信息传递。节点与单元的关系如图 1-2 所示。

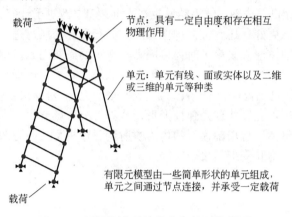

图 1-2　有限元模型的节点和单元的关系

有限元法的特点：

1）化整为零，积零为整，把复杂的结构分解为有限个单元组成的整体；

2）未知数个数可以成千上万，能够解决大型、复杂问题（如复杂的结构形状、复杂的边界条件、非均质材料等）；

3）有限元法采用矩阵形式表达，便于编制计算机程序。

有限元法基本思路：原型—分割—组合。首先，将系统分割成有限个单元（离散化）；其次，对每个单元提出一个近似解（单元分析）；最后，将所有单元组合成一个与原有系统近似的系统（整体分析）。

有限元法的具体分析过程：

1）结构离散化——将连续系统变换为离散系统。

2）单元分析——取各节点位移 $\delta_i = (u_i v_i)^T (i = 1, 2, \cdots)$ 为基本未知量，然后对每个单元，分别求出各物理量，并均用 $\delta_i (i = 1, 2, \cdots)$ 来表示。

单元分析的主要内容：

① 应用插值公式，由单元节点位移 $\delta^e = (\delta_i \delta_j \delta_m)^T$，求单元的位移函数 $d = (u(x, y), v(x, y))^T$，这个插值公式称为单元的位移模式，为 $d = N\delta^e$。

② 应用几何方程，由单元的位移函数 d，求出单元的应变，表示为 $\varepsilon = B\delta^e$。

③ 应用物理方程，由单元的应变 ε，求出单元的应力，表示为 $\sigma = S\delta^e$。

④ 应用虚功方程，由单元的应力 σ，求出单元的节点力，表示为 $F^e = (F_i F_j F_m) = k\delta^e$。

3）整体分析——通过求解联立方程，得出各节点位移，从而求出各单元的应变和应力。

1.2.1　有限元法公式的建立

作为一种分析工具的有限元方法的应用，实质上是从数字电子计算机的出现开始的。对于一个连续介质问题，其数值解法需要建立并求解一个代数方程组。在计算机上使用有限元法，就有可能用非常有效的方式建立和求解复杂系统的控制方程组。有限元法之所以具有广泛的吸引力，主要是因为它能分析一般的结构或连续体，能够比较容易地建立其控制方程，而且所建立的系统矩阵具有良好的数值性质。

有限元法首先是在结构力学问题的物理基础上发展起来的，但不久人们就认识到这个方法同样可以用来解决许多其他类型的问题。为了介绍和从物理上阐述这个方法，我们将只研究结构力学问题的解法。

　　目前，有限元法的概念是一个非常广泛的概念。虽然我们只限于结构力学问题的分析，但这种方法能用于各种不同的行业。当讨论到变分公式时，这一点就变得特别明显。在实际问题的求解中广泛使用的一种最重要的方法，是基于位移的有限元法。因为这种方法具有简单性、普遍性和良好的数值性质，所以所有较大的分析程序实际上都是根据它来编写的。

　　基于位移的有限元法可以看作是位移分析法的一个推广，而位移分析法在梁和桁架结构的分析中已经用了许多年。通过一个小的例子来回顾一下位移分析法并同时引入有限元法的基本概念是有好处的。

　　现考虑对图 1-3 中结构的分析。在位移分析法中我们是把该结构看成是两个梁单元、一个桁架单元和一个弹簧单元的分割体,第一步是计算对应于结构总体自由度的单元刚度矩阵。在这种情况下，对于梁单元、弹簧单元和桁架单元，我们分别有

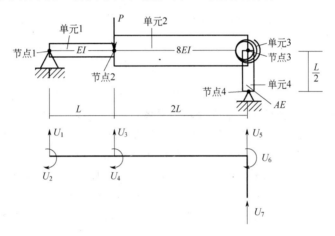

图 1-3　简单的梁和桁架结构

$$\boldsymbol{K}_1^e = \frac{EI}{L} \begin{bmatrix} \dfrac{12}{L^2} & -\dfrac{6}{L} & -\dfrac{12}{L^2} & -\dfrac{6}{L} \\ & 4 & \dfrac{6}{L} & 2 \\ & & \dfrac{12}{L^2} & \dfrac{6}{L} \\ sym & & & 4 \end{bmatrix} ; \quad U_1,U_2,U_3,U_4$$

$$\boldsymbol{K}_2^e = \frac{EI}{L} \begin{bmatrix} \dfrac{12}{L^2} & -\dfrac{12}{L} & -\dfrac{12}{L^2} & -\dfrac{12}{L} \\ & 16 & \dfrac{6}{L} & 8 \\ & & \dfrac{12}{L^2} & \dfrac{12}{L} \\ sym & & & 16 \end{bmatrix} ; \quad U_3,U_4,U_5,U_6$$

$$\boldsymbol{K}_3^{\mathrm{e}} = K_s ; \quad U_6$$

$$\boldsymbol{K}_4^{\mathrm{e}} = \frac{EA}{L}\begin{bmatrix} 2 & -2 \\ -2 & 2 \end{bmatrix}; \quad U_5, U_7$$

整个分割体的刚度矩阵可以由各个单元刚度矩阵通过直接刚度法有效地求得。在这个过程中，结构刚度矩阵 $\boldsymbol{K}$ 是通过各单元刚度矩阵直接相加而算得，即

$$\boldsymbol{K} = \sum_i \boldsymbol{K}_i^{\mathrm{e}}$$

而系统的平衡方程为

$$\boldsymbol{KU} = \boldsymbol{R}$$

式中，$\boldsymbol{U}$ 是系统的总体位移向量；$\boldsymbol{R}$ 是作用在结构总体位移方向上的外力向量

$$\boldsymbol{U}^{\mathrm{T}} = \begin{bmatrix} U_1 & \cdots & U_7 \end{bmatrix}, \quad \boldsymbol{R}^{\mathrm{T}} = \begin{bmatrix} R_1 & R_2 & \cdots & R_7 \end{bmatrix}$$

在求解结构的位移之前，我们需要利用边界条件 $U_1 = 0$ 和 $U_7 = 0$。这意味着我们可以只考虑含有五个未知位移的五个方程，即 $\bar{\boldsymbol{K}}\bar{\boldsymbol{U}} = \bar{\boldsymbol{R}}$，式中 $\bar{\boldsymbol{K}}$ 是从 $\boldsymbol{K}$ 中删去第一和第七行以及第一和第七列后得到的，而

$$\bar{\boldsymbol{U}}^{\mathrm{T}} = \begin{bmatrix} U_2 & U_3 & U_4 & U_5 & U_6 \end{bmatrix}, \quad \bar{\boldsymbol{R}}^{\mathrm{T}} = \begin{bmatrix} 0 & -P & 0 & 0 & 0 \end{bmatrix}$$

上面的讨论说明了有限元法的一些重要特点，基本的处理过程是先把整个结构看成为各个结构单元的分割体，计算对应于结构分割体总体自由度的各单元刚度矩阵，然后通过将各单元刚度矩阵叠加的方法形成结构刚度矩阵，求解单元分割体的平衡方程组就得到单元的位移，然后利用它们来计算单元的应力。上述的分析就是梁和桁架结构的有限元分析。而用另一种方法，我们可不通过求解平衡微分方程，而是用虚功原理计算其刚度系数。

导出表示弹性体平衡的相应方程的一个等效方法是利用虚位移原理，这个原理表示物体处于平衡的要求是：对于强加在该物体上的任意相容的微小的虚位移，总的内虚功应等于总的外虚功，即

$$\int_V \bar{\boldsymbol{\varepsilon}}^{\mathrm{T}} \boldsymbol{\sigma} \mathrm{d}V = \int_V \bar{U}^{\mathrm{T}} \boldsymbol{f}^{\mathrm{B}} \mathrm{d}V + \int_S \bar{U}^{\mathrm{ST}} \boldsymbol{f}^{\mathrm{S}} \mathrm{d}S + \sum_i \bar{U}^{\mathrm{iT}} \boldsymbol{F}^{\mathrm{i}} \tag{1.1}$$

式中

$$\boldsymbol{f}^{\mathrm{B}} = \begin{bmatrix} f_X^{\mathrm{B}} \\ f_Y^{\mathrm{B}} \\ f_Z^{\mathrm{B}} \end{bmatrix}, \quad \boldsymbol{f}^{\mathrm{S}} = \begin{bmatrix} f_X^{\mathrm{S}} \\ f_Y^{\mathrm{S}} \\ f_Z^{\mathrm{S}} \end{bmatrix}, \quad \boldsymbol{F}^{\mathrm{i}} = \begin{bmatrix} F_X^{\mathrm{i}} \\ F_Y^{\mathrm{i}} \\ F_Z^{\mathrm{i}} \end{bmatrix} \tag{1.2}$$

是作用在弹性体上的体力 $\boldsymbol{f}^{\mathrm{B}}$、表面力 $\boldsymbol{f}^{\mathrm{S}}$ 和集中力 $\boldsymbol{F}^{\mathrm{i}}$。从未受载荷时的位置开始的弹性体的位移以 $\boldsymbol{U}$ 表示，其中

$$\boldsymbol{U}^{\mathrm{T}} = \begin{bmatrix} U & V & W \end{bmatrix} \tag{1.3}$$

相应于 $\boldsymbol{U}$ 的应变为

$$\boldsymbol{\varepsilon}^{\mathrm{T}} = \begin{bmatrix} \varepsilon_{XX} & \varepsilon_{YY} & \varepsilon_{ZZ} & \gamma_{XY} & \gamma_{YZ} & \gamma_{ZX} \end{bmatrix} \tag{1.4}$$

相应的应力为

$$\boldsymbol{\sigma}^{\mathrm{T}} = \begin{bmatrix} \sigma_{XX} & \sigma_{YY} & \sigma_{ZZ} & \tau_{XY} & \tau_{YZ} & \tau_{ZX} \end{bmatrix} \tag{1.5}$$

$\overline{\boldsymbol{\varepsilon}}$ 和 $\overline{\boldsymbol{U}}$ 表示虚应变和虚位移。

介绍了一些基本概念之后，现在我们简要地叙述图 1-4 中的平面应力问题的有限元分析是有益的。在该问题的分析中首先使用了"有限元法"这个专门术语。在这个问题中，可假定位移 $u(X,Y)$ 和 $v(X,Y)$ 为未知量，由它们可以算出应变和应力值。

分析的基本步骤与上述桁架和梁结构的分析步骤一样。

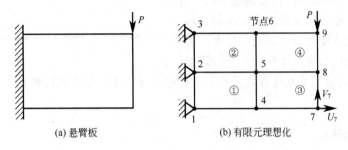

图 1-4　有限元平面分析

该问题的求解可按下列的步骤进行：

1）假设每一单元节点 i 的两个未知位移为 u_i 和 v_i，而 $u(X,Y)$ 和 $v(X,Y)$ 用简单多项式函数来表示，其中的未知参数是单元节点位移。对于图 1-5 中的单元，未知位移是 $u_1, v_1, \cdots, u_4, v_4$。

2）利用虚位移原理计算每个单元对应于节点自由度的刚度矩阵。

3）将各单元刚度矩阵叠加得到结构的刚度矩阵，利用边界条件解平衡方程组求出节点位移，然后算出单元的应力。

上述过程与本节开头所讨论的简单梁和桁架结构的分析在概念上是相同的，但是，它们之间有一个重要的差别。重要的是应认识到在连续介质的有限元分析中在一般载荷条件下我们将只能得到一个近似解，其原因是在每个单元上被假定为位移模式的多项式函数只能近似表示连续介质的精确位移。因此，利用虚功原理所导出的是近似的刚度系数，而所算出的是近似的节点位移和应力。

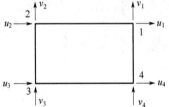

图 1-5　局部坐标系统中典型的
二维四节点有限元

建立有限元步骤归纳：

有限元法与结构力学中的位移法相似。首先将连续体转化为离散化结构，即将连续体代之以仅在节点互相联结的许多单元组成的结构。这种离散化结构类似于结构力学中的桁架或刚架，但其中的单元不一定是杆件，可以是平面块体或空间块体等。然后对此离散化结构按类似结构力学的位移法进行分析，步骤如下。

① 取每个单元的节点位移 $\tilde{\boldsymbol{u}}$ 作为基本未知数。

② 在单元内建立位移模式，$\boldsymbol{u} = \boldsymbol{N}\tilde{\boldsymbol{u}}$。

③ 根据几何关系建立应变矩阵，$\boldsymbol{\varepsilon} = \boldsymbol{B}\tilde{\boldsymbol{u}}$。

④ 根据物理方程建立应力矩阵，$\boldsymbol{\sigma} = \boldsymbol{D}\boldsymbol{\varepsilon} = \boldsymbol{D}\boldsymbol{B}\tilde{\boldsymbol{u}} = \boldsymbol{S}\tilde{\boldsymbol{u}}$。其中 $\boldsymbol{S} = \boldsymbol{D}\boldsymbol{B}$ 称为应力矩阵。

⑤ 根据虚位移原理建立单元刚度矩阵，$\boldsymbol{K}^{(m)} = \int_{V(m)} \boldsymbol{B}^{\mathrm{T}}\boldsymbol{D}\boldsymbol{B}\mathrm{d}V^{(m)}$。

⑥ 建立单元节点载荷向量，$\boldsymbol{R}^{(m)} = \boldsymbol{R}_{\mathrm{B}}^{(m)} + \boldsymbol{R}_{\mathrm{S}}^{(m)} - \boldsymbol{R}_{\mathrm{I}}^{(m)} + \boldsymbol{R}_{\mathrm{C}}^{(m)}$。

⑦ 建立平衡方程，$KU = R$，其中 $K = \sum_m K^{(m)}$，$R = \sum_m R^{(m)}$，U 是全部节点位移向量。

⑧ 代入约束条件求解平衡方程，$K_{aa}U_a = \bar{R}_a$。

位移模式中的 N 称为形态函数。在有限单元法中，各种计算公式都依赖于位移模式，位移模式选择恰当与否，与有限单元法的计算精度和收敛性有关。为了使位移模式尽可能地反映物体中的真实位移形态，它应满足下列条件：

① 位移模式必须能反映单元的刚体位移。

② 位移模式必须能反映单元的常量应变。

③ 位移模式应尽可能地反映位移的连续性。

在单元之间，除了节点处有共同的节点位移值外，还应尽可能反映在单元之间边界上位移的连续性。

1.2.2 杠杆结构

杆件结构的有限单元法又称结构矩阵分析法，其中以矩阵位移法应用最广。这里只讨论用该法分析刚架结构和桁架结构。

（1）刚架结构

刚架结构的有限单元法分析，通常采用两端固接的平面固结单元（见图1-6），现针对这种单元讨论有限元分析计算公式的建立。

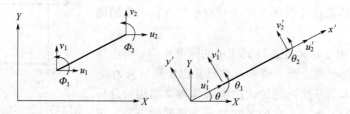

图 1-6　刚架单元

① 坐标系，单元节点位移与节点力向量　杆件结构的有限元分析需要建立单元局部坐标系与结构整体坐标系。对平面固结单元（如图1-6所示），结构矩阵位移法取结构的节点位移为基本未知量。单元节点位移与基本未知量之间满足变形协调条件，在局部坐标和整体坐标下单元节点位移、节点力分别记为

$$\bar{u}'^{\mathrm{T}} = \begin{bmatrix} u'_i & v'_i & \theta_i & u'_j & v'_j & \theta_j \end{bmatrix} \tag{1.6}$$

$$\bar{u}^{\mathrm{T}} = \begin{bmatrix} u_i & v_i & \theta_i & u_j & v_j & \theta_j \end{bmatrix} \tag{1.7}$$

$$\bar{R}'^{\mathrm{T}} = \begin{bmatrix} N'_i & V'_i & M'_i & N'_j & V'_j & M'_j \end{bmatrix} \tag{1.8}$$

$$\bar{R}^{\mathrm{T}} = \begin{bmatrix} N_i & V_i & M_i & N_j & V_j & M_j \end{bmatrix} \tag{1.9}$$

图1-6中各量值所示方向均为正方向。设单元的弹性模量为 E，惯性矩为 I，截面积为 A，杆长为 L。

② 位移模式，应力与应变矩阵　由材料力学知识可知，位移模式可以选择

$$u(x) = a_0 + a_1 x \tag{1.10}$$

$$v(x) = b_0 + b_1 x + b_2 x^2 + b_3 x^3 \qquad (1.11)$$

注意 $\theta = -\dfrac{\mathrm{d}v}{\mathrm{d}x}$，可得单元的位移模式

$$\boldsymbol{u} = \begin{bmatrix} u(x) \\ v(x) \end{bmatrix} = \boldsymbol{N}\,\overline{\boldsymbol{u}}' \qquad (1.12)$$

其中，形函数

$$\boldsymbol{N} = \begin{bmatrix} 1-\dfrac{x}{l} & 0 & 0 & \dfrac{x}{l} & 0 & 0 \\[3mm] 0 & 1-\dfrac{3x^2}{l^2}+\dfrac{2x^3}{l^3} & -x+\dfrac{2x^2}{l}-\dfrac{x^3}{l^2} & 0 & \dfrac{3x^2}{l^2}-\dfrac{2x^3}{l^3} & \dfrac{x^2}{l}-\dfrac{x^3}{l^2} \end{bmatrix}$$

单元的线应变分为拉压应变 ε_0 和弯曲应变 ε_b 两部分（略去剪切变形），于是有

$$\boldsymbol{\varepsilon} = \begin{bmatrix} \varepsilon_0 \\ \varepsilon_b \end{bmatrix} = \begin{bmatrix} \dfrac{\mathrm{d}u}{\mathrm{d}x} \\[3mm] -y\dfrac{\mathrm{d}^2 v}{\mathrm{d}x^2} \end{bmatrix} = \boldsymbol{B}\,\overline{\boldsymbol{u}}' \qquad (1.13)$$

其中

$$\boldsymbol{B} = \begin{bmatrix} -\dfrac{1}{l} & 0 & 0 & \dfrac{1}{l} & 0 & 0 \\[3mm] 0 & \dfrac{6y}{l^2}-\dfrac{12xy}{l^3} & -\dfrac{4y}{l}+\dfrac{6xy}{l^2} & 0 & -\dfrac{6y}{l^2}+\dfrac{12xy}{l^3} & -\dfrac{2y}{l}+\dfrac{6xy}{l^2} \end{bmatrix}$$

对应的应力为

$$\boldsymbol{\sigma} = \begin{bmatrix} \sigma_0 \\ \sigma_b \end{bmatrix} = \begin{bmatrix} E & 0 \\ 0 & E \end{bmatrix}\begin{bmatrix} \varepsilon_0 \\ \varepsilon_b \end{bmatrix} = \boldsymbol{DB\varepsilon} \qquad (1.14)$$

③ 单元刚度矩阵　根据虚位移原理可知，在局部坐标系中

$$\boldsymbol{K}'^{(m)} = \int_{V(m)} \boldsymbol{B}^{\mathrm{T}}\boldsymbol{DB}\,\mathrm{d}V^{(m)} \qquad (1.15)$$

具体表达式为

$$\boldsymbol{K}'^{(m)} = \begin{bmatrix} \dfrac{EA}{l} & & & & & \\[3mm] 0 & \dfrac{12EI}{l^3} & & & sym & \\[3mm] 0 & -\dfrac{6EI}{l^2} & \dfrac{4EI}{l} & & & \\[3mm] -\dfrac{EA}{l} & 0 & 0 & \dfrac{EA}{l} & & \\[3mm] 0 & -\dfrac{12EI}{l^3} & \dfrac{6EI}{l^2} & 0 & \dfrac{12EI}{l^3} & \\[3mm] 0 & -\dfrac{6EI}{l^2} & \dfrac{2EI}{l} & 0 & \dfrac{6EI}{l^2} & \dfrac{4EI}{l} \end{bmatrix}$$

④ 坐标转换矩阵，整体坐标下单元刚度矩阵　从图1-6可知，局部坐标系相对于整体坐标系逆时针旋转了 θ 角。根据单元的节点位移或节点力在两个坐标系中的投影关系，可得坐标转换关系

$$\lambda = \begin{bmatrix} \cos\theta & \sin\theta & 0 \\ -\sin\theta & \cos\theta & 0 \\ 0 & 0 & 1 \end{bmatrix} \tag{1.16}$$

于是，单元节点位移或节点力的坐标转换矩阵（从整体坐标转到局部坐标）为

$$\theta = \begin{bmatrix} \lambda & 0 \\ 0 & \lambda \end{bmatrix} \tag{1.17}$$

根据正交矩阵的特性和矩阵的相关知识，可知在整体坐标中的单元刚度矩阵为

$$K^{(m)} = \theta^{\mathrm{T}} K'^{(m)} \theta \tag{1.18}$$

⑤ 节点载荷向量　单元上的载荷按虚位移原理移置到节点上、得到等效节点载荷向量

$$\bar{R}' = \int_l N^{\mathrm{T}} q \mathrm{d}l + \sum_i N^{\mathrm{T}} F^i \tag{1.19}$$

其中 q 是作用在杆上的均布载荷，F^i 是集中载荷。

整体坐标中的节点载荷同局部坐标中的节点载荷关系为

$$\bar{R} = \theta^{\mathrm{T}} \bar{R}' \tag{1.20}$$

⑥ 结构的平衡方程　根据虚位移原理，结构的平衡方程表示为

$$KU = R \tag{1.21}$$

其中 $K = \sum_m K^{(m)}$，$U = \sum_m \bar{u}$，$R = \sum_m \bar{R}$ 分别代表整体总刚度矩阵，总节点位移向量和总节点力向量。

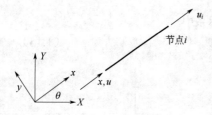

图 1-7　平面固结单元

（2）桁架结构

桁架结构的有限元分析通常采用两端铰接的平面铰接单元，其坐标系如图1-7所示。

① 坐标系，单元节点位移与节点力向量　杆件结构的有限元分析需要建立单元局部坐标系与结构整体坐标系。对平面固结单元（如图1-7所示），在局部坐标和整体坐标下单元节点位移、节点力分别记为

$$\bar{u}'^{\mathrm{T}} = \begin{bmatrix} u_i & v_i & u_j & v_j \end{bmatrix} \tag{1.22}$$

$$\bar{u}^{\mathrm{T}} = \begin{bmatrix} U_i & V_i & U_j & V_j \end{bmatrix} \tag{1.23}$$

$$\bar{R}'^{\mathrm{T}} = \begin{bmatrix} N_i & Q_i & N_j & Q_j \end{bmatrix} \tag{1.24}$$

$$R^{\mathrm{T}} = \begin{bmatrix} P_{xi} & P_{yi} & P_{xj} & P_{yj} \end{bmatrix} \tag{1.25}$$

② 局部坐标中的单元刚度矩阵

$$K'^{(m)} = \begin{bmatrix} \dfrac{EA}{l} & 0 & -\dfrac{EA}{l} & 0 \\ 0 & 0 & 0 & 0 \\ -\dfrac{EA}{l} & 0 & \dfrac{EA}{l} & 0 \\ 0 & 0 & 0 & 0 \end{bmatrix} \tag{1.26}$$

③ 坐标转换矩阵

$$\boldsymbol{\theta} = \begin{bmatrix} \cos\theta & \sin\theta & 0 & 0 \\ -\sin\theta & \cos\theta & 0 & 0 \\ 0 & 0 & \cos\theta & \sin\theta \\ 0 & 0 & -\sin\theta & \cos\theta \end{bmatrix} \tag{1.27}$$

④ 整体坐标中的单元刚度矩阵

$$\boldsymbol{K}^{(m)} = \boldsymbol{\theta}^{\mathrm{T}} \boldsymbol{K}'^{(m)} \boldsymbol{\theta} = \frac{EA}{l} \begin{bmatrix} C_{\mathrm{c}}^2 & & & sym \\ C_{\mathrm{c}}C_{\mathrm{s}} & C_{\mathrm{s}}^2 & & \\ -C_{\mathrm{c}}^2 & -C_{\mathrm{c}}C_{\mathrm{s}} & C_{\mathrm{c}}^2 & \\ -C_{\mathrm{c}}C_{\mathrm{s}} & -C_{\mathrm{s}}^2 & C_{\mathrm{c}}C_{\mathrm{s}} & C_{\mathrm{s}}^2 \end{bmatrix} \tag{1.28}$$

其中 $C_{\mathrm{c}} = \cos\theta$，$C_{\mathrm{s}} = \sin\theta$。

1.2.3　平面结构

杠杆结构可以认为是离散体系，而且它的组成元件（即单元）一般具有明确的受力特性，在材料力学中已经仔细地研究过。从本节开始转入连续体系的有限单元法，主要是从工程观点出发，来提出有限单元法。也就是说，我们要把分析离散体系的矩阵位移法用之于分析连续弹性体。这就遇到两个新问题：

1）由于连续体上没有自然的节点和单元分界面，所以必须人为地设置若干分割线，将连续体划分成一个个的单元并选定若干个点作为节点，将它们的广义位移作为基本未知数。由此随之又会产生许多问题，例如单元的形状、大小和节点数目如何确定等。

2）这些单元的受力特性如何？我们是不清楚的。没有现成的公式能把节点位移和单元内任一点处的位移和应力等联系起来。这就需要选择适当的形状函数来建立这种联系。由此又会产生准确度、可靠性等问题。总之，与杆系比较，连续体有限单元法的主要问题是单元特性的研究。至于整体分析的原理和步骤（即总刚度方程的组成规律和求解方法等等），两者是相同的。

将连续体分割成许多单元并建立起描述其受力特性的各种公式，这项工作称为连续体的离散化。在有限单元法里，离散化的原理和途径有很多种类，本书介绍最常用的假定位移函数的位移法。

（1）连续体的离散化与三角形常应变单元

图 1-8 表示一平板一端固定，另一端受分布载荷的作用。使用有限元法计算它的变形和应力。

① 三角形单元的节点编码　我们用一组网格线把平板划分成若干三角形区域，每个三角形就算作是一个单元，网格线的交点就算是节点。把这些单元和节点按一定的顺序编号，

并把各个节点沿坐标轴的位移取为基本未知量：

对于节点 1　　$\boldsymbol{U}_1^{\mathrm{T}} = \begin{bmatrix} U_1 & U_2 \end{bmatrix}$

对于节点 2　　$\boldsymbol{U}_2^{\mathrm{T}} = \begin{bmatrix} U_3 & U_4 \end{bmatrix}$

对于节点 i　　$\boldsymbol{U}_i^{\mathrm{T}} = \begin{bmatrix} U_{(2i-1)} & U_{2i} \end{bmatrix}$

设有 n 个节点，则整体的总节点位移向量为

$$\boldsymbol{U}^{\mathrm{T}} = \begin{bmatrix} U_1 & U_2 & \cdots & U_{(2i-1)} & U_{2i} & \cdots & U_{2n} \end{bmatrix}$$

对每个单元来说，它与三个节点发生联系，设其整体序号是 i, j, k，依次标记为 $1, 2, 3$，则此单元的节点位移向量可以表达为（见图1-9）

$$\bar{\boldsymbol{u}}^{\mathrm{T}} = \begin{bmatrix} u_1 & v_1 & u_2 & v_2 & u_3 & v_3 \end{bmatrix} = \begin{bmatrix} U_{(2i-1)} & U_{2i} & U_{(2j-1)} & U_{2j} & U_{(2k-1)} & U_{2k} \end{bmatrix}$$

单元的节点位移向量 $\bar{\boldsymbol{u}}$ 是整体的总节点位移向量的一部分。

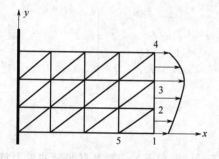

图 1-8　平面应力问题

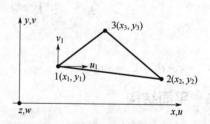

图 1-9　三角形常应变单元

② 位移模式　和桁架不同，这里没有现成的用节点位移向量来表示单元内任一点位移的现成公式，因而必须采用近似假设。我们知道，任一函数常常可以用有限项的幂级数来逼近。所以不妨假设单元上任何一点的位移为

$$\boldsymbol{u}(x, y) = \begin{bmatrix} u(x, y) \\ v(x, y) \end{bmatrix} = \begin{bmatrix} \alpha_0 + \alpha_1 x + \alpha_2 y \\ \alpha_3 + \alpha_4 x + \alpha_5 y \end{bmatrix} \qquad (1.29)$$

也就是把高阶的项全都略去，只保留线性项，这自然会带来截尾误差。从几何意义上来解释：函数 $\boldsymbol{u}(x, y)$ 可认为是定义在单元上的某种复杂曲面，而现在用一平面来代表它，这样做当然是有误差的。若把单元划分得很小，那么在足够小的范围内平面和曲面是相差不大的。所以可以用式（1.29）来代表真正的位移函数而不致造成很大的误差。

现在要用节点位移来表示式（1.29）中的系数 $\alpha_0, \alpha_1, \cdots, \alpha_5$，将节点坐标代入该式，位移应为节点位移，即

$$\begin{bmatrix} u_1 \\ u_2 \\ u_3 \end{bmatrix} = \begin{bmatrix} 1 & x_1 & y_1 \\ 1 & x_2 & y_2 \\ 1 & x_3 & y_3 \end{bmatrix} \begin{bmatrix} \alpha_0 \\ \alpha_1 \\ \alpha_2 \end{bmatrix} \qquad (1.30)$$

由上式可以得到用节点位移表示待定系数的式子，之后再代回到式（1.29）的第一式，就有

$$\boldsymbol{u}(x, y) = N_1 \boldsymbol{u}_1 + N_2 \boldsymbol{u}_2 + N_3 \boldsymbol{u}_3 \qquad (1.31)$$

其中

$$N_1 = \frac{1}{2A}(a_1 + b_1 x + c_1 y) \qquad (1,2,3) \tag{1.32}$$

$$a_1 = x_2 y_3 - x_3 y_2, \quad b_1 = y_2 - y_3, \quad c_1 = -x_2 + x_3 \quad (1 \to 2 \to 3 \to 1) \tag{1.33}$$

$$A = \frac{1}{2} \begin{vmatrix} 1 & x_1 & y_1 \\ 1 & x_2 & y_2 \\ 1 & x_3 & y_3 \end{vmatrix} \text{为单元的面积。}$$

N_2, N_3 的式子可用下述方法得到：将上边 4 个式子小的下标按"循环交换"的规则依次更改。所谓循环交换就是 $(1 \to 2 \to 3 \to 1)$ 的交换方式。

同理可得

$$v(x,y) = N_1 v_1 + N_2 v_2 + N_3 v_3 \tag{1.34}$$

综合起来，就是

$$u(x,y) = \begin{bmatrix} u(x,y) \\ v(x,y) \end{bmatrix} = N\bar{u} \tag{1.35}$$

其中

$$N = \begin{bmatrix} N_1 & 0 & N_2 & 0 & N_3 & 0 \\ 0 & N_1 & 0 & N_2 & 0 & N_3 \end{bmatrix} \tag{1.36}$$

通过以上处理方法，连续体上任一点处的位移皆可用若干选定的节点位移来表示。一个寻求未知函数的问题已经转化成一个寻求若干个未知数的问题。这样，我们就完成了将连续体离散化的关键一步。由此可见形状函数在有限单元法中占据的重要地位。

式（1.32）和式（1.34）表明，这种单元的形状函数矩阵是由三个节点处的形状函数组合而成的。每个形状函数都是线性函数，在几何上代表一个平面。在所代表的节点处，函数的值为单位 1，在另外两个节点处，函数的值为零。图 1-10 是这类函数的图形表示（以 N_1 为例）。

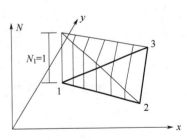

图 1-10　形状函数平面

③ 应力应变矩阵

$$\boldsymbol{\varepsilon} = \begin{bmatrix} \varepsilon_x \\ \varepsilon_y \\ \gamma_{xy} \end{bmatrix} = \begin{bmatrix} \dfrac{\partial u}{\partial x} \\ \dfrac{\partial v}{\partial y} \\ \dfrac{\partial u}{\partial y} + \dfrac{\partial v}{\partial x} \end{bmatrix} = \boldsymbol{B}\bar{u} \tag{1.37}$$

其中应变矩阵

$$\boldsymbol{B} = \begin{bmatrix} B_1 & B_2 & B_3 \end{bmatrix} \tag{1.38}$$

$$B_k = \frac{1}{2A} \begin{bmatrix} b_k & 0 \\ 0 & c_k \\ c_k & b_k \end{bmatrix}; \quad k = 1, 2, 3 \tag{1.39}$$

可见由于采用了线性的形状函数，单元上的应变（以及应力）为常数。所以这种单元也可称之为常应变（或常应力）单元。这当然是近似的，这种应力实际上只是真实应力的某种平均值。对于平面应力问题，应力为

$$\boldsymbol{\sigma}^{\mathrm{T}} = \begin{bmatrix} \sigma_x & \sigma_y & \tau_{xy} \end{bmatrix} = \boldsymbol{D}\boldsymbol{\varepsilon} \tag{1.40}$$

$$\boldsymbol{D} = \frac{E}{1-\mu^2} \begin{bmatrix} 1 & \mu & 0 \\ \mu & 1 & 0 \\ 0 & 0 & \dfrac{1-\mu}{2} \end{bmatrix}$$

其中 μ 为材料的泊松比，E 为材料的弹性模量。对于平面应变问题，只要将弹性矩阵 $\boldsymbol{D}$ 中的 E 用 $\dfrac{E}{1-\mu^2}$、μ 用 $\dfrac{\mu}{1-\mu}$ 代替即可。将应变代入，可得

$$\boldsymbol{\sigma} = \boldsymbol{DB}\overline{\boldsymbol{u}} = \boldsymbol{S}\overline{\boldsymbol{u}} \tag{1.41}$$

其中 $\boldsymbol{S}$ 称为应力矩阵（针对平面应力情形）

$$\boldsymbol{S} = \boldsymbol{DB} = \begin{bmatrix} S_1 & S_2 & S_3 \end{bmatrix} \tag{1.42}$$

$$\boldsymbol{S}_k = \frac{E}{2(1-\mu^2)A} \begin{bmatrix} b_k & \mu c_k \\ \mu b_k & c_k \\ \dfrac{1-\mu}{2}c_k & \dfrac{1-\mu}{2}b_k \end{bmatrix}; \quad k = 1, 2, 3 \tag{1.43}$$

④ 单元刚度矩阵　根据虚位移原理，由式（1.39）可知，单元的刚度矩阵为

$$\boldsymbol{K}^{(m)} = \int_{V(m)} \boldsymbol{B}^{\mathrm{T}} \boldsymbol{DB} \mathrm{d}V^{(m)}$$

当平面问题的板厚度为 h 时，上式改写为

$$\boldsymbol{K}^{(m)} = h \int_{A(m)} \boldsymbol{B}^{\mathrm{T}} \boldsymbol{DB} \mathrm{d}A^{(m)}$$

此处的标记 (m) 均表示第 m 个单元。将式（1.37）～式（1.43）代入上式，可得

$$\boldsymbol{K}^{(m)} = \begin{bmatrix} K_{11} & & sym \\ K_{21} & K_{22} & \\ K_{31} & K_{32} & K_{33} \end{bmatrix} \tag{1.44}$$

式中每个子矩阵都是 2×2 阶的，其下标与单元的节点编号相对应，具体的计算公式如下

$$\boldsymbol{K}_{ij} = \frac{Eh}{4(1-\mu^2)A} \begin{bmatrix} b_i b_j + \dfrac{1-\mu}{2}c_i c_j & \mu b_i c_j + \dfrac{1-\mu}{2}b_j c_i \\ \mu b_j c_i + \dfrac{1-\mu}{2}b_i c_j & c_i c_j + \dfrac{1-\mu}{2}b_i b_j \end{bmatrix}; \quad i, j = 1, 2, 3$$

⑤ 节点载荷向量　对于连续体来说，在单元的边界上有着分布作用的边界力，它们是其他单元或是结构的外部环境对该单元的作用力。而在节点上，一般却没有集中的节点力，这和杆系结构不一样。不过出于习惯在物理意义上我们常常可以设想把这些边界力向节点处简化，形成一组等价的虚拟的节点力。显然当单元尺寸很小时用这种等价节点力代表真实的边界力不致引起很大的误差。

三节点三角形单元的节点载荷向量表示为

$$\overline{\boldsymbol{R}}^{\mathrm{T}} = \begin{bmatrix} R_1 & R_2 & R_3 \end{bmatrix} = \begin{bmatrix} X_1 & Y_1 & X_2 & Y_2 & X_3 & Y_3 \end{bmatrix}$$

下面给出几种情况下的节点载荷向量的表达式：

a. 设在三角形单元的 (x, y) 点受到集中载荷 $\boldsymbol{F}^{\mathrm{T}} = \begin{bmatrix} F_x & F_y \end{bmatrix}$ 作用，则

$$\overline{\boldsymbol{R}}^{\mathrm{T}} = \begin{bmatrix} N_1 F_x & N_1 F_y & N_2 F_x & N_2 F_y & N_3 F_x & N_3 F_y \end{bmatrix} \tag{1.45a}$$

b. 设单元受 y 方向的体力作用，例如受重力作用。其合力 $W = -\gamma A h$，γ 为容重。

$$\overline{\boldsymbol{R}}^{\mathrm{T}} = -\frac{W}{3} \begin{bmatrix} 0 & 1 & 0 & 1 & 0 & 1 \end{bmatrix} \tag{1.45b}$$

c. 设单元的 1-2 边上受有沿 x 方向的集中力 F_x，其作用点距离节点 1,2 的距离分别为 l_1，l_2，$l = l_1 + l_2$，则

$$\overline{\boldsymbol{R}}^{\mathrm{T}} = F_x \begin{bmatrix} \dfrac{l_2}{l} & 0 & \dfrac{l_1}{l} & 0 & 0 & 0 \end{bmatrix} \tag{1.45c}$$

d. 设单元的 1-2 边上受有沿 x 方向的三角形分布载荷，载荷在 1 点的集度为 q，在 2 点的集度为 0，边长为 l，则

$$\overline{\boldsymbol{R}}^{\mathrm{T}} = \frac{1}{2} q l h \begin{bmatrix} \dfrac{2}{3} & 0 & \dfrac{1}{3} & 0 & 0 & 0 \end{bmatrix} \tag{1.45d}$$

e. 设单元的 1-2 边上受有均匀分布的侧压力 q，则

$$\overline{\boldsymbol{R}}^{\mathrm{T}} = \frac{1}{2} q h \begin{bmatrix} (y_1 - y_2) & (x_2 - x_1) & (y_1 - y_2) & (x_2 - x_1) & 0 & 0 \end{bmatrix} \tag{1.45e}$$

⑥ 温度应力　假定单元有温度增量 Δt，则弹性应变为

$$\varepsilon_e = \varepsilon - \varepsilon_t$$

其中 ε 为总的应变，ε_e 为弹性应变，ε_t 为温度变化引起的应变。对于平面问题

$$\boldsymbol{\varepsilon}_t^{\mathrm{T}} = \alpha_t \Delta t \begin{bmatrix} 1 & 1 & 0 \end{bmatrix}$$

温度变化不引起剪切变形，故而上式中的剪切应变为零。代入物理方程

$$\sigma = D\varepsilon_e = D\varepsilon - D\varepsilon_t = D\varepsilon - \sigma_t$$

上式中的 $-\sigma_t = -D\varepsilon_t$ 相当于初始应力 σ^{I}。因此，温度变化对应的平面应力问题的节点力向量为

$$\overline{\boldsymbol{R}}^{\mathrm{T}} = \int_{V(m)} \boldsymbol{B}^{\mathrm{T}} \boldsymbol{\sigma}_t \mathrm{d}V^{(m)} = \frac{E \alpha_t \Delta t h}{2(1-\mu)} \begin{bmatrix} b_1 & c_1 & b_2 & c_2 & b_3 & c_3 \end{bmatrix} \tag{1.45f}$$

对于平面应变问题将弹性常数作变换即可。

（2）采用高次位移函数的三角形单元

在上一节中介绍了最简的三角形单元，即在每个单元范围内，假设位移是线性变化的，应变和应力作为位移的一阶导数是不变的常量。这样的单元通常称为低阶（低次）元或是称为常应变（常应力）元。它的公式简单，计算省时，但精度较差。当弹性体内的应力有急剧变化时，除非把网格划分得很密，否则难以逼近实际情况。可是划分很密时，相应单元的数目大大增加，总计算工作量相应增大，以至于可能不如采用较复杂的形状函数更为合算。从一些实际计算经验看来，采用二次多项式函数去逼近未知的位移场较为理想。它不太复杂，但又有较好的精度，能够以粗细适当的网格去逼近那种变化陡峭的应力场，达到工程上令人满意的精度。

① 位移模式　假定位移模式按照二阶多项式变化，即

$$u(x, y) = \begin{bmatrix} u(x, y) \\ v(x, y) \end{bmatrix} = \begin{bmatrix} \alpha_0 + \alpha_1 x + \alpha_2 y + \alpha_3 x^2 + \alpha_4 xy + \alpha_5 y^2 \\ \alpha_6 + \alpha_7 x + \alpha_8 y + \alpha_9 x^2 + \alpha_{10} xy + \alpha_{11} y^2 \end{bmatrix} \tag{1.46}$$

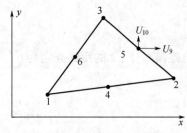

图 1-11　六节点三角形单元

上式中包含着 12 个待定系数，为了把它们用节点位移表示出来，每个单元应当有 6 个节点。通常的做法是在 3 个顶点之外再取 3 个边的个点，如图 1-11 所示。对应的形状函数矩阵是

$$N = \begin{bmatrix} \tilde{N}_1 & \tilde{N}_2 & \tilde{N}_3 & \tilde{N}_4 & \tilde{N}_5 & \tilde{N}_6 \end{bmatrix} \tag{1.47}$$

其中 $\tilde{N}_i = \begin{bmatrix} N_i & 0 \\ 0 & N_i \end{bmatrix}$，并且

$$N_i = \frac{1}{2A^2}(g_{i1} + g_{i2}x + g_{i3}y + g_{i4}x^2 + g_{i5}xy + g_{i6}y^2) \tag{1.48}$$

式中六个系数与三角形的几何尺寸有关

$$\left. \begin{array}{ll} g_{i1} = a_i(a_i - A) & g_{i2} = b_i(2a_i - A) \\ g_{i3} = c_i(2a_i - A) & g_{i4} = b_i^2 \\ g_{i5} = 2b_i c_i & g_{i6} = c_i^2 \end{array} \right\} (i = 1, 2, 3)$$

$$\left. \begin{array}{ll} g_{i1} = 2a_{i-3}a_{i-2} & g_{i2} = 2(a_{i-3}b_{i-2} - a_{i-2}b_{i-3}) \\ g_{i3} = 2(a_{i-3}c_{i-2} - a_{i-2}c_{i-3}) & g_{i4} = 2b_{i-3}b_{i-2} \\ g_{i5} = 2(b_{i-3}c_{i-2} - b_{i-2}c_{i-3}) & g_{i6} = 2c_{i-3}c_{i-2} \end{array} \right\} (i = 4, 5, 6)$$

式中 a, b, c 的下标仍然按照 $(1 \rightarrow 2 \rightarrow 3 \rightarrow 1)$ 循环。

② 应变矩阵　对应的应变矩阵为

$$B = \begin{bmatrix} B_1 & B_2 & B_3 & B_4 & B_5 & B_6 \end{bmatrix} \tag{1.49}$$

式中 $B_i = \frac{1}{2A^2} \begin{bmatrix} g_{i2} & 0 \\ 0 & g_{i3} \\ g_{i3} & g_{i2} \end{bmatrix} + \frac{x}{2A^2} \begin{bmatrix} 2g_{i4} & 0 \\ 0 & g_{i5} \\ g_{i5} & 2g_{i4} \end{bmatrix} + \frac{y}{2A^2} \begin{bmatrix} g_{i5} & 0 \\ 0 & 2g_{i6} \\ 2g_{i6} & g_{i5} \end{bmatrix}$，可见应变是线性变化的，并可

以表示为 $B_i = B_{i1} + B_{ix}x + B_{iy}y$。

③ 单元刚度矩阵　同理，单元刚度矩阵表达为

$$\boldsymbol{K}^{(m)} = \begin{bmatrix} K_{11} & & & & S & \\ K_{21} & K_{22} & & & & Y \\ K_{31} & K_{32} & K_{33} & & & & M \\ K_{41} & K_{42} & K_{43} & K_{44} & & \\ K_{51} & K_{52} & K_{53} & K_{54} & K_{55} & \\ K_{61} & K_{62} & K_{63} & K_{64} & K_{65} & K_{66} \end{bmatrix} \tag{1.50}$$

式中任意一个子矩阵可以写成

$$\begin{aligned} \boldsymbol{K}_{ij} &= \int_{V(m)} \boldsymbol{B}_i^{\mathrm{T}} \boldsymbol{D} \boldsymbol{B}_j \mathrm{d} V^{(m)} \\ &= \int_{V(m)} (B_{i1} + B_{ix}x + B_{iy}y)^{\mathrm{T}} D (B_{j1} + B_{jx}x + B_{jy}y) \mathrm{d} V^{(m)} \\ &= \sum_{r=1,x,y} \sum_{q=1,x,y} \boldsymbol{K}_{ij}^{rq} \int_{V(m)} rq \mathrm{d} V^{(m)} \end{aligned}$$

其中

$$\boldsymbol{K}_{ij}^{rq} = \boldsymbol{B}_{ir}^{\mathrm{T}} \boldsymbol{D} \boldsymbol{B}_{jq} \qquad (r=1,x,y; q=1,x,y)$$

此外，计算时应注意到，$\int_{V(m)} rq \mathrm{d} V^{(m)}$ 分别为三角形单元的体积、静矩、惯性矩和惯性积等等。

对于节点载荷向量可以用类似的方法求得，此处不再给出，请自行推导。

从理论上说，还可以采用更高次的多项式函数作为假设的位移函数。为此，要相应地增加节点的数量，除了在边上加点之外，在单元内部也可以设置节点。图 1-12 是一示意图，叫做帕斯卡（Pascal）三角形。它形象地指明了多项式的次数与节点安排之间的关系。例如，当采取三次多项式时，标为 $1, x^3, y^3$ 的三个点就是三角形的三个顶点，在每个边有两个节点，在三角形中间还有一个节点，共计 10 个节点，正好与双变量的三次多项式的所包含的项数相等。

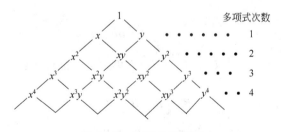

图 1-12　帕斯卡三角形

从本节所导出的公式可见，高次单元的计算公式较低次单元复杂，故计算每个单元的特性时，花费的工作量亦较大。不过在同等精度要求下高次单元所对应的网格却比较粗，即总的单元个数较少，所以总的计算工作量可能比采用低次单元节省。

（3）矩形单元

三角形单元的优点之一是它的"适应性"，任何复杂边界的弹性体，总是可以划分成三角形。可是在规则边界的情况下，显然划分成矩形更加方便。另外，许多计算实例已经证明，矩形单元的计算精度也比三角形单元好。这是因为在每个小矩形范围内，矩形单元有连续变化的应力场，而对应的两个三角形单元却只有阶梯变化的应力场。所以，在复杂边界的情况下，同时使用三角形和矩形单元将是可取的计算方案。

与三角形单元不同，不可能采用完全的多项式作为位移函数。因为一次的完全多项式只有 3 个待定系数而矩形单元却有 4 个角点。为使二者的数目一致，应在二次的多项式中选取补充项。设我们补充 x^2 的项，则在矩形的上、下边界上位移曲线是二次的，它不可能由两角点处的位移来唯一地确定，因而是不相容的。同样的道理，也不可以取 y^2 的项。所以，应取

$$u(x,y) = c_1 + c_2 x + c_3 y + c_4 xy$$
$$v(x,y) = c_5 + c_6 x + c_7 y + c_8 xy$$

（1.51）

这个函数虽然含有二次项，但在单元的任何一条边界上都是线性的，所以只要两点就可以唯一地确定位移，因而满足相容条件。

根据上式可以写出：

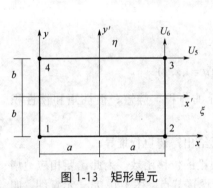

图 1-13　矩形单元

$$N_1 = \left(1 - \frac{x}{2a}\right)\left(1 - \frac{y}{2b}\right) \quad N_2 = \frac{x}{2a}\left(1 - \frac{y}{2b}\right)$$

$$N_3 = \frac{x}{2a}\frac{y}{2b} \quad N_4 = \left(1 - \frac{x}{2a}\right)\frac{y}{2b}$$

若改用自然坐标表示（见图 1-13），$\xi = x'/a$，$\eta = y'/b$ 可得

$$N_1 = \frac{1}{4}(1-\xi)(1-\eta) \quad N_2 = \frac{1}{4}(1+\xi)(1-\eta)$$

$$N_3 = \frac{1}{4}(1+\xi)(1+\eta) \quad N_4 = \frac{1}{4}(1-\xi)(1+\eta)$$

或者概括成

$$N_i = \frac{1}{4}(1+\xi_i\xi)(1+\eta_i\eta) \quad (i=1,2,3,4)$$

（1.52）

单元的应变为

$$\boldsymbol{\varepsilon} = \boldsymbol{B}\tilde{\boldsymbol{u}}$$

式中 $\tilde{\boldsymbol{u}}^{\mathrm{T}} = \begin{bmatrix} U_1 & U_2 & U_3 & U_4 & U_5 & U_6 & U_7 & U_8 \end{bmatrix}$ 为单元节点位移向量。

$$\boldsymbol{B} = \begin{bmatrix} B_1 & B_2 & B_3 & B_4 \end{bmatrix}$$

$$\boldsymbol{B}_i = \frac{1}{4}\begin{bmatrix} \xi_i(1+\eta_i\eta)/a & 0 \\ 0 & \eta_i(1+\xi_i\xi)/b \\ \eta_i(1+\xi_i\xi)/b & \xi_i(1+\eta_i\eta)/a \end{bmatrix} \quad (i=1,2,3,4)$$

（1.53）

对于平面应力问题，单元的刚度矩阵为

$$\boldsymbol{K}^{(m)} = \begin{bmatrix} K_{11} & & & sym \\ K_{21} & K_{22} & & \\ K_{31} & K_{32} & K_{33} & \\ K_{41} & K_{42} & K_{43} & K_{44} \end{bmatrix}$$

式中

$$K_{ij} = \int_{V(m)} \boldsymbol{B}_i^{\mathrm{T}} \boldsymbol{D} \boldsymbol{B}_j \mathrm{d}V^{(m)}$$

$$= \frac{Eh}{12(1-\mu^2)} \left[\begin{matrix} \xi_i\xi_j(3+\eta_i\eta_j)\beta + \dfrac{1-\mu}{2\beta}\eta_i\eta_j(3+\xi_i\xi_j) \\ 3\mu\xi_j\eta_i + \dfrac{3}{2}(1-\mu)\xi_i\eta_j \end{matrix} \right.$$

$$\left. \begin{matrix} 3\mu\xi_i\eta_j + \dfrac{3}{2}(1-\mu)\xi_j\eta_i \\ \eta_i\eta_j(3+\xi_i\xi_j)/\beta + \dfrac{1-\mu}{2}\xi_i\xi_j(3+\eta_i\eta_j)\beta \end{matrix} \right] \quad (i,j=1,2,3,4) \qquad (1.54)$$

其中 $\beta = b/a$，h 为单元厚度。对于平面应变问题按照前述同样处理。

从式（1.53）可以看出，在单元内部，应力（应变）不是常数。它虽然不是完全的一次多项式表达的，但却是一种线性变化的规律。

为逼近更加复杂的应力场，可以采用更复杂的位移模式。例如采用 9 节点的单元，位移模式可取

$$u(x,y) = c_1 + c_2 x + c_3 y + c_4 xy + c_5 x^2 + c_6 y^2 + c_7 x^2 y + c_8 xy^2 + c_9 x^2 y^2$$

$$v(x,y) = d_1 + d_2 x + d_3 y + d_4 xy + d_5 x^2 + d_6 y^2 + d_7 x^2 y + d_8 xy^2 + d_9 x^2 y^2$$

相应的节点安排和形函数图形见图 1-14。

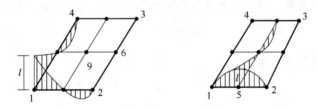

图 1-14　二次的 9 节点矩形单元

这种形函数可以用拉格朗日插值直接构造。设需要在一个矩形域上构造某点 p 的拉格朗日插值函数，并要求它在 x 方向是 m 次的，在 y 方向是 n 次的。为此，我们有 $(n+1)(m+1)$ 个节点，它们在 x 方向分成 $(m+1)$ 排，在 y 方向分成 $(n+1)$ 排，设 p 点在 x 方向的第 i 排 y 方向的第 j 排，则

$$N_p = N_{ij}^{mn} = R_i^m(\xi)R_j^n(\eta) \qquad (1.55a)$$

其中 R 代表一维的拉格朗日插值函数，具体表达式为

$$R_i^m(\xi) = \prod_{\substack{k=1 \\ k\neq i}}^{m+1} \frac{\xi-\xi_k}{\xi_i-\xi_k}; \quad R_j^n(\eta) = \prod_{\substack{k=1 \\ k\neq j}}^{n+1} \frac{\eta-\eta_k}{\eta_j-\eta_k} \qquad (1.55b)$$

将式（1.55）用于图 1-14 的 9 节点单元，则有

$$N_1 = R_1(\xi)R_1(\eta); \quad N_2 = R_3(\xi)R_1(\eta); \quad N_3 = R_3(\xi)R_3(\eta)$$

$$N_4 = R_1(\xi)R_3(\eta); \quad N_5 = R_2(\xi)R_1(\eta); \quad N_6 = R_3(\xi)R_2(\eta)$$

$$N_7 = R_2(\xi)R_3(\eta); \quad N_8 = R_1(\xi)R_2(\eta); \quad N_9 = R_2(\xi)R_2(\eta) \qquad (1.56)$$

其中 $R_1(\xi) = \dfrac{1}{2}\xi(\xi - 1)$，$R_2(\xi) = (1+\xi)(1-\xi)$，$R_3(\xi) = \dfrac{1}{2}\xi(\xi + 1)$，对于 η，具有相同的公式。如果将位移模式中的 $x^2 y^2$ 项除掉，则为 8 节点的矩形单元。具体的建立方法在等参单元中再详细介绍。

虽然对于矩形单元采取不完全的多项式作为位移函数，但是我们仍然可以把图 1-13 的四节点单元称为一次的或线性的（因为是二维情况，所以又叫双线性的），把图 1-14 所示的 9（或 8）节点单元称为二次的。这是因为就每一个坐标方向来说，特别是就每一条边界来说位移的变化是二次的。其他更高次的单元也是如此，并可用图 1-12 的帕斯卡三角形来表达。在该图中，用虚线画出的项就是在位移函数中应当包括的，其相当的次数由最外边的项次表示。倘若不取内部节点，则有些项应当弃去。

由图 1-12 可见，用这一规律组成的位移函数，全部包括完整的线性部分，因而能够满足"常应变准则"，同时它也反映了刚体位移的成分。该图还表明，对于 m 次的单元每边设置 $(m+1)$ 个节点，则相容性是满足的。因为沿任何一条边界上，位移的变化是一条 m 次曲线。各种降级的单元则表现出方向性，只有当公共边上节点数目一致时，相邻的单元才是相容的。

1.2.4 空间结构

以上介绍了用有限元法分析平面应力问题的原理和技巧。把它们推广到空间弹性体的分析上去，没有什么原则上的困难，不需要新的原理或新的假定。空间问题与平面问题相比主要是问题的"规模"大增。例如每个节点的位移增加为 3 个

$$\boldsymbol{u}_i^{\mathrm{T}} = \begin{bmatrix} u_i & v_i & w_i \end{bmatrix}$$

应力和应变分量分别增加到 6 个

$$\boldsymbol{\varepsilon}^{\mathrm{T}} = \begin{bmatrix} \varepsilon_x & \varepsilon_y & \varepsilon_z & \gamma_{xy} & \gamma_{yz} & \gamma_{zx} \end{bmatrix}$$

$$\boldsymbol{\sigma}^{\mathrm{T}} = \begin{bmatrix} \sigma_x & \sigma_y & \sigma_z & \tau_{xy} & \tau_{yz} & \tau_{zx} \end{bmatrix}$$

相应的，几何方程为

$$\boldsymbol{\varepsilon}^{\mathrm{T}} = \begin{bmatrix} \dfrac{\partial u}{\partial x} & \dfrac{\partial v}{\partial y} & \dfrac{\partial w}{\partial z} & \dfrac{\partial v}{\partial x}+\dfrac{\partial u}{\partial y} & \dfrac{\partial w}{\partial y}+\dfrac{\partial v}{\partial z} & \dfrac{\partial w}{\partial x}+\dfrac{\partial u}{\partial z} \end{bmatrix}$$

物理方程为

$$\boldsymbol{D} = \frac{E}{(1+\mu)(1-2\mu)} \begin{bmatrix} 1-\mu & \mu & \mu & & & 0 \\ \mu & 1-\mu & \mu & & & \\ \mu & \mu & 1-\mu & & & \\ & & & \dfrac{1-2\mu}{2} & & \\ & & & & \dfrac{1-2\mu}{2} & \\ 0 & & & & & \dfrac{1-2\mu}{2} \end{bmatrix}$$

所以，空间问题的具体算式不同于平面问题，它是比较繁琐的。特别是用同样大小的单元分析这两类问题时，空间问题的总未知数要比平面问题大得多。当弹性体的尺寸相当并且

单元尺寸也相当的情况下，一维、二维和三维问题所需的总未知数个数相差悬殊。若一维问题要求 10 个节点和 10 个未知数，则二维问题将有 100 个节点和 200 个未知数，对应的三维问题则猛增至 1000 个节点和 3000 个未知数。由此可以想到，空间问题的规模往往大得惊人。它要求机器有很大的存储量，计算时间长，计算费用高。另外，由上边的例子也可以看出空间问题所需要的原始数据是大量的。需要输出或显示的计算结果也是大量的。这一切都给有限元法的具体运用带来许多困难。为了克服这些困难，可以从各方面采取措施。例如：

1）采用高效率、高精度的单元，使在较小的机器容量和较短的计算时间内，获得精度适宜的解答。目前常用的是二次和三次的单元。其中，以位移导数为节点自由度的高次单元因为具有较高的"节点效率"，受到人们的重视。另外，采用高次单元的同时，希望相应地放大单元的尺寸，从而必须考虑曲面的单元边界，等参单元愈发显得重要。

2）充分利用具体问题的具体特点，将需要求解的方程规模减至最低程度。例如，利用结构的对称性、相似性和重复性等等，可以大大降低总未知数的个数。另一方面，选用合适的方法，例如所谓"子结构法"或"波前法"等。

3）为了减少人工准备原始数据的劳动量，应尽量使用单元网格的"自动生成"。即根据少量必需的原始信息由机器计算出全部有限单元模型的数据包括节点号码、坐标、单元号码及有关节点序号等。

本节主要介绍四面体单元和正六面体单元。

图 1-15　四面体单元

（1）四面体单元

最简单的空间单元为四面体单元，如图 1-15 所示。其基本的未知位移向量为

$$\tilde{\boldsymbol{u}}^{\mathrm{T}} = \begin{bmatrix} u_1 & v_1 & w_1 & \cdots & w_4 \end{bmatrix} \tag{1.57}$$

采用如下的位移模式

$$\boldsymbol{u} = \begin{Bmatrix} u \\ v \\ w \end{Bmatrix} = \begin{bmatrix} c_1 + c_4 x + c_7 y + c_{10} z \\ c_2 + c_5 x + c_8 y + c_{11} z \\ c_3 + c_6 x + c_9 y + c_{12} z \end{bmatrix} \tag{1.58}$$

根据前述章节中类似的方法，可以解得形函数为

$$N_i = \frac{1}{6V}(a_i + b_i x + c_i y + d_i z) \quad (i = 1,2,3,4) \tag{1.59}$$

其中

$$a_i = (-1)^{i+1} \begin{vmatrix} x_j & y_j & z_j \\ x_m & y_m & z_m \\ x_p & y_p & z_p \end{vmatrix} \qquad b_i = (-1)^{i} \begin{vmatrix} 1 & y_j & z_j \\ 1 & y_m & z_m \\ 1 & y_p & z_p \end{vmatrix}$$

$$c_i = (-1)^{i+1} \begin{vmatrix} x_j & 1 & z_j \\ x_m & 1 & z_m \\ x_p & 1 & z_p \end{vmatrix} \qquad d_i = (-1)^{i} \begin{vmatrix} x_j & y_j & 1 \\ x_m & y_m & 1 \\ x_p & y_p & 1 \end{vmatrix}$$

$$V = \frac{1}{6} \begin{vmatrix} 1 & x_1 & y_1 & z_1 \\ 1 & x_2 & y_2 & z_2 \\ 1 & x_3 & y_3 & z_3 \\ 1 & x_4 & y_4 & z_4 \end{vmatrix}$$

式中，V 为体积；$i = 1,2,3,4$；j, m, p 为除 i 外的三个节点，按照大小排列。单元的位移函数可以写为

$$u = N\tilde{u} \tag{1.60}$$

其中

$$N = \begin{bmatrix} N_1 & 0 & 0 & N_2 & 0 & 0 & N_3 & 0 & 0 & N_4 & 0 & 0 \\ 0 & N_1 & 0 & 0 & N_2 & 0 & 0 & N_3 & 0 & 0 & N_4 & 0 \\ 0 & 0 & N_1 & 0 & 0 & N_2 & 0 & 0 & N_3 & 0 & 0 & N_4 \end{bmatrix}$$

$$= \begin{bmatrix} N_1 & N_2 & N_3 & N_4 \end{bmatrix}$$

将其代入几何方程，可得应变矩阵

$$B = \begin{bmatrix} B_1 & B_2 & B_3 & B_4 \end{bmatrix} \tag{1.61}$$

其中

$$B_i = \frac{1}{6V} \begin{bmatrix} b_i & 0 & 0 \\ 0 & c_i & 0 \\ 0 & 0 & d_i \\ c_i & b_i & 0 \\ 0 & d_i & c_i \\ d_i & 0 & b_i \end{bmatrix} \quad (i = 1,2,3,4)$$

同前述，我们可以得到单元刚度矩阵如下

$$K^{(m)} = \begin{bmatrix} K_{11} & & & sym \\ K_{21} & K_{22} & & \\ K_{31} & K_{32} & K_{33} & \\ K_{41} & K_{42} & K_{43} & K_{44} \end{bmatrix} \tag{1.62}$$

其中 $K_{ij} = \int_{V(m)} B_i^T D B_j dV^{(m)}$，$i, j = 1,2,3,4$。具体的表达式为

$$K_{ij} = \frac{E(1-\mu)}{36V(1+\mu)(1-2\mu)} \begin{bmatrix} b_i b_j + \mu_2(c_i c_j + d_i d_j) & \mu_1 c_i b_j + \mu_2 b_i c_j & \mu_1 b_i d_j + \mu_2 d_i c_j \\ \mu_1 d_i b_j + \mu_2 b_i d_j & c_i c_j + \mu_2(b_i b_j + d_i d_j) & \mu_1 c_i d_j + \mu_2 d_i c_j \\ & \mu_1 d_i c_j + \mu_2 c_i d_j & d_i d_j + \mu_2(b_i b_j + c_i c_j) \end{bmatrix}$$

式中，$\mu_1 = \dfrac{\mu}{1-\mu}$，$\mu_2 = \dfrac{1-2\mu}{2(1-\mu)}$。单元的应力矩阵为

$$\boldsymbol{S} = \boldsymbol{DB} = \frac{E(1-\mu)}{6V(1+\mu)(1-2\mu)} \begin{bmatrix} S_1 & S_2 & S_3 & S_4 \end{bmatrix} \qquad (1.63)$$

其中具体表达式为

$$\boldsymbol{S}_i = \begin{bmatrix} b_i & \mu_1 c_i & \mu_1 d_i \\ \mu_1 b_i & c_i & \mu_1 d_i \\ \mu_1 b_i & \mu_1 c_i & d_i \\ \mu_2 c_i & \mu_2 b_i & 0 \\ 0 & \mu_2 d_i & \mu_2 c_i \\ \mu_2 d_i & 0 & \mu_2 b_i \end{bmatrix} \quad (i = 1, 2, 3, 4)$$

显然，这种单元也是常应力（常应变）单元。

若单元上有沿 x 方向有均布体力 f_b^x 时，对应的节点载荷向量力是

$$R_B^{\mathrm{T}} = \int_{V(m)} \boldsymbol{N}^{\mathrm{T}} f_b \mathrm{d}V^{(m)} = \begin{bmatrix} \boldsymbol{R}_1 & \boldsymbol{R}_2 & \boldsymbol{R}_3 & \boldsymbol{R}_4 \end{bmatrix} \qquad (1.64)$$

式中 $\boldsymbol{R}_i = \int_{V(m)} N_i f_b \mathrm{d}V^{(m)} = \begin{bmatrix} f_b^x \int_{V(m)} N_i \mathrm{d}x\mathrm{d}y\mathrm{d}z & 0 & 0 \end{bmatrix}$，若用 (x_c, y_c, z_c) 来表示四面体的形心坐标，则上述积分为

$$\int_{V(m)} N_i \mathrm{d}V^{(m)} = \frac{1}{6V} \int_{V(m)} (a_i + b_i x + c_i y + d_i z) \mathrm{d}V^{(m)}$$

$$= \frac{1}{6V}(a_i V + b_i x_c V + c_i y_c V + d_i z_c V)$$

$$= V N(x_c, y_c, z_c) = \frac{V}{4}$$

亦即 $\boldsymbol{R}_i = \begin{bmatrix} \dfrac{f_b^x V}{4} & 0 & 0 \end{bmatrix}$，表明将均布力的合力平均分配给 4 个节点，就可以得到节点载荷向量。

同理，可以推出其他复杂情况下的节点载荷向量。例如，由节点 1、2、3 所决定的三角形表面上作用着表面力，呈线性分布且在各节点处的强度记为

$$\boldsymbol{f}_{Si}^{\mathrm{T}} = \begin{bmatrix} f_{Si}^x & f_{Si}^y & f_{Si}^z \end{bmatrix} \quad (i = 1, 2, 3)$$

则其节点载荷向量为

$$\boldsymbol{R}_S^{\mathrm{T}} = \begin{bmatrix} \boldsymbol{R}_1 & \boldsymbol{R}_2 & \boldsymbol{R}_3 & 0 \end{bmatrix} \qquad (1.65)$$

其中 $\boldsymbol{R}_i = \begin{bmatrix} R_{xi} & R_{yi} & R_{zi} \end{bmatrix}$，$i = 1, 2, 3$，具体表达式为

$$R_{pi} = \frac{A_{123}}{6} \left(f_{Si}^p + \frac{1}{2} f_{Sj}^p + \frac{1}{2} f_{Sm}^p \right); \quad p = x, y, z; \quad i = 1, 2, 3; \quad j, m \text{ 为其他两个节点。}$$

总而言之，空间问题的处理方法与平面问题是完全一样的，只不过具体公式不同而已。

（2）正六面体单元

正六面体单元是研究任意六面体和曲六面体单元的基础，因为通过几何映射，可以把它变成任意六面体和曲六面体。

为使单元具有相容性，正六面体单元位移多项式亦不可能是完全的。例如，最简单的一次单元要取（图 1-16）

$$u = c_1 + c_2\xi + c_3\eta + c_4\zeta + c_5\xi\eta + c_6\eta\zeta + c_7\zeta\xi + c_8\xi\eta\zeta$$

它包括了完全一次多项式，因而具备刚体位移和常应变状态。它有四个附加的高次项，但对每一个坐标来说，其最高幂次仍为 1。另外它对三个坐标来说也是"均衡的"。总项数为 8，以便与 8 个节点的位移相匹配。最后，在正六面体的任何一个边界面上，该函数退化为一个二维的二次多项式，含有 4 个独立的待定常数，它们由该边界面上的 4 个节点处的位移来唯一地确定。由此可知，这位移函数是相容的。

单元的形状函数全都可以用拉格朗日插值公式直接写出来，其方法如下：设所论节点 p 在坐标 ξ 方向属于第 i 排，在 η,ζ 方向分别属于第 j 和 k 排，在三个方向分别共有 $(l+1)$，$(m+1)$，$(n+1)$ 排（参看平面问题的相关内容）。则

$$N_p = N_{ijk}^{lmn} = N_i^l(\xi)N_j^m(\eta)N_k^n(\zeta) \tag{1.66}$$

其中

$$N_i^l(\xi) = \prod_{\substack{q=1\\q\neq i}}^{l+1} \frac{\xi - \xi_q}{\xi_i - \xi_q} \qquad N_j^m(\eta) = \prod_{\substack{q=1\\q\neq j}}^{m+1} \frac{\eta - \eta_q}{\eta_j - \eta_q} \qquad N_k^n(\xi) = \prod_{\substack{q=1\\q\neq k}}^{n+1} \frac{\zeta - \zeta_q}{\zeta_k - \zeta_q}$$

将上式用于图 1-16 的 8 节点单元，有

$$N = \frac{1}{8}(1+\xi_i\xi)(1+\eta_i\eta)(1+\zeta_i\zeta) \qquad (i = 1,2,3,4,5,6,7,8) \tag{1.67}$$

对于图 1-17 的 27 节点单元（节点共分成 4 类，即：8 个角节点、12 个边中节点、6 个面中点和 1 个体内中点）的可以采用完全的二次项和一些高阶的附加项，但附加项的每一个坐标的幂次都不超过 2。

根据我们前面关于形函数的特点可知，图 1-17 单元的 4 类节点中，各节点的"效力"是不一样的。6 个面中点仅仅与相邻的两个单元有关，而体内中点仅仅与本单元有关，这类节点的都是很低的。所以，在空间问题中，常常采用图 1-18 的 20 节点单元，而直接去掉效力低的 7 个节点。

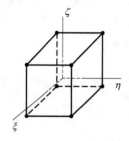

图 1-16　正六面体单元

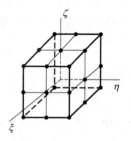

图 1-17　27 节点单元

这种单元的形状函数可以直接写出来，其方法与平面问题中所介绍过的无内节点矩形单元完全类似。

首先，考虑各棱边的中点，在该棱边上做一个一维的拉格朗日插值函数，在所论点处为

"1"，在其他节点处为零。例如图 1-18 中 $\xi=1,\eta=0,\zeta=1$ 的点，它的表达式是 $1-\eta^2$。然后，令它沿 ξ 方向线性地衰减至对边成零值，这函数变成 $\frac{1}{2}(1+\xi)(1-\eta^2)$。最后，令这个新函数沿着 ζ 方向线性地衰减至底边成零值，结果函数就应变成我们所需要的

$$N_1=\frac{1}{4}(1+\xi)(1-\eta^2)(1+\zeta)$$

同理，可以推知，对于所有 $\eta=0$ 的 4 个节点

$$N_i=\frac{1}{4}(1+\xi_i\xi)(1-\eta^2)(1+\zeta_i\zeta) \tag{1.68a}$$

类似的，其他两种节点为

$$N_j=\frac{1}{4}(1-\xi^2)(1+\eta_j\eta)(1+\zeta_i\zeta) \tag{1.68b}$$

$$N_k=\frac{1}{4}(1+\xi_k\xi)(1+\eta_k\eta)(1-\zeta^2) \tag{1.68c}$$

其次，再看图 1-19 中的节点 2，式（1.67）在节点 2 的值为 1，但在节点 1、3 和 4 的值是 1/2。因此，可以用式（1.67）减去 $\frac{1}{2}(N_1+N_3+N_4)$ 来构造节点 2 的形函数

$$N_2=\frac{1}{8}(1+\xi)(1+\eta)(1+\zeta)-\frac{1}{2}(N_1+N_3+N_4)$$

$$=\frac{1}{8}(1+\xi)(1+\eta)(1+\zeta)(\xi+\eta+\zeta-2) \tag{1.69}$$

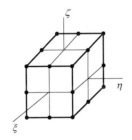

图 1-18　20 节点单元

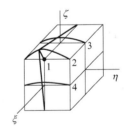

图 1-19　中边节点的形函数构造

同理，其他 7 个顶点处的形函数可以同样写出。归纳起来，就是

$$N_i=\frac{1}{8}(1+\xi_i\xi)(1+\eta_i\eta)(1+\zeta_i\zeta)(\xi_i\xi+\eta_i\eta+\zeta_i\zeta-2) \tag{1.70}$$

这种方法构造的单元称为 Serepidity（寻宝）单元。用类似的方法，可以构造更高阶的单元。

1.3　有限元方程组的解法

上述内容已经讨论了有限元系统平衡方程组的推导和计算，但是，一个分析的总效率很

大程度上取决于求解系统平衡方程组所用的数值过程。如果采用较密的有限元网格，一般可改善分析的精度。因此，在实用上倾向于使用越来越大的有限元系统来近似实际的结构。但这意味着会出现分析的效率和费用问题，而且它的实际可行性在相当程度上取决于用来求解系统方程组的算法。由于需要求解大型方程组，因而有许多研究工作已深入到对求解方程的最优算法上。

根据分割体所用的单元类型和数量以及单元网格的拓扑结构，在线性静力分析中，求解平衡方程组的时间可能占总的解算时间的很大百分比，而在动力、非线性分析中所占的百分比可能更大。因此，若对平衡方程组使用不合适的解法，则对分析的效率和费用影响极大。

除了要考虑解平衡方程组时所用计算机的实际工作外，重要的是要认识到，若使用一个不合适的数值方法，就可能使分析实际上无法进行。情况可能是这样，由于采用速度慢的解法使得分析费用的确太昂贵了，而更严重的是由于求解过程是不稳定的，使得无法进行分析。本节主要讨论**静力分析中线性方程组的解法**。

静力分析中所得到的联立线性方程组为

$$KU = R \qquad (1.71)$$

式中，K 是刚度矩阵；U 是位移向量；R 是有限元系统的载荷向量。由于 R 和 U 可以是时间 t 的函数，我们也可把式（1.71）看作是忽略惯性力和与速度有关的阻尼力的一个有限元系统的动力平衡方程组。由于式（1.71）没有引入速度和加速度，我们可以求出在任一时间 t 与位移历程无关的位移，动力分析中就不是这种情形。但是，式（1.71）的解法和实际的动力分析之间的关系提醒了我们，用于计算式（1.71）中 U 的算法也可以用来作为求解动力分析问题的算法的一部分，情况确实如此。

求解联立方程组主要有两类不同的方法：直接解法和迭代解法。直接解法是用精确的方法确定的若干步骤和运算来求解方程组（1.71），而迭代解法则采用迭代的步骤，两类方法各有优点。不过，几乎在所有的应用中，直接解法是目前最有效的解法。本节将分别讨论直接解法和迭代解法。

1.3.1 直接解法

目前所用的最有效的直接解法基本上都是高斯消去法，尽管高斯消去法的求解格式对任何线性方程组几乎都可应用，但它在有限元分析中的有效性是依赖于有限元刚度矩阵的一些特殊性质：对称性、正定性和带状。

（1）高斯消去法介绍

我们通过具体事例来介绍高斯消去法的求解过程，例如，式（1.71）为下面的方程

$$\begin{bmatrix} 5 & -4 & 1 & 0 \\ -4 & 6 & -4 & 1 \\ 1 & -4 & 6 & -4 \\ 0 & 1 & -4 & 5 \end{bmatrix} \begin{Bmatrix} U_1 \\ U_2 \\ U_3 \\ U_4 \end{Bmatrix} = \begin{Bmatrix} 0 \\ 1 \\ 0 \\ 0 \end{Bmatrix}$$

应用高斯消去法解这个方程组，我们按照下列步骤进行。

第一步：从第 2 和第 3 个方程中，减去第 1 个方程的某个倍数，则在 K 的第 1 列得到零元素。即从第 2 行减去第 1 行的 $\left(-\dfrac{4}{5}\right)$ 倍，从第 3 行减去第 1 行的 $\left(\dfrac{1}{5}\right)$ 倍。消元之后的方程为

$$\begin{bmatrix} 5 & -4 & 1 & 0 \\ 0 & \dfrac{14}{5} & \dfrac{-16}{5} & 1 \\ 0 & \dfrac{-16}{5} & \dfrac{29}{5} & -4 \\ 0 & 1 & -4 & 5 \end{bmatrix} \begin{Bmatrix} U_1 \\ U_2 \\ U_3 \\ U_4 \end{Bmatrix} = \begin{Bmatrix} 0 \\ 1 \\ 0 \\ 0 \end{Bmatrix}$$

第二步：接着考虑上面方程组，从第 3 个方程减去第 2 个方程的 $\left(-\dfrac{16}{14}\right)$ 倍并从第 4 个方程减去第 2 个方程 $\left(\dfrac{5}{14}\right)$ 倍。消元后的方程为

$$\begin{bmatrix} 5 & -4 & 1 & 0 \\ 0 & \dfrac{14}{5} & \dfrac{-16}{5} & 1 \\ 0 & 0 & \dfrac{15}{7} & \dfrac{-20}{7} \\ 0 & 0 & \dfrac{-20}{7} & \dfrac{65}{14} \end{bmatrix} \begin{Bmatrix} U_1 \\ U_2 \\ U_3 \\ U_4 \end{Bmatrix} = \begin{Bmatrix} 0 \\ 1 \\ \dfrac{8}{7} \\ \dfrac{-5}{14} \end{Bmatrix}$$

第三步：在上面方程中从第 4 个方程减去第 3 个方程的 $\left(-\dfrac{20}{15}\right)$ 倍，得到

$$\begin{bmatrix} 5 & -4 & 1 & 0 \\ 0 & \dfrac{14}{5} & \dfrac{-16}{5} & 1 \\ 0 & 0 & \dfrac{15}{7} & \dfrac{-20}{7} \\ 0 & 0 & 0 & \dfrac{5}{6} \end{bmatrix} \begin{Bmatrix} U_1 \\ U_2 \\ U_3 \\ U_4 \end{Bmatrix} = \begin{Bmatrix} 0 \\ 1 \\ \dfrac{8}{7} \\ \dfrac{6}{7} \end{Bmatrix}$$

利用上式，我们可以很容易地解出

$$U_4 = \frac{7}{5}, \quad U_3 = \frac{12}{5}, \quad U_2 = \frac{13}{5}, \quad U_1 = \frac{8}{5}$$

因此，求解的过程是在第 i 步中依次地由第 $i+1, i+2, \cdots, n$ 个方程减去第 i 个方程的适当的倍数。按这样的方式进行下去，方程的系数矩阵最终化成上三角矩阵的形式，即在对角线以下的所有元素为零的形式。从最后的一个方程开始，便能按 $U_n, U_{n-1}, \cdots, U_1$ 的次序解出全部未知数。

值得重视的是，到第 i 步结束时右下角的 $n-i$ 阶子矩阵（在上面几个式中用虚线框起来的部分）是对称矩阵。所以，对角线以上（包括对角线元素在内）的元素在整个求解过程中总能给出系数矩阵的全部元素。这样，计算机执行时仅仅用矩阵的上三角部分进行运算。

另一个值得重视的是，上述解法中假设第 i 步时该系数矩阵的第 i 个对角线元素是非零元素，也就是说，系数矩阵的第 i 个对角线元素不为零，才有可能使该主元素以下的元素变为零。同样，在求解位移的回代中我们还要用系数矩阵的对角线元素来除。幸而，在基于位移的有限元系统的分析中，系数矩阵的所有对角线元素在求解过程中总是正的，这是使得应

用高斯消去法非常有效的另一个性质（当刚度矩阵是用杂交或混合公式或由有限差分导出时就不一定具有这个性质）。

为了表示高斯消去法中数学运算的物理过程，我们首先要注意到对系数矩阵 K 的运算是与载荷向量 R 的元素无关的。因此，我们只考虑在系数矩阵 K 上的运算，因为对刚度矩阵的运算与载荷向量的运算无关。当载荷向量不是零向量时，自由度的消去所用的方程中应包括有载荷项，在消去过程中该载荷的影响会传播到其他的自由度上。我们可以认为，包括有载荷项的消去法正是高斯消去过程。因此，概括地说，高斯消去过程的物理意义是建立分别对应于后面 $(n-i)$ 个自由度的阶数为 $n, n-1, \cdots, 1$ 的 n 个刚度矩阵。而且，可以算出对应于 n 个刚度矩阵的相应的载荷向量。于是，未知位移可依次通过考虑只有一个、两个、$\cdots$，n 个自由度的系统求得（这些自由度对应于原有自由度的最后一个、倒数第二个、$\cdots$，第一个）。

至此我们所指的消去过程都是依次地从第 1 个自由度到第 $(n-1)$ 个自由度进行的。但我们可按相同的方式倒过来进行消去（即从最后一个自由度到第二个自由度）或者可选择任意次序消去。

（2）高斯消去法的程序实现

高斯消去求解过程在计算机实现的一个非常重要方面，是所用的求解时间最少的。在有限元分析中全部非零元素都聚集在系统矩阵对角线附近，大大减少了解方程的总运算量和所需的内存。

若用 m_i 表示第 i 列的第一个非零元素的行号，则变量 m_i $(i=1,2,\cdots,n)$ 就规定了矩阵变带宽的边界线。假定对于一个给定的有限元分割，已确定了一种具体的节点编号方案，并已而有效地得到 K 的 LDL^T 分解，利用 $d_{11}=k_{11}$，计算第 j 列 $(j=2,3,\cdots,n)$ 元素 l_{ij} 和 d_{jj} 的算法是

$$g_{mj,j} = k_{mj,j}$$
$$g_{ij} = k_{ij} - \sum_{r=m}^{i-1} l_{ri}g_{rj}, (i=m_j+1,\cdots,j+1) \tag{1.72}$$

其中 $m = \max(m_i, m_j)$，g_{ij} 是作为中间变量定义的，而计算利用

$$l_{ij} = \frac{g_{ij}}{d_{ii}} \quad (i=m_j,\cdots,j-1) \tag{1.73}$$

$$d_{jj} = k_{jj} - \sum_{r=mj}^{j-1} l_{rj}g_{rj} \tag{1.74}$$

式（1.73）和式（1.74）中的求和，不包含与矩阵带状边界线外的零元素的乘积，l_{ij} 是矩阵 L^T 的元素而不是 L 的元素。

考虑到在约化过程中的存储安排，把由式（1.73）算出的元素 l_{ij} 直接代替 g_{ij}，而 d_{ii} 代替 k_{ii}。因此，在约化结束时，元素 d_{ii} 就存放在原来存放在 k_{ii} 的位置上，而 l_{rj} 就存放在原来 $k_{rj}(j>r)$ 的位置上。

下面通过具体的例子，说明运算过程。

$$\begin{bmatrix} 2 & -2 & & & -1 \\ & 3 & -2 & & 0 \\ & & 5 & -3 & 0 \\ & & & 10 & 4 \\ & & & & 10 \end{bmatrix}$$

对于这个矩阵，$m_1 = 1, m_2 = 1, m_3 = 2, m_4 = 3, m_5 = 1$。

对于 $j = 2$，有 $d_{11} = 2$，算法给出

$$g_{12} = k_{12} = -2 \qquad l_{12} = \frac{g_{12}}{d_{11}} = -1 \qquad d_{22} = k_{22} - l_{12}g_{12} = 3 - (-1)(-2) = 1$$

对于 $j = 3$

$$g_{23} = k_{23} = 2 \qquad l_{23} = \frac{g_{23}}{d_{22}} = -2 \qquad d_{33} = k_{33} - l_{23}g_{23} = 5 - (-2)(-2) = 1$$

对于 $j = 4$

$$g_{34} = k_{34} = -3 \qquad l_{34} = \frac{g_{34}}{d_{33}} = -3 \qquad d_{44} = k_{44} - l_{34}g_{34} = 10 - (-3)(-3) = 1$$

对于 $j = 5$

$$g_{15} = -1 \qquad g_{25} = k_{25} - l_{12}g_{15} = 0 - (-1)(-1) = -1$$

$$g_{35} = k_{35} - l_{23}g_{25} = 0 - (-2)(-1) = -2$$

$$g_{45} = k_{45} - l_{34}g_{35} = 4 - (-3)(-2) = -2$$

$$l_{15} = \frac{g_{15}}{d_{11}} = -\frac{1}{2} \qquad l_{25} = \frac{g_{25}}{d_{22}} = -1 \qquad l_{35} = \frac{g_{35}}{d_{33}} = -2 \qquad l_{45} = \frac{g_{45}}{d_{44}} = -2$$

$$d_{55} = k_{55} - l_{15}g_{15} - l_{25}g_{25} - l_{35}g_{35} - l_{45}g_{45} = \frac{1}{2}$$

最终的矩阵为

$$\begin{bmatrix} -2 & -1 & & & -\dfrac{1}{2} \\ & 1 & -2 & & -1 \\ & & 1 & -3 & -2 \\ & & & 1 & -2 \\ & & & & \dfrac{1}{2} \end{bmatrix}$$

在上面的讨论中，我们只考虑刚度矩阵 $\boldsymbol{K}$ 的分解，这是方程解法的主要部分。一旦求得了 $\boldsymbol{K}$ 的因子 $\boldsymbol{L}$ 和 $\boldsymbol{D}$，则可利用式 $\boldsymbol{LV} = \boldsymbol{R}$ 和 $\boldsymbol{DL}^{\mathrm{T}}\boldsymbol{U} = \boldsymbol{V}$ 解出 $\boldsymbol{U}$，此处可以注意到，在式 $\boldsymbol{LV} = \boldsymbol{R}$ 中 $\boldsymbol{R}$ 的约化可在分解刚度矩阵 $\boldsymbol{K}$ 的同时进行，也可在分解 $\boldsymbol{K}$ 后单独进行。所用到的方程为 $V_1 = R_1$，计算第 j 个 $(j = 2, 3, \cdots, n)$

$$V_j = R_j - \sum_{r=mj}^{j-1} l_{rj}V_r \tag{1.75}$$

存储时，同样用 V_j 代替 R_j。

1.3.2 迭代解法

目前，大多数有限元大型计算机程序都是采用迭代法来求解平衡方程组 $\boldsymbol{KU} = \boldsymbol{R}$，许多研究工作都用于对各种迭代法的改进。迭代法的一个根本性的缺点是对求解的时间只能作大

致的估计，因为收敛所要求的迭代次数与矩阵 K 的条件数和所用的加速收敛因子是否有效有关。

对于 $KU = R$ 的迭代法，必须给出 U 的一个初始位移 $U^{(1)}$。如果没有合适的已知值，则一般取 $U^{(1)}$ 为零向量，迭代法是按 $s = 1, 2, \cdots$ 来进行下列的计算

$$U_i^{(s+1)} = k_{ii}^{-1} \left\{ R_i - \sum_{j=1}^{i-1} k_{ij} U_j^{(s+1)} - \sum_{j=i+1}^{n} k_{ij} U_j^{(s)} \right\} \tag{1.76}$$

其中 $U_i^{(s)}$ 和 R_i 分别是 U 和 R 的第 i 个分量，而 s 表示迭代的循环数。另外我们可将上式写成矩阵的形式

$$U^{(s+1)} = K_D^{-1} \left\{ R - K_L U^{(s+1)} - K_L^T U^{(s)} \right\} \tag{1.77}$$

其中 K_D 是对角矩阵，$K_D = \operatorname{diag}(k_{ii})$，$K_L$ 是下三角矩阵，它的元素是 k_{ij}，并且使

$$K = K_L + K_D + K_L^T \tag{1.78}$$

一直迭代到当前的位移向量的变化足够小为止，即直到

$$\frac{\left\| U^{(s+1)} - U^{(s)} \right\|_2}{\left\| U^{(s+1)} \right\|_2} < \varepsilon \tag{1.79}$$

其中 ε 是收敛的限值。迭代次数取决于初始向量 $U^{(1)}$ 的好坏和矩阵 K 的条件数，只要 K 是正定的，则迭代总是收敛的。

上式的右端，我们计算一个对应于自由度 i 的不平衡力

$$Q_i^{(s)} = R_i - \sum_{j=1}^{i-1} k_{ij} U_j^{(s+1)} - \sum_{j=i+1}^{n} k_{ij} U_j^{(s)} \tag{1.80}$$

然后利用

$$U_i^{(s+1)} = U_i^{(s)} + k_{ii}^{-1} Q_i^{(s)} \tag{1.81}$$

计算一个对应于位移分量的改进值 $U_i^{(s+1)}$，其中 $i = 1, 2, \cdots, n$。在式中 $U_i^{(s)}$ 的修正是利用对第 i 个节点自由度的施加不平衡力 $Q_i^{(s)}$，而所有其他节点位移都在保持不变的情况下进行计算的，因此该过程相当于力矩分配的过程。迭代法可以不必形成总刚度矩阵，因而可以避免使用外部存储，因为所有的矩阵相乘都可在单元矩阵的范围内完成。

1.4　三峡水利枢纽工程中焊接技术的应用

长江三峡水利枢纽工程（图 1-20）是目前世界上最大的水利枢纽工程。三峡工程在制造安装施工中，焊接是其质量控制最重要的工序之一。三峡水利枢纽是巨型的综合性水利水电工程，水电站是其重要组成部分，其引水压力钢管规模巨大。在国内外水电工程施工中都很重视压力钢管制造安装施工的焊接工艺。三峡工程压力钢管的制作、安装，其施工现场（环境和条件差），耗费大量人力、物力、财力，严重影响施工进度。在满足合同和规范的条件下，在确保压力钢管制造、安装质量的前提下，评价三峡工程压力钢管材料在一定条件下的可焊性问题，科学地试验和选择较为合适的预热温度是极为有意义的。水电站引水钢管的设计中，往往在厂、坝连接处的下水平段设置伸缩节，以适应电站四季运行中引水钢管的变形。但伸

缩节的设置不仅使工程成本增加，而且运行中的维护和修理也十分繁杂。三峡水电站1~6号机组引水钢管的设计取消伸缩节，改为全焊接结构，这使得焊接过程中，尤其是焊接最后一道预留环缝时将产生很高的残余应力，并且需采取相应的焊后处理措施，以消除或减少焊接残余应力。显然，计算和确定引水钢管焊接残余应力是取消伸缩节设计的必要环节。根据焊接过程的特点（材料热力行为的非线性、焊接过程的瞬态性等），采用了弹塑性有限元法计算引水钢管焊接残余应力的大小和分布，并使用 ANSYS、ABAQUS 等有限元软件对焊接热过程进行数值模拟，减少了人力、物力、财力的使用。

图 1-20　长江三峡水利枢纽工程

练习题

（1）有限元可以进行哪些分析？分别应用在哪些领域？

（2）数值解与解析解的区别是什么？什么是有限元法？

（3）实体模型和有限元模型的主要区别是什么？

（4）有限元法的基本解题思路及具体分析过程是什么？

（5）有哪些常用有限元软件？各有什么特点与应用场合？

02

第 2 章
焊接过程有限元分析

焊接结构一个最大的缺点是具有较大的焊接应力和变形。由于焊接生产中，绝大部分焊接方法都采用局部加热，所以不可避免地将产生焊接应力和变形。焊接应力和变形不但可能引起热裂纹、冷裂纹和脆性断裂等工艺缺陷，而且在一定条件下将影响结构的承载能力，如强度、刚度和受压稳定性。除此之外，还将影响到结构的加工精度和尺寸稳定性。因此，在设计和施工时充分考虑焊接应力和变形这一特点十分重要。对焊接应力和变形进行计算和分析有着很重要的现实意义。而焊接过程中局部集中的热输入，使焊件形成非常不均匀和不稳定的温度场。温度场不仅可以直接通过热应变，而且还通过显微组织变化间接引起相变应变，从而影响焊接残余应力。因此，焊接应力和变形分析的前提是温度场的分析。

随着计算机软、硬件的发展，有限元法已广泛应用于焊接热传导、焊接热弹塑性应力和变形分析的研究。广泛使用的有限元程序软件有 ANSYS、ABAQUS、ADINA 和 MARC 等，为研究人员提供了很好的模拟计算工具。本书主要介绍 ANSYS 软件在焊接工程中的应用，主要包括焊接过程的模拟及焊接接头强度的有限元评定方法。

焊接过程的有限元分析有下述特点。

① 焊接接头模型应该是三维的，以便反映内部和表面的不同冷却条件。

② 由于快速加热和冷却，模拟的过程是高度瞬态的，具有与位置和时间相关的不相同的梯度场。

③ 由于材料的热-力行为，模拟的过程是高度非线性的，并与温度密切相关。

④ 局部材料的瞬态行为取决于局部加热的过程和力学的应力应变过程。

⑤ 焊接材料熔敷以及凝固后形成的接头对构件性能有影响。

⑥ 临界情况下可能发生缺陷和裂纹等。

采用空间和时间有限元（包括有限差分法）模拟焊接时材料和构件的热和力学（弹性-黏塑性）行为，分析焊接残余应力和变形，并采用弹性构件分析同样程度的细节，在超级计算机时代也是难以解决的问题。在工业生产和加工过程中阻碍焊接过程有限元分析应用的另一个问题是，在分析前需要确定众多的材料性能参数与温度的关系，但是对于很多材料，高温下只有零星的数据。

如果对模型进行简化，使某些问题在模型中起主导作用，就不用考虑上述所有要点，这时只在有限元模型中研究主要的影响参数，有限元方法就可以给出接近实际的结果。比如在热应力计算过程中就可以忽略高温相变问题。

焊接是一个涉及电弧物理、传热、冶金和力学的复杂过程。焊接现象包括焊接时的电磁、传热过程、金属的熔化和凝固、冷却时的相变、焊接应力与变形等。影响焊接应力应变的因素有焊接温度场和金属显微组织，而焊接应力应变场对温度场和显微组织的影响很小，所以在分析时，一般仅考虑单向耦合问题，即焊接温度场和金属显微组织对焊接应力应变场的影响，不考虑应力场对它们的影响。因此在 ANSYS 软件里模拟焊接过程可以采用间接法进行求解。此外，金属相变对焊接温度场有影响，但影响不是很大。

2.1　焊接热源及应力与变形

焊接时，由于焊件是局部受热的，焊件中存在很大的温差，因此，不管是焊件内部还是焊件与周围介质之间都会发生热能的流动。根据传热学的理论，热的传递不外乎传导、对流和辐射三种基本形式。对于焊接过程来讲，以哪一种传热方式为主呢？研究结果认为，在熔焊的条件下，由热源传热给焊件的能量主要是以辐射和对流为主，而母材和焊条（焊丝）获得热能后，热的传播则是以热传导为主。焊接传热过程所研究的内容主要是焊件上的温度分布及其随时间的温度变化问题，因此，研究焊接温度场应以热传导为主，适当考虑辐射和对流的作用。

焊接是一个局部快速加热到高温，并随后快速冷却的过程。随着热源的移动，整个焊件的温度随时间和空间急剧变化，材料的热物理性能也随温度剧烈变化，同时还存在熔化和相变的潜热现象。因此，焊接温度场分析属于典型的非线性瞬态热传导问题。

非线性瞬态热传导问题的控制方程为

$$c\rho\frac{\partial T}{\partial t}=\frac{\partial}{\partial x}\left(\lambda\frac{\partial T}{\partial x}\right)+\frac{\partial}{\partial y}\left(\lambda\frac{\partial T}{\partial y}\right)+\frac{\partial}{\partial z}\left(\lambda\frac{\partial T}{\partial z}\right)+\dot{Q} \tag{2.1}$$

式中，c 为材料比热容；ρ 为材料密度；λ 为热导率；T 为温度场分布函数；$\dot{Q}$ 为内热源；t 为传热时间。这些参数中，λ、ρ、c 都随温度变化。

焊接温度场的计算通常用到以下两类边界条件。

① 已知边界上的热流密度分布；

② 已知边界上的物体与周围介质间的热交换。

焊接温度场的分析是典型的非线性瞬态热传导问题，这类问题的求解特点是在空间域内用有限单元网格划分，在时间域内则用有限差分网格划分。瞬态热传导过程是指一个系统的加热或冷却过程，在这个过程中系统的温度、热流率、热边界条件以及系统内能随时间都有明显变化。根据能量守恒原理，瞬态热传热可以表达为（以矩阵形式表示）

$$[C]\{\dot{T}\}+[K]\{T\}=\{Q\} \tag{2.2}$$

式中，$[K]$ 为传导矩阵，包含热系数、对流系数及辐射和形状系数；$[C]$ 为比热矩阵，考虑系统内能的增加；$\{T\}$ 为节点温度向量；$\{\dot{T}\}$ 为温度对时间的导数；$\{Q\}$ 为节点热流率向量，包括热生成。

因为焊接过程中材料热性能随温度变化，如 $K(T)$、$C(T)$ 等，边界条件随温度变化，含有非线性单元，考虑辐射传热等原因会导致瞬态传热方程具有非线性，所以非线性热分析的热

平衡方程为

$$[C(T)]\{\dot{T}\} + [K(T)]\{T\} = \{Q(T)\} \tag{2.3}$$

2.1.1　焊接热源模型及选取

对于大部分焊接而言，焊接热源是实现焊接过程的基本条件。由于焊接热源的局部集中热输入，焊件存在十分不均匀、不稳定的温度场，导致焊接过程中和焊后出现较大的焊接应力和变形。焊接热源模型是否选取适当，对焊接温度场和应力变形的模拟计算精度，特别是在靠近热源的地方，会有很大的影响。在焊接过程数值模拟研究中，人们提出了一系列的热源计算模型，下面简要加以介绍。

（1）高斯函数分布的热源模型

焊接时，电弧热源把热能传给焊件是通过一定的作用面积进行的，这个面积称为加热斑点。加热斑点上热量分布是不均匀的，中心多而边缘少。费里德曼将加热斑点上热流密度的分布近似地用高斯数学模型来描述，距加热中心任一点 A 的热流密度可表示为如下形式

$$q(r) = q_{m} \exp\left(-\frac{3r^2}{R^2}\right) \tag{2.4}$$

式中，q_m 为加热斑点中心最大热流密度；R 为电弧有效加热半径；r 为 A 点距离电弧加热斑点中心的距离。对于移动热源

$$q_{m} = \frac{3}{\pi R^2} Q \tag{2.5}$$

这种热源模型在用有限元分析方法计算焊接温度场时应用较多。在电弧挺度较小、对熔池冲击力较小的情况下，运用这种模型能得到较准确的计算结果。

（2）半球状热源模型和椭球状热源模型

对于高能束焊接（如激光焊、电子束焊等），必须考虑其电弧穿透作用。在这种情况下，半球状热源模型比较适合。半球状热源分布函数为

$$q(r) = q_{m} \frac{6Q}{\pi^{3/2} R^3} \exp\left(-\frac{3r^2}{R^2}\right) \tag{2.6}$$

这种分布函数也有一定局限性，因为在实践中，熔池在激光焊等情况下不是球对称的，为了改进这种模式，人们提出了椭球状热源模型。椭球状热源分布函数可表示为

$$q(r) = q_{m} \frac{6\sqrt{3}Q}{\pi^{3/2} abc} \exp\left[-3\left(\frac{x^2}{a^2} + \frac{y^2}{b^2} + \frac{z^2}{c^2}\right)\right] \tag{2.7}$$

（3）双椭球状热源模型

用椭球状热源分布函数计算时发现，在椭球前半部分温度梯度不像实际中那样陡变，而椭球的后半部分温度梯度分布较缓。为了克服这个缺点，提出了双头球状热源模型，这种模型将前半部分作为一个 1/4 椭球，后半部分作为另一个 1/4 椭球。设前半部分椭球能量分数为 f_1，后半部分椭球能量分数为 f_2，且 $f_1 + f_2 = 2$，则在前半部分椭球内热源分布为

$$q(r) = \frac{6\sqrt{3}f_1 Q}{\pi^{3/2} abc} \exp\left\{-3\left[\left(\frac{x}{a}\right)^2 + \left(\frac{y}{b}\right)^2 + \left(\frac{z}{c}\right)^2\right]\right\} \tag{2.8}$$

后半部分椭球内热源分布为

$$q(r) = \frac{6\sqrt{3}f_2Q}{\pi^{3/2}abc}\exp\left\{-3\left[\left(\frac{x}{a}\right)^2 + \left(\frac{y}{b}\right)^2 + \left(\frac{z}{c}\right)^2\right]\right\} \qquad (2.9)$$

此两式中的 a、b、c 可取不同的值，它们相互独立。在焊接不同材质时可将双椭球分成 4 个 1/8 的椭球瓣，每个可对应不同的 a、b、c。

通常解析方法较简单、意义明确、容易计算，但由于其假设太多，难以提供在焊接热影响区的精确计算结果，而且考虑不到电弧力对熔池的冲击作用。采用有限元和有限差分法，应用高斯分布的表面热源分布函数计算，可以引入材料性能的非线性，可进一步提高高温区的准确性，但仍未考虑电弧挺度对熔池的影响。从球状、椭球到双椭球热源模型，随着计算量的增加，每一种方案都比前一种更准确，更利于应用有限元法或差分法在计算机上进行计算，而且实践也证明能得出更满意的结果。通常对于焊接方法如手工电弧焊、钨极氩弧焊，采用高斯分布的函数就可以得到较满意的结果。对于电弧冲击效应较大的焊接方法，如熔化极氩弧焊和激光焊，常采用双椭球形分布函数。为求准确，还可将热源分为两部分，采用高斯分布的热源函数作为表面热源，焊件熔池部分采用双椭球形热源分布函数作为内热源。

在计算时，由于焊缝的对称性，一般只考虑计算一半区域，除上表面外，其他表面设为绝热边界，辐射和对流可直接计算，也可通过改变材料物理性能如表面的热导率等间接计算。

2.1.2 焊接应力与变形

由于高度集中的瞬时热输入，在焊接过程中和焊接后将产生相当大的焊接应力和变形。焊接应力和变形计算以焊接温度场的分析为基础，同时考虑焊接区组织转变给应力应变场带来的影响。目前，研究焊接应力和变形的理论很多，如热塑性分析、固有应变法、黏弹塑性分析、考虑相变与热应力耦合效应等。热弹塑性分析是在焊接热循环过程中通过一步步跟踪热应变行为来计算热应力和应变的，该方法需要采用有限元计算方法在计算机上实现。热弹塑性问题是一个热力学问题。作为热力学系统的焊接材料，其自由能密度不仅与应变有关，而且还与温度有关。也就是说，力学平衡方程中有与温度有关的项。从能量上看，输入的热能在使焊接材料温度上升的同时，还由于结构的膨胀变形做功而消耗一部分。这时，在热传导平衡方程中，要增加与应力有关的项。因此，严格地说，温度场与应力场是相互耦合的。不过这种耦合效果除个别特殊情况外，一般都很小，而且焊缝附近的温度变化很大，材料的各种物理性能也相应变化很大，这种影响与上述耦合效应相比要大得多。所以就焊接的热弹塑性而言，使用间接耦合法计算应力场和温度场是合适的。

在热弹塑性分析时有如下一些假定。

① 材料的屈服服从米塞斯屈服准则；
② 塑性区内的行为服从塑性流动准则和强化准则；
③ 弹性应变、塑性应变与温度应变是不可分的；
④ 与温度有关的力学性能、力学应变在微小的时间增量内线性变化。

2.2 材料性能及边界条件的影响

（1）材料物理性能参数的影响

金属材料的物理性能参数如比热容、热导率、弹性模量、屈服应力等一般都随温度的变

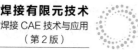
化而变化，是非线性的。当温度范围变化不大时，可采用材料物理性能参数的平均值进行计算。但在焊接过程中，焊接温度变化十分剧烈，如果不考虑材料的物理性能参数随时间的变化，那么计算结果就会产生很大的偏差。所以在焊接温度场和应力场的模拟计算中，必须要给定材料的各向物理性能参数随温度的变化值。但是，许多材料的物理性能参数在高温特别是接近熔化状态时还是空白，某些材料仅有室温数据，而高温性能参数对焊接过程和计算过程均有较大影响，这会给模拟计算带来很大困难。当然，通过实验和线性插值的方法可以获得高温时的一些数据，但有时处理不当，就会导致计算不收敛或结果不准确。例如，焊接时熔池金属处于熔化状态，其屈服极限和弹性模量是没有实际物理意义的，但焊接过程的数值模拟计算是基于弹塑性理论的，这些参数必须是非零值，若参数取得过小会导致计算收敛困难，并且即使收敛也会使计算时间大幅增加，参数取得偏大又会影响结果的准确性。

（2）边界换热系数

焊接的边界由于与外界存在温度差而与周围介质换热，其中包括对流和辐射换热。实验表明，在焊接时热能的损失主要通过辐射，而对流作用相对较小，温度越高则辐射换热作用越强烈。一般辐射与对流换热计算方式不同。为了计算方便，考虑总的换热系数。这样，因边界换热而损失的热能可表示为

$$q_s = \beta(T - T_a) \tag{2.10}$$

式中，T 为焊件表面温度，℃；T_a 为周围介质温度，℃；β 为表面换热系数，W/（m² · ℃）。

严格地说，对流换热系数还与焊件的部位有关，因为周围气体流动特性不一样。但要测出不同部位的对流换热系数是很困难的，这里不予考虑。此外，和材料的其他物理性能参数一样，换热系数也随温度的变化而变化。在计算时，必须给定随温度变化的表面换热系数值。

（3）相变潜热

焊接过程中，母材熔化时由固态变为液态，要吸收能量；反之，熔池凝固时由液态变成固态，要放出热量。所以在计算温度场时，要考虑熔池相变潜热对温度场的影响，否则计算结果会有较大偏差。对于固态相变，由于其潜热一般比固液相变潜热小很多，通常将其忽略。但在高强钢焊接时必须考虑其影响。对固液相变潜热处理通常采取的方法有等效比热法、热焓法和温度回升法。利用等效比热法，通过材料的比热容量的迅速上升或下降的变化来计算潜热对结构热值的影响。等效比热法按下式计算

$$C_e = \frac{\Delta Q}{\Delta T}, \quad C_p = C_e + C \tag{2.11}$$

2.3　焊接过程有限元仿真

2.3.1　焊接过程温度场模拟分析

（1）网格划分

有限元软件一般会提供不同的网格划分方式，如自由网格和映射网格。自由网格对单元形状没有限制，生成的单元也不规则。映射网格则要求一定的规则形状，且映射面网格只包含四边形或三角形，映射体网格只包含六面体单元。映射网格生成的单元比较规则，有利于载荷的施加和收敛的控制。在有限元分析中，一般来说，增加划分网格的密度可以提高计算

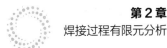

结果的精确性，但网格密度的增加意味着计算量的增加，计算成本会上升。同时网格的密度不能无限制地上升，一般以保证计算结果的精度在用户控制的范围即可。在实际应用中，一般对最感兴趣的区域采用较密集的网格，远离这个区域的可以用较稀疏的网格。在焊接过程中，焊缝和热影响区的温度梯度变化很大，所以该部分要采用加密的网格；而远离焊缝的区域，温度梯度变化相对较小，可以采用相对稀疏的网格。要获得一个良好的瞬态焊接温度场，一般来说焊缝处的单元网格应控制在 2mm 以下。对于三维规则的模型，一般先建立一个二维的映射网格，再通过拉伸的方法获得排列规则的六面体单元，这有利于载荷的施加。

（2）载荷施加和求解

热分析的载荷主要有温度、对流、热流密度和生热率。对于焊接热源载荷，在有限元软件中可以用热流密度或生热率两种形式加载。对于表面堆焊问题，忽略熔敷金属的填充作用时，将热源以热流密度的形式施加载荷，可以得到比较满意的结果。但对于开坡口的焊缝或添角焊缝等，应将热源作为焊缝单元内部生热处理，以生热率的形式施加载荷，同时考虑金属的填充作用，运用生死单元技术，逐步将填充焊缝转化为生单元参与计算。

1）第一步：设定载荷步选项。

在瞬态分析中，施加的载荷是随时间变化的。对于每一个载荷步，必须定义载荷值和时间值，以及载荷的增加方式（逐渐或阶跃）。在非线性分析中，每一个载荷步需要多个子步。

为了保证计算的稳定性和收敛性，可以做如下设置。

① 采用牛顿-拉普森方法，每进行一次平衡迭代，就修正一次刚度矩阵，同时激活自适应下降功能。

② 打开自动时间步长。

③ 打开时间步长预测。

时间步长的设置通常对计算精度有很大影响，步长越小，计算越精确，但过小的时间步长需要很大的计算机容量和很长的计算时间。在焊接过程中一半时间步长应控制在0.2s左右，在冷却过程中，可逐步增大时间步长。

2）第二步：边界条件的设置。

进行加载时，高斯热源以热流密度的形式作用于焊接表面，但同时还存在对流。如果在同一平面上加两种不同性质的载荷，后加的载荷会覆盖前面的载荷。所以在加载表面生成表面效应单元，热流密度加载焊件平面节点上，对流作为边界条件加在表面效应单元上。

3）第三步：热源的移动。热源移动可以采用两种方法实现。

① 利用有限元软件的参数化设计语言，如 ANSYS 参数设计语言 APDL 编写子程序，依次读取所需要加在表面的节点坐标，利用 ANSYS 数组和函数功能，定义好相应节点位置的面载荷值，通过循环语句在节点上施加面载荷。具体做法是：沿焊接方向将焊缝长度 L 分为 N 段，将各段的后点作为热源中心，加载高斯分布的热源，每段加载后进行计算，每一个载荷的加载时间为 L/N。当进行到下一段加载计算时，需消除上一段所加的高斯热流密度，而且上一次加载计算的温度值作为下一段加载的初始值。如此依次循环即可模拟热源的移动，实现焊接瞬态温度场的计算。

② 利用有限元软件的函数加载功能，在每个载荷步内，以热源中心点为中心，按高斯热源的变化在面上加载，随着热源的移动，每个载荷步内的热源中心点的位置也相应地改变，通过控制，也就是随载荷步变化，就可以模拟热源的移动。

4）第四步：冷却过程的计算。

冷却阶段的计算比加热阶段简单。因为加热阶段已经检验过焊接温度场的各影响因素，并进行修正，而且冷却阶段温度梯度较加热时小，采用加热阶段相同的时间步长为载荷步时，计算比较容易收敛，所以不必要进行检验各种影响因素。

（3）温度场后处理

温度场准稳态是当热源移动时，热源周围的温度分布很快变为恒定的。在后处理时，通过判断热源在不同时间时的过渡场，可判断是否为准稳态。如果是准稳态，则说明网格和载荷步划分得够细，达到计算的精度要求。如果不是准稳态，则需要修改网格和载荷步再重新计算。

根据焊接温度场的特点，通过焊接热后方的温度场，与数值解进行比较，可先后判断热导率是否合理，如不合理则到前处理修改热导率，然后重新计算。如果合理则进行冷却阶段的计算。上面提到的焊接温度场模拟的精度判断，以及整体的判断计算过程是不是真的达到模拟的要求，都离不开后处理。通用有限元软件都提供可视化的后处理功能。后处理提供云图、动画等较直观的结果显示，并且在云图上还有一个功能，可以点取一些点并显示它的数值大小。另一个较强大的功能是可以通过路径输出结果，即按某一规律变化定义一系列点或者单击所选取的点，那么这些有规律变化点的结果通过曲线或云图显示，对于看某条曲线上的计算结果很方便。同时可以剖开物体查看物体内部节点的计算结果。通过后处理，可以用动画显示焊接过程温度的变化，更直观地了解焊接热源的移动过程。通过焊接温度场的计算结果可控制单元的"生死"，以及材料属性的变化也需要通过温度场后处理进行控制。

2.3.2 焊接过程应力场模拟分析

（1）焊接应力场的计算方法

在有限元软件中，计算焊接应力场的方法分为直接法和间接法。直接法是使用具有温度和位移自由度的耦合单元，同时分析得到热分析和结构应力分析的结果。间接法是首先进行热分析，然后将求得的节点温度作为体载荷施加在结构应力分析中。由于单元开发技术上的原因，直接法可供选用的单元较少，而且在分析过程中，需要同时进行温度场计算和应力应变计算。需要指出的是，进行温度场计算是对标量计算，计算耗用的时间相对矢量计算的应力应变过程要少得多。所以直接法计算周期较长，不够灵活。间接法可以先分析温度场，温度场模拟准确之后，保存温度场结果，再分析应力应变，如果应力应变结果不算理想，不必要进行温度场分析。修改力学性能参数和优化载荷步等即可再进行应力应变计算，这样可以节省大量的时间。所以选用间接法进行计算较为合理、高效。

间接法的主要步骤如下。

① 进行热分析。可以使用热分析的所有功能，包括热传导、对流、辐射、表面效应单元等，进行瞬态热分析。注意划分单元时充分考虑结构分析的要求，在应力集中的地方网格要画得细一些。

② 重新进入前处理，将热单元转化为相应的结构单元。相应的命令为 ETCHG，TTS。

③ 设置结构分析的材料属性（包括热膨胀系数）以及前处理细节。

④ 读入热分析的节点温度，命令为 LDREAD，输入或选择热分析的结果文件名为*.rth。

⑤ 设置参考温度，即设置构件加热初始温度（均匀的温度）。

⑥ 进行求解，后处理。

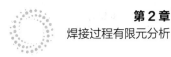

（2）焊接应力场的分析

在焊接瞬态温度场计算完成的前提下，并且检验符合要求后，可以进行应力场的模拟计算。重新进入前处理，读入温度场模型，把热单元转换为结构单元。这是进行应力热应变和残余应变计算的前提。接着定义弹性模量、热膨胀系数、泊松比等随温度变化的材料力学参数值。此外，还应指定塑性分析选项为双线性等向强化，并定义随温度变化的屈服应力和切变模量值。

（3）定义边界条件和施加载荷

定义边界条件主要是约束焊接构件的自由度，这要根据具体情况而定。加载位移边界条件既要防止在有限元计算过程中产生刚体位移，又不能严重阻碍焊接过程中的应力自由释放和自由变形（无外约束情况下）。定义参考温度，如焊前没有预热则为室温，反之为预热温度。

施加载荷时，读入温度场的节点温度与相应的时间点或载荷步长。多个载荷步的计算可通过循环实现。

（4）求解计算

焊接属于大应变问题，设定分析选项时，打开大变形和大应变选项。此外，采用完全牛顿-拉普森方法进行平衡迭代并激活自适应下降功能、打开自动时间步长以加快计算收敛。

2.3.3　焊接金属熔敷及凝固的模拟

在有限元软件中实现对焊缝熔敷及凝固的模拟通常有两种方法：改变单元属性法和生死单元法。一般来说，像平板堆焊或没有填充金属的焊接方法采用前者，开坡口有填充金属的焊接方法采用后者。下面分别简要介绍这两种方法。

（1）改变单元属性法

开始计算前，先定义焊缝金属的材料属性，使它的屈服极限和弹性模量都很低，且不随温度变化；在程序计算过程中，判断焊缝单元是否超过力学熔点，如果有，则改变单元属性，使它的屈服极限和弹性模量随温度变化，在高温时低，在低温时高。在该过程中，因为结构单元没有温度场结果，要到温度场读取结果，所以首先选取焊缝单元，并转化结构单元为热单元，然后在温度场后处理器中读取节点温度值，判断焊缝单元中是否有超过力学熔点的单元；如果有，则选中这些单元，再转换为结构单元，并改变这些单元的材料属性。该过程可通过循环语句实现自动控制。如果想要结果更精确，可以判断单元温度是否超过熔点，但是由于焊缝区域温度梯度很大，在单元划分得不是很细的情况下，单元不一定完全超过熔点。为了使计算更容易收敛，还可以定义比力学熔点更低的温度进行判断。值得注意的是，进行分析时，结构分析过程采用的文件名要和温度场计算相同，这样才能在结构单元转化为热单元时读取单元节点温度。

（2）生死单元法

在焊接开始前把焊缝单元"杀死"，并在每一步热应力计算时，将对应的温度场的计算结果进行选择，超过熔点熔化的单元令其"死掉"，而低于熔点的单元和超过熔点未熔化的单元将其"激活"，其过程和改变单元属性基本上没太大区别，这就是用"生死单元"模拟焊接问题。使用该功能时，应该注意其过程中的细节部分，一般情况下，程序"杀死"和"激活"单元是一个一个进行的，在"杀死"和"激活"单元时，如果要把所选中的单元全部"杀死"和"激活"，则应选用牛顿-拉普森方法计算瞬态问题，并且注意当用节点温度来选取单元时，如果选取单元没选上，这时程序忽略该选取单元的命令，而执行下一条命令，这样会杀死或激活别的不应该"杀死"或"激活"的单元。

2.4 基于 ANSYS 软件的熔焊过程仿真

金属的焊接，按其工艺过程的特点分有熔焊、压焊和钎焊三大类。

熔焊是在焊接过程中将工件接口加热至熔化状态，不加压力完成焊接的方法。熔焊时，人员将待焊两工件接口处迅速加热熔化，形成熔池。熔池随热源向前移动，冷却后形成连续焊缝而将两工件连接成为一体。在熔化工程中，如果大气与高温的熔池直接接触，大气中的氧就会氧化金属和各种合金元素，大气中的氢、水蒸气等进入熔池，还会在随后冷却过程中在焊缝中形成气孔、夹渣、裂缝等缺陷，恶化焊缝的质量和性能。为了提高焊接质量，人们研究出了各种保护方法。例如，气体保护电弧焊就是用氩、二氧化碳等气体隔绝大气，以保护焊接时的电弧和熔池率；又如，钢材焊接时，在焊条药皮中加入对氧亲和力大的钛铁粉进行脱氧，就可以保护焊条中的有益元素锰、硅等免于氧化而进入熔池，冷却后获得优质焊缝。

压焊是在加压的条件下，使两工件在固态下实现原子间结合，又称固态焊接。常用的压焊工艺是电阻对焊，当电流通过两工件的连接端时，该处因电阻很大而温度上升，当加热至塑性状态时，在轴向压力作用下连接成为一体。各种压焊方法的共同特点是在焊接过程中施加压力而不加填充材料。多数压焊方法（如扩散焊、高频焊、冷压焊等）都没有熔化过程，因而没有像熔焊那样的有益合金元素烧损和有害元素侵入焊缝的问题，从而简化了焊接过程，也改善了焊接安全卫生条件。同时，由于加热温度比熔焊低、加热时间短，因而热影响区小。许多难以用熔焊焊接的材料，往往可以用压焊焊成与母材同等强度的优质接头。

钎焊是使用比工件熔点低的金属材料作钎料，将工件和钎料加热到高于钎料熔点、低于工件熔点的温度，利用液态钎料润湿工件、填充接口间隙并与工件实现原子间的相互扩散，从而实现焊接的方法。

本例分析过程为普通熔焊过程，非压焊和钎焊过程。

1）参数设置。

```
! 用户界面配色
/gra,power
/gst,on
/plo,info,3
/color,pbak,off
/rgb,index,100,100,100,0
/rgb,index,80,80,80,13
/rgb,index,60,60,60,14
/rgb,index,0,0,0,15
/replot
```

设置单元及材料参数。运行如下命令。

```
Fini                              !
/cle
/prep7
Et,1,13,4                         !定义单元类型
```

```
Et,2,13,4
```

定义单元类型的同时也指定了单元的 KEYOPTION 选项，将 K1 设置为 4，即定义可用的自由度有 UX、UY、TEMP、AZ，继续运行如下命令定义材料模型。

```
mp,kxx,1,.246e-3!定义材料的热导率

mp,kxx,2,.246e-3!

mp,kxx,3,.246e-3!

mp,c,1,.2!定义材料的比热容

mp,c,2,.2!

mp,c,3,.2!

mp,dens, 1,.2833!定义材料密度

mp,dens,2,.2833!

mp,dens,3,.2833!

mp,alpx,1,6.5e-6 !定义材料线膨胀系数

mp,alpx,2,6.5e-6 !

mp,alpx,3,6.5e-6 !

mp,murx,1,1 !相对渗透率

mp,murx,2,1 !

mp,murx,3,1 !

mp,reft,1,3000 !定义材料参考数

mp,reft,2,1550 !

mp,reft,3,100 !
```

2）定义完单元与材料参数后，开始建立模型。本例采用有限元建模的方法，先定义节点，再将节点直接连接成单元，运行如下命令定义节点。

```
N,1

N,2,,.39

N,3,,.41

N,4,,.79

N,5,,.81

N,6,,1.2

N,7,.2

N,8,.1,.39

N,9,.1,.41

N,10,.1,.79

N,11,.1,.81

N,12,.2,1.2

N,13,.22

N,14,.12,.40

N,15,.12,.80

N,16,.22,1.2

N,17,.6

N,18,.6,.4
```

```
N,19,.6,.8
N,20,.6,1.2

Ngen,10,4,17,20,1,.6
```

Ngen 命令将 17、18、19、20 四个节点沿 X 正方向复制 10 次，间距为 0.6。完成的节点如图 2-1 所示。

图 2-1　节点图

定义完成节点后，就可以通过节点生成单元。运行如下命令。

```
Type,1 !单元类型1
Mat,1 !材料模型1
```

选择单元类型 1 和材料模型 1，用于定义单元。运行如下命令。

```
E,1,7,8,2
```

将节点 1、7、8、2 连接围成单元，如图 2-2 所示。

运行如下命令。

```
Egen,5,1,-1
```

生成剩余焊接部分的单元，如图 2-3 所示。

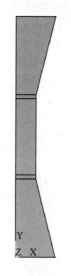

图 2-2　梯形图　　　　　图 2-3　焊接部分

运行如下命令。

```
Mat,2
```

将材料改为 2。继续运行如下命令。

```
E,7,13,14,8
E,8,14,9,9
E,9,14,15,10
E,10,15,11,11
E,11,15,16,12
```

生成单元如图 2-4 所示。

运行如下命令，生成钢板的单元。

```
Type,2!定义生成的单元类型
Mat,3
E,13,17,18,14
Egen,3,1,-1
Egen,10,4,-3
```

完成有限元模型。

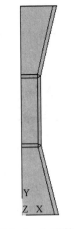

图 2-4　生成单元

3）完成模型的建立后即可以开始加载。先定义约束。

```
D,1,ux,0 !定义约束
D,2,ux,0
D,3,ux,0
D,4,ux,0
D,5,ux,0
D,6,ux,0
```

将 1～6 号节点的 X 方向平移自由度约束。运行如下命令。

```
Nsel,s,loc,x,6
Nsel,r,loc,y,0
```

选出右端节点，用于加载支座的约束。

```
D,all,uy,0
```

D 命令将选出的右端节点的 Y 方向自由度约束。

运行如下命令。

```
Nsel,all  !选出所有节点
D,all,az!约束 Z 方向自由度
```

选出所有节点，约束 Z 方向自由度。

4）本例将要考虑材料属性随温度变化，运行如下命令。

```
Mptemp,1,100,1000,2400,2700,3000!属性变化参数列表
Mpdata,ex,1,1,30e6,30e6,10e6,5e6,.2e6
Mpdata,ex,2,1,30e6,30e6,10e6,5e6,.2e6
Mpdata,ex,3,1,30e6,30e6,10e6,5e6,.2e6
```

以上命令定义材料的弹性模量随温度改变。

继续运行如下命令，定义不同温度选材料的屈服强度。

```
Tb,bkin,1,5!定义材料屈服强度
Tbtemp,100
Tbdata,1,36000,1e6
Tbtemp,1000
```

```
Tbdata,1,36000,1e6
Tbtemp,2400
Tbdata,1,5000,1e6
Tbtemp,2700
Tbdata,1,1000,.5e6
Tbtemp,3000
Tbdata,1,500,.1e6
Tbcopy,bkin,1,2
Tbcopy,bkin,1,3
```

至此，前处理完成，进入求解器，进行加载与求解。

5）运行如下命令。

```
/solution!进入求解器
Antype,transient!分析类型
Timint,off!瞬态效应
Autots,on!动时间步
Cnvtol,heat!收敛选项
Cnvtol,f!
Outpr,basic,last!输出控制
Outres,,last!输出控制
Kbc,1!阶跃载荷
Nsubst,1!定义载荷步的子步数
```

以上命令定义分析类型为瞬态分析，关闭瞬态效应，打开自动时间步，设置收敛值为 heat，采用阶跃载荷加载，定义载荷步的子步数为 1. 继续运行如下命令。

```
Ealive,all
```

Ealive 命令激活了所有单元。继续运行如下命令。

```
Esel,s,,,1,5,2
Nsle
D,all,temp,3000
```

选出单元,在这些单元的节点上施加温度，定义温度为 3000，如图 2-5 所示。

继续运行如下命令。

```
Nsel,inve
D,all,temp,100
```

反选出钢板的节点，施加温度载荷为 100，如图 2-6 所示。

6）运行如下命令进行温度求解（第 1 载荷步）。

```
Nsel,all!
Esel,all
time,↓
Solve
```

求解过程收敛曲线如图 2-7 所示。

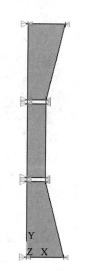

图 2-5　定义温度

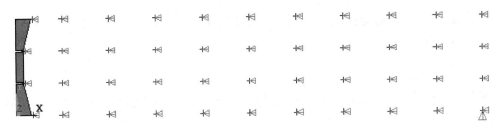

图 2-6　施加温度载荷

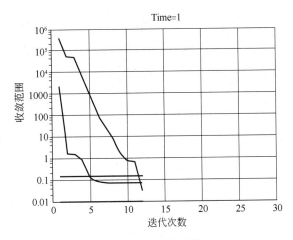

图 2-7　绘制收敛曲线图

7）继续运行如下命令。

```
Esel,s,,,1,5,2!选择焊缝
Nsle
Esln,a
```

选出焊缝单元与节点如图 2-8 所示。

运行如下命令。

```
Cm,wnode,node!杀死焊缝
Cm,welem,elem
Ekill,all
```

　　Cm 命令用于定义组件名称，将之前选出的节点定义为一个组件，名为 wnode，将选出的单元定义为一个组，名为 welem。

　　Ekill 命令杀死了上述单元，此时焊缝单元"不存在"，然后即可运行求解命令如下，完成第 2 载荷步求解。

```
Nsel,all! 开始温度求解
Esel,all
Time,2
Solve
```

8）完成温度求解后，运行如下命令。

```
Timint,on,ther! 定义载荷子步与瞬态效应
Nsubst,20
```

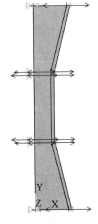

图 2-8　选出焊缝单元与节点

开启瞬态效应，设置载荷子步为 20 步。继续运行如下命令。

```
Esel,s,type,,2
Nsle
Ddele,all,temp
```

选出单元类型为 2 的单元，并选择属于这些单元的节点，删除这些节点的温度，如图 2-9 所示。

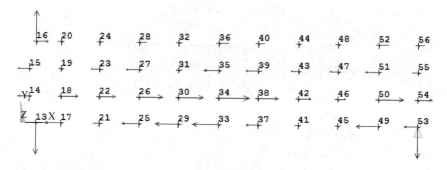

图 2-9　选出单元类型 2

9）运行如下命令。

```
Nsel,all!删除温度载荷
Esel,s,,,3
Nsle
Ddele,all,temp
```

选出 3 号单元，并选择属于这些单元的节点，删除这些节点的温度，如图 2-10 所示。

10）运行如下命令。

```
Nsel,all!激活焊缝
Esel,all
ealive,3
ealive,8
```

图 2-10　选出单元类型 3

激活 3 号与 8 号单元。此时模型中活单元如图 2-11 所示。

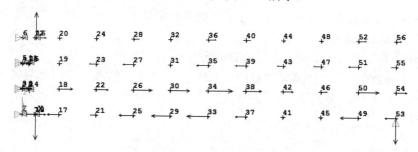

图 2-11　激活 3 号和 8 号单元

逐步激活单元用以模拟焊接过程。继续运行如下命令。

```
Nsel,s,loc,y,0!施加面载荷
```

```
Nsel,a,loc,y,1.2
Hfval=.00001
Sf,all,conv,hfval,100
```

选中模型中 Y=0 与 Y=1.2 的节点，施加面载荷，对流系数为 hfval,体平均温度为 100，如图 2-12 所示。

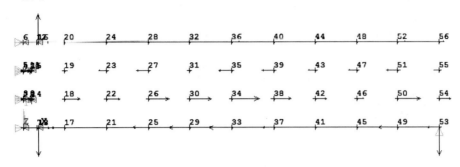

图 2-12　施加面载荷

11）运行如下命令。

```
Nsel,all! 设置输出参数并开始求解
Time,30
Outpr,all,all
Outres,all,all
Solve
```

定义第 3 个载荷步，时间为 30，设置输出参数为全部输出，求解。

12）求解完第 3 个载荷步后运行如下命令。

```
Esel,s,,,1,3,2!删除上一步的载荷
Nsle
Ddele,all,temp
```

将 1、3、2 号单元上的节点选出，删除其上温度，如图 2-13 所示。

运行如下命令。

```
Nsel,all!激活下一部分焊缝
Esel,s,,,5
Nsle
Esln,a
Esel,inve
Ealive,all
```

13）运行如下命令，求解第 4 载荷步。

```
Nsel,all!设置载荷输出参数并开始求解
Esel,all
Time,300
Autot,on
Deltim,10,5,30
Outpr,all,all
```

图 2-13　选出节点
1、3、2 号单元

```
Outres,all,all
Solve
```

设置载荷步的时间为 300，打开自动时间长，求解。

14）完成第 4 步载荷步后，运行如下命令。

```
Ddele,all,temp!删除上一步的载荷
Ealive,all!激活剩余的焊缝
Time,600!设置输入参数并开始求解
Autot,on
Deltim,10,5,30
Outpr,all,all
Outpr,all,all
Solve
Fini
```

此时，焊缝已经生成。

15）完成求解后，在 GUI 界面中可以查看图形结果。在 GUI 中选择 main menu>general postproc>plot results>deformed shape 命令，弹出 plot deformed shape 对话框。

在对话框中选择 def+undef edge 选项，单击"OK"按钮，即可在工作区中显示变形图和应力分布。

2.5 天然气输气管道焊接技术

中俄东线天然气管道是中国油气战略通道的重要组成部分，采用超大口径、高钢级、高压力，是具有世界级水平的能源大动脉（图 2-14）。

图 2-14 天然气输气管道

中俄东线天然气管道黑河—长岭段管道沿线地处中国东北寒冷地区，冬季最冷月平均气温 -24～-14℃，极端最低温度 -48.1℃。埋地管道施工期的极端温度低至 -40℃，地上钢管、管件的设计温度低至 -45℃。管道线路工程用钢管为 GB/T 9711—2017《石油天然气工业 管线输送系统用钢管》规定的 L555M 低合金高强度管线钢，壁厚 21.4～30.8mm，管径 1422mm。中俄东线天然气管道工程具有设计输量大、运行压力高、管径与壁厚大、钢管强度等级高、施工期环境温度低等特点。其中，环焊缝是管道整体质量的薄弱环节，其焊接质量是管道施

工过程质量管控的核心环节。

  针对含裂纹环焊缝焊接接头断裂行为的有限元数值仿真分析方法，考虑中俄东线管道工程 X80 管材及环焊缝焊接接头各区域材料特性参数实际变化范围，分析焊接接头在管道工程设计工况允许范围内最不利情况（3mm 错边）下的应变能力。结果表明，焊接接头裂纹扩展驱动力随强度匹配系数提高而显著降低；在保持强度匹配系数不变条件下提高管道内压或母材屈强比会导致裂纹扩展驱动力增加；相同强度匹配条件下，相比弯曲载荷作用，拉伸载荷作用下裂纹扩展驱动力明显更大。以上结论一定程度上揭示了高钢级管道环焊缝裂纹的主要影响因素。

  2021 年 9 月，中俄东线天然气管道关键控制性穿越工程滹沱河定向钻穿越工程施工任务全部完成，本次完成的 1219mm 管径定向钻穿越长度达 1757m，创造了国内大口径管道穿越长度新纪录。大口径高钢级管道投产运行，在保障中国清洁能源供给输送的同时，也加大了环焊缝开裂失效事故发生的风险。环焊缝处材料及几何结构的不连续性导致环焊缝成为整个管道工程的薄弱环节，其承载能力已成为研究热点问题。近年来，已有诸多学者对高钢级管道环焊缝应力/应变能力开展了研究。中俄东线天然气管道的建成，将实现俄气与我国华北、华东重点天然气市场相连，并与现有区域输气管网互联互通，向华北、华东地区稳定供应清洁优质的天然气资源。

练习题

（1）焊接过程有限元分析的特点是什么？

（2）焊接热源有哪几种计算模型？如何选取？依据是什么？

（3）焊接过程温度场模拟分析的步骤有哪些？

03

第 3 章
ANSYS 软件基础

3.1　ANSYS 基础知识

3.1.1　ANSYS 模块及单位制的使用

ANSYS 模块包括通用模块和专用模块。

通用模块：工程学科模块 Multiphysics（ANSYS 产品的旗舰），电磁学模块 Emag，流体力学模块 FLOTRAN，机械分析模块 Mechanical，热分析模块 Thermal，结构分析模块 Structural。

专用模块：高速变形和高度非线性模块 ANSYS/LS-DYNA（冲击、爆炸、碰撞、实体成形、板成形），边界元流体动力学模块 ANSYS/LINFLOW（水下结构振动、气弹颤振分析），土木工程专用模块 ANSYS/CivilFEM，疲劳分析专用模块 ANSYS/SAFE，电子封装、结构及热分析专用模块 ANSYS/AnsPak。

ANSYS 拥有下列功能：

1）子模型　把模型中的某一局部结构与其余部分分开，细致构造该局部模型并重新划分细网格进行更详细的分析，这个精细的局部模型称为子模型。利用子模型可以在不增加整个模型复杂性和计算量的前提下，获得结构中特定区域的更为准确的结果。

2）子结构　ANSYS 通过把部分单元等效为一个独立单元（超单元，又称子结构），可大大节省求解运算时间或提高建模效率。

3）单元死活　单元死活可以用来模拟材料添加与去除过程，如焊接过程、熔化过程、山体开挖和大坝修筑等。

4）设计优化　ANSYS 设计优化是通过产生一系列有限元设计而获得最优设计的计算机技术，它允许优化任何方面的设计——形状、应力、自然、频率、温度、电磁力等，适用于任何分析类型，并且是唯一可以做电磁场优化和耦合场优化的程序。利用 ANSYS 的设计优化可以研究设计参数的灵敏度。

5）二次开发　ANSYS 的二次开发功能有四种类型，分别是 UIDL、APDL、用户子程序和外部命令。

① UIDL（用户界面设计语言） 允许用户随意更改 ANSYS 界面，可让 APDL 程序或用户子程序设计的功能在 ANSYS 界面中出现。

② APDL（参数化设计语言） ANSYS 依靠命令驱动，APDL 是一个能将 ANSYS 命令有机组织起来完成系统分析的工具。APDL 具有计算机语言要素，如循环、判断、分支、变量及数组、子过程（宏）、数学函数、ANSYS 函数、变量（参数）等要素，使用户可应用 APDL 进行系列产品的分析和优化设计。该语言与其他二次开发功能结合使用，可完成初级的二次开发工作。

③ 用户子程序 ANSYS 程序的开放式结构允许用户将自己编写的 Fortran 子程序与 ANSYS 代码程序连接在一起，从而达到扩充 ANSYS 功能的目的。

④ 外部命令 用户可以编写一个外部执行程序（称为外部命令）在 ANSYS 运行的过程中参与 ANSYS 的数据库处理，从而达到补充 ANSYS 功能的目的。

ANSYS 软件分析主要包括三个部分：前处理模块、求解模块和后处理模块。前处理模块提供了一个强大的实体建模及网格划分工具，用户可以方便地构造有限元模型；求解模块包括结构分析（可进行线性分析、非线性分析和高度非线性分析）、流体动力学分析、电磁场分析、声场分析、压电分析以及多物理场的耦合分析，可模拟多种物理介质的相互作用，具有灵敏度分析及优化分析能力；后处理模块可将计算结果以彩色等值线显示、梯度显示、矢量显示、粒子流迹显示、立体切片显示、透明及半透明显示（可看到结构内部）等图形方式显示出来，也可将计算结果以图表、曲线形式显示或输出。软件提供了 100 种以上的单元类型，用来模拟工程中的各种结构和材料。

（1）前处理模块 PREP7

单击实用菜单中的"Preprocessor"，进入 ANSYS 的前处理模块，如图 3-1 所示。这个模块主要有两部分内容：实体建模和网格划分，如图 3-2 所示。

(a) 实体建模菜单　　(b) 网格划分菜单

图 3-1　前处理模块　　　　图 3-2　前处理菜单选项

① 实体建模 ANSYS 程序提供了两种实体建模方法：自顶向下与自底向上。自顶向下进行实体建模时，用户定义一个模型的最高级图元，如球、棱柱，称为基元，程序则自动定义相关的面、线及关键点。用户利用这些高级图元可直接构造几何模型，如二维的圆和矩形以及三维的块、球、锥和柱。自底向上进行实体建模时，用户从最低级的图元向上构造模型，即用户首先定义关键点，然后依次是相关的线、面、体。无论是使用自顶向下还是自底向上方法建模，用户均能使用布尔运算来组合数据集，从而"雕塑"出一个实体模型。ANSYS 程序提供了完整的布尔运算，诸如相加、相减、相交、分割、粘接和重叠。在创建复杂实体

模型时，对线、面、体、基元的布尔操作能减少相当可观的建模工作量。ANSYS 程序还提供了拖拉、延伸、旋转、移动和拷贝实体模型图元的功能。附加的功能还包括圆弧构造，切线构造，通过拖拉与旋转生成面和体，线与面的自动相交运算、自动倒角生成，用于网格划分的硬点的建立、移动、拷贝和删除。

② 网格划分　ANSYS 程序提供了使用便捷、高质量的对 CAD 模型进行网格划分的功能，包括四种网格划分方法：延伸划分、映像划分、自由划分和自适应划分。延伸网格划分可将一个二维网格延伸成一个三维网格。映像网格划分允许用户将几何模型分解成简单的几部分，然后选择合适的单元属性和网格控制生成映像网格。ANSYS 程序的自由网格划分器功能是十分强大的，可对复杂模型直接划分，避免了用户对各个部分分别划分然后进行组装时各部分网格不匹配带来的麻烦。自适应网格划分是在生成了具有边界条件的实体模型以后，用户指示程序自动地生成有限元网格，分析、估计网格的离散误差，然后重新定义网格大小，再次分析计算、估计网格的离散误差，直至误差低于用户定义的值或达到用户定义的求解次数。

（2）求解模块 Solution

前处理阶段完成建模以后，用户可以在求解阶段获得分析结果。

点击快捷工具区的"SAVE_DB"将前处理模块生成的模型存盘，退出"Preprocessor"，点击实用菜单项中的"Solution"进入分析求解模块，如图 3-3 所示。在该阶段，用户可以先定义分析类型、分析选项、载荷数据和载荷步选项，然后再开始有限元求解。

（3）后处理模块

后处理模块包括两部分：通用后处理和时间历程后处理，如图 3-4、图 3-5 所示。

① 通用后处理用于静态结构分析、屈曲及模态分析，将求解后的结果，如位移和应力等资料，通过图形接口以各种不同表示方式显示出来，如位移的等值线图等。

② 时间历程后处理用于完成与时间相关的函数分析，如动态结构分析、与时间相关的时域分析等。

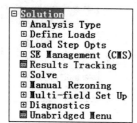
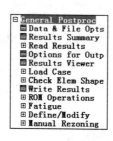
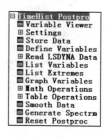

图 3-3　求解菜单选项　　　图 3-4　通用后处理菜单　　图 3-5　时间历程后处理菜单

ANSYS 单位制的使用：

在 ANSYS 中并没有定义任何一套单位制，单位制的使用全在用户自己掌握，关键是在使用各个量的单位时必须统一。一般先确定几个物理量的单位，然后导出其他物理量的单位。

静力问题的基本物理量：长度、力、质量。例如，长度用 m，力用 kN，而质量用 g，那么应力的单位就是 kN/m^2。

动力问题的基本物理量：长度、力、质量、时间。例如，长度用 mm，力用 N，质量用 kg，而时间用 s，则 $N=kg \cdot m/s^2$。

如果要让 ANSYS 的单位为国际单位制，则在输入物理量之前，先要将所有的物理量转换为国际单位制。ANSYS 中有一个命令：/UNITS,它的作用仅仅是标记作用，让用户有个地方做标记，没有任何单位转换的功能。例如/UNITS,SI，它的意思是本次建模采用的是国际标准单位。所有的单位基本上都与长度和力有关，因此可由长度、力和时间（秒）的量纲推出其他的量纲。

如表 3-1 所示是国际单位制中的七个基本单位，其他所有的单位都可由这七个基本单位导出。因此，只要所有的量都表示成这七个基本单位的某种组合，就可以保证单位制不会出错。

表 3-1 国际单位制中的基本单位

量的名称	单位名称	单位符号
长度	米	m
时间	秒	s
质量	千克	kg
物质的量	摩尔	mol
电流	安培	A
热力学温度	开尔文	K
发光强度	坎德拉	cd

3.1.2 ANSYS 图形界面（GUI）的交互操作

ANSYS 启动有两种模式：交互模式和批处理模式。本章将主要介绍交互模式启动。

在 Windows 系统中，按 Start>Programs>ANSYS 以交互模式启动 ANSYS 后，自动显示用户图形界面（GUI），如图 3-6 所示。

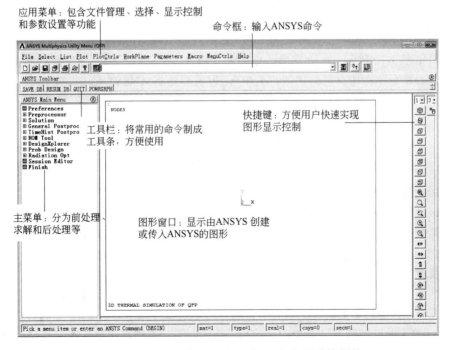

图 3-6 ANSYS 用户图形界面（GUI）各区功能划分

图 3-7　主菜单

（1）主菜单

主菜单如图 3-7 所示，包括分析所需的主要功能。单击菜单项前面的"＋"号，可以展开该菜单项；单击菜单项前面的"－"号，可以收起该菜单项；单击前面没有"＋"号的菜单项，可以执行该菜单项代表的命令（组）。

（2）应用菜单

应用菜单如图 3-8 所示，包含 ANSYS 运行过程中通常使用的功能，如图形、在线帮助、选择和文件管理等。"…"表示产生一个对话框，">"表示将产生下一个子菜单。

（3）命令框

允许用户输入命令（大多数 GUI 功能都能通过输入命令来实现，如果用户知道这些命令，可以通过输入窗口键入）。输入命令时，ANSYS 会对该命令的格式进行提示，在拾取图形时用户也可以通过键入命令的方式实现，输入命令窗口如图 3-9 所示。

图 3-8　应用菜单

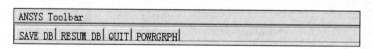

图 3-9　输入命令窗口

（4）工具栏

工具栏如图 3-10 所示，包含常用命令的缩写形式；可使用一些预先设置好的命令，也可以添加自己的命令，构造自己的"按钮菜单"，但需要熟悉 ANSYS 命令。

ANSYS Toolbar			
SAVE DB	RESUM DB	QUIT	POWRGRPH

图 3-10　工具栏

（5）版面布置

版面布置后的功能选项分布如图 3-11 所示，用户可以先调整 GUI 界面中各区域的大小，一些有用菜单的大小、位置等，然后在系统注册中保存菜单布局（Utility Menu>MenuCtrls>Save Menu Layout）。

（6）优选框

优选框菜单如图 3-12 所示，优选框（Main Menu>Preferences）允许过滤掉当前分析中不用的菜单选项。例如，如果做 个热分析，用户可以过滤掉除"Thermal"外的其他选项，后续操作时从 GUI 中可以缩减掉无关的菜单项，只有热单元类型将在单元类型选择对话框中出现，例如只显示热载荷等。

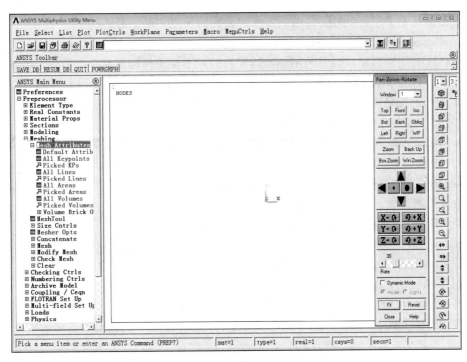

图 3-11　版面布置后的功能选项分布

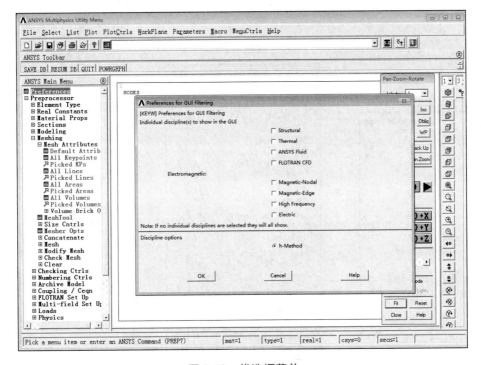

图 3-12　优选框菜单

（7）其他 GUI 注意事项

① 一些对话框中有"Apply"和"OK"两种按钮。单击"Apply"完成对话框的设置，

不退出对话框（不关闭）；单击"OK"完成对话框的设置，退出对话框。

② ANSYS 输出窗口"Output Window"是独立的。

注意：在关闭输出窗口时将关闭 ANSYS 软件，不要关掉输出窗口。另外，不要局限于用 GUI 方式，如果熟悉命令，在输入窗口键入命令会更方便。

（8）图形拾取与控制

在 GUI 方式中可以大量使用图形拾取，图形拾取菜单如图 3-13 所示。图形用于建模、加载、显示结果及输入输出数据；拾取对建模、划分网格和加载等是很有用的。在应用菜单中，可用"Plot"来显示图形及执行命令后的显示。

"PlotCtrls"菜单是用来控制图形显示的，图形控制菜单如图 3-14 所示。"Pan Zoom Rotate…"是用来改变观察方位、图形缩放的，该功能最常用。

利用"Ctrl"＋鼠标键调整观察方向如下。

"Ctrl"+Left（鼠标左键）：平移模型；

"Ctrl"+Middle（鼠标中键）或滚轮中键：缩放模型；

"Ctrl"+Right（鼠标右键）：旋转模型。

如果不想按住"Ctrl"键，可以用"Pan-Zoom-Rotate"对话框中提供的热键，如图 3-15 所示。在 3D 图形设置中，用户同样可以自动控制光源，产生不同角度的光照效果。

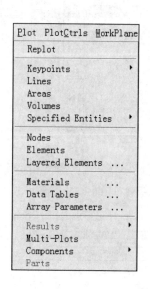

图 3-13 图形拾取菜单

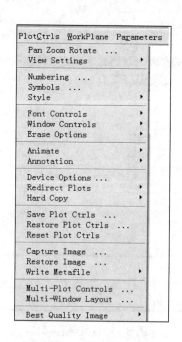

图 3-14 图形控制菜单

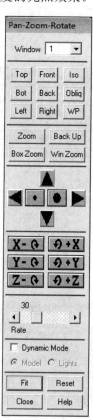

图 3-15 "Pan-Zoom-Rotate"控制示意图

Pan-Zoom-Rotate 对话框的其他功能如下。

① 预先设置观察的方向。

② 选定区域对模型进行缩放。

③ 对模型进行增量式的平移拖动、缩放以及旋转（根据滚动条上设定的比例）。

④ 分别绕屏幕的 X、Y、Z 轴旋转。

⑤ 缩放模型至适合窗口大小。

⑥ 返回模型到默认的取向。

（9）拾取

通过单击图形窗口，允许用户选择整体或局部模型。

典型的拾取操作可用鼠标或拾取菜单来完成，在菜单中它的标志是一个"＋"号。例如，可以在图形窗口中关键点的位置处拾取，如图 3-16 所示，然后按"OK"键完成。

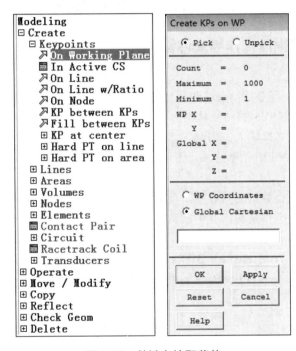

图 3-16　关键点拾取菜单

两种拾取方式如下。

① 恢复拾取　拾取已经存在的模型元素，允许用户在输入窗口键入元素的号码，可以用"Pick All"热键来拾取所有元素。

② 位置拾取　查找一点的坐标，如关键点或节点，允许在输入窗口输入坐标。

鼠标键拾取功能的分配如图 3-17 所示。

左键——拾取（或取消）距离鼠标光点最近的图元或坐标。按住左键进行拖拉，可以使可能被拾取（或取消）的图元或坐标显示为高亮度。

中键——相当于拾取图形菜单中的"Apply"。用中键可以节省时间，对于两键鼠标可以用"Shift"加鼠标右键代替。

右键——在拾取和取消之间切换。

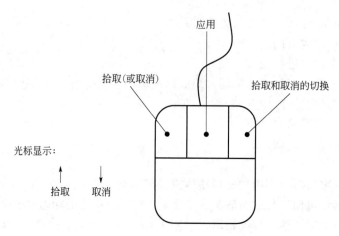

图 3-17　鼠标键拾取功能分配示意图

3.1.3　ANSYS 的数据库操作与文件管理

（1）数据库和文件

ANSYS 数据库包括了建模、求解和后处理所产生的保存在内存中的数据。数据库存储了用户输入的数据以及 ANSYS 的结果数据。

输入数据——用户必须输入的信息，诸如模型尺寸、材料特性以及载荷情况。

结果数据——ANSYS 的计算结果，诸如位移、应力、应变以及反力等。

（2）保存和恢复

既然数据库保存在计算机的内存中，就应经常存盘，以防在计算机死机或断电时不能够保存用户的信息。保存操作是将内存中的数据拷贝到称为数据库的文件中。保存方式有以下三种。

工具栏：Toolbar>SAVE_DB（图 3-18）。

菜单操作：Utility Menu>File>Save as Jobname.db 或 Utility Menu>File>Save as…。

命令格式：SAVE。

图 3-18　保存按钮工具栏

从 db 文件中恢复数据库，用 RESUME 命令操作。

工具栏：Toolbar>RESUME_DB。

菜单操作：Utility Menu>File>Resume Jobname.db 或 Utility Menu>File>Resume from…。

命令格式：RESUME。

首先保存和恢复缺省文件，然后起名为 Jobname.db，但可以通过"Save as"选择一个不同的名字，然后用"Resume from"恢复。

（3）保存和恢复的注意事项

选择"Save as"或"Resume from"时并不改变当前的工作名。如果缺省保存在此之前已存在一个重名的文件，ANSYS 将首先将旧的文件拷贝到 Jobname.dbb 作为一个备份。db 文件仅仅是文件被保存时在内存中的"快照"。

（4）保存和恢复技巧

因为 ANSYS 不能自动保存，所以在做一个分析的过程中，应该定期地保存数据库。在尝试一个不熟悉的操作（如布尔操作或划分网格）或一个操作将导致模型较大改变（如删除操作）时，应先保存数据库；如果不满意此次做出的结果，可以用恢复来重做。在求解之前也应保存数据库。

（5）清除数据库

清除数据库的操作允许用户对数据库清零并重新开始，它相当于退出并重新启动 ANSYS。清除数据库菜单选项如图 3-19 所示。

菜单操作：Utility Menu>File>Clear & Start New…。

命令格式：/CLEAR。

（6）文件

ANSYS 在一个分析中要读写几个文件。文件名的格式为 Jobname.ext。

工作名：在启动 ANSYS 之前选择一个不超过 32 个的字符作为文件名，缺省为 file。在 ANSYS 中，可使用/FILNAME 命令来修改文件名（或 Utility Menu>File>Change Jobname）。

扩展名：鉴别文件的内容，例如 db 是数据库文件。通常由 ANSYS 自己指定，但也可以通过/ASSIGN 命令由用户自己定义。

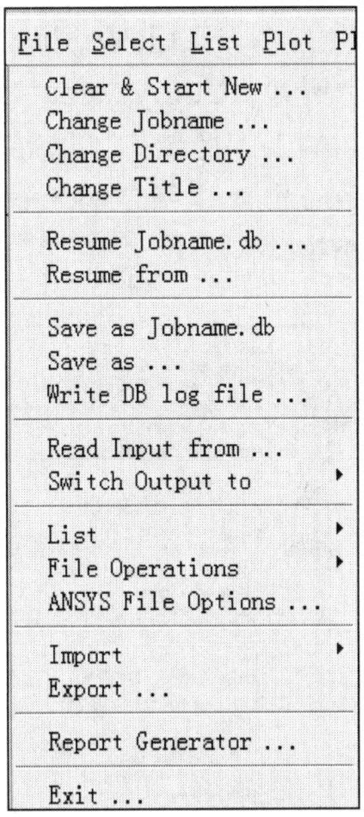

图 3-19　清除数据库菜单选项

（7）典型文件

① Jobname.log：日志文件，是文本文件，包括了运行过程中的每一个命令。如果用户用同样的工作名在同一目录中开始另一轮操作，ANSYS 将会添加到日志文件中去（作一个时间标记）。

② Jobname.err：出错文件，是文本文件，包括了运行过程中的所有错误和警告。ANSYS 将添加到已存在的错误文件中。

③ Jobname.db（或.dbb）：数据库文件，是二进制文件，与所有的平台兼容。

④ Jobname.rst（或.rth, .rmg, .rfl）：结果文件，是二进制文件，与所有平台兼容，包括了 ANSYS 运算过程中的所有计算数据。

（8）文件管理技巧

① 在一个单独的工作目录中做一次分析。

② 用不同的工作名来区分不同的分析。

③ 在任何 ANSYS 分析之后，用户都应保存以下的文件：日志文件（.log）；数据库文件（.db）；结果文件（.rst, .rth, …）；载荷步文件，如有多步（.s01, .s02, …）；物理文件（.ph1, .ph2, …）。

④ 使用 Utility Menu>File>File Options 或命令/FDELETE 来自动删除 ANSYS 分析不再需要的文件。

3.1.4　ANSYS 在线帮助及退出

ANSYS 提供了基于 HTML 格式的帮助系统，如图 3-20 所示。作为现有帮助系统的补充，用户可以获得如下的帮助：ANSYS 命令、单元类型、分析过程或特别的 GUI 工具（诸如 Pan-Zoom-Rotate）；也可以进入指南、验证手册或 ANSYS 的网站。

下列几种方式可以进入帮助系统。

菜单操作：Utility Menu>Help>Help Topics 或 Any dialog box>Help。

命令：HELP,NAME。NAME 是一个命令或一个单元的名称。

例如：Utility Menu>Help>Help Topics，弹出帮助浏览器，导航窗口包括目录、搜索和索引。单击"目录"可以展开帮助文件的目录，浏览感兴趣的内容；单击"搜索"可以从帮助系统中查找指定的单词或短语；单击"索引"可以输入和快速查找具体的命令、术语和概念等。

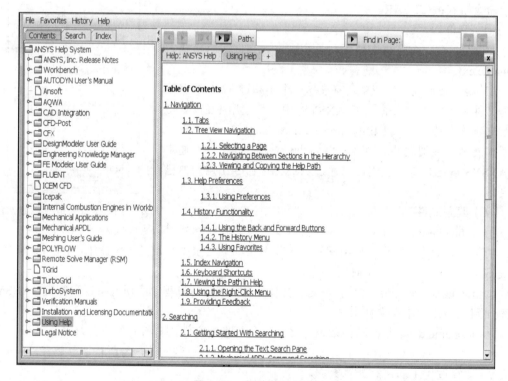

图 3-20　帮助菜单选项

ANSYS 也提供基于 HTML 的在线指导，如图 3-21 所示。这种指导包括在 ANSYS 中求解一系列问题的详细说明。如果想进入指导部分，请单击 Utility Menu>Help>ANSYS Tutorials。

ANSYS 软件有以下三种退出途径。

工具栏：Toolbar>QUIT。

菜单操作：Utility Menu>File>Exit。

命令：/EXIT。

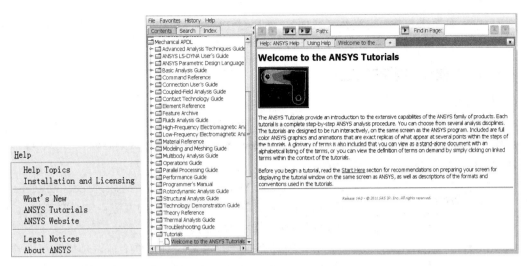

图 3-21　远程在线帮助菜单选项

3.2　ANSYS 实体建模

有限元模型的建立方法可分为直接法和间接法。

直接法：直接根据机械结构的几何外形建立节点和单元，因此直接法只适应于简单的机械结构系统。

间接法：适用于具有复杂几何外形、节点及单元数目较多的机械结构系统。该方法通过点、线、面、体，先建立实体模型，再进行网格划分，以完成有限元模型的建立。

本章只介绍间接法，即实体建模。

间接法特点如下。

1）利用 ANSYS 建模功能进行建模。

2）方便进行参数化的建模。

3）外部模型导入。

4）方便快捷。

5）不方便进行参数化建模。

6）需要购买外部接口。

实体建模是建立实体模型的过程，首先回顾前面的一些定义。

一个实体模型由基本要素组成：体、面、线、关键点。体由面围成，面由线组成，线由关键点组成。

实体的层次由低到高：关键点—线—面。如果高一级的实体存在，则依附它的低级实体不能删除。

另外，只由面及面以下层次组成的实体，如壳或二维平面模型，在 ANSYS 中仍称为实体。

建立实体模型可以通过以下两个途径实现。

1）由下而上法　由下而上（Bottom-up Method）是指由建立最低图元对象的点到最高图元对象的体，即先建立点，再由点连成线，然后由线组成面，最后由面组成体。

2）由上而下法　首先定义体（或面），然后对这些体或面按一定规则组合得到最终需要的形状。

3.2.1　基本图元对象的建立

（1）点定义

实体模型建立时，点是最低级的图元对象，即为机械结构中一个点的坐标，点与点可连接成线，也可直接组合成面或体。点的建立按实体模型的需要而设定，但有时会建立辅助点以帮助其他命令的执行，如圆弧的建立。

图 3-22　关键点定义的菜单选项

依次选择 Main Menu>Preprocessor>Modeling>Create>Keypoints，将出现如图 3-22 所示的关键点定义的菜单选项，可以用不同方法实现点的建立。

1）关键点的一般定义　对话框上前两项操作可以建立关键点（Keypoints）的坐标位置（X,Y,Z）及关键点的编号 NPT。

命令：K,NPT,X,Y,Z。

菜单操作：Main Menu>Preprocessor>Modeling>Create>Keypoints>On Working Plane 和 Main Menu>Preprocessor>Modeling>Create>Keypoints>In Active CS。

选择关键点定义的菜单选项"On Working Plane"，则弹出如图 3-23（a）所示的对话框，提示用户直接在图形窗口拾取要创建关键点的位置，可以实现一个关键点的创建。这个对话框称作"拾取"对话框，在以后类似的操作中也会出现，只是根据目的的不同略有差异。例如，提示用户选择或者拾取点、线、面、体、节点、单元等。

选择关键点定义的菜单选项"In Active CS"，则弹出如图 3-23（b）所示的对话框，用于

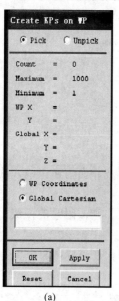

（a）

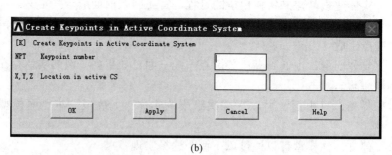

（b）

图 3-23　关键点的一般定义

在激活的坐标系下创建关键点。这个对话框的作用是和命令格式对立的，直接给定关键点的编号和 3 向坐标数值即可。需要说明的是，ANSYS 软件中，"OK"按钮的作用是确定一项操作，并同时关闭对话框；"Apply"的作用是确定一项操作，并继续进行相同的操作。以图 3-23 （a）和（b）的对话框为例，单击"OK"按钮就是确定创建一个关键点，同时关闭对话框；单击"Apply"按钮是完成了一个关键点的创建，然后对话框不消失，用户可以继续创建其他的关键点，只要给出不同的点的编号和坐标数即可。

关键点编号的安排不影响实体模型的建立，关键点的建立也不一定要连号，但为了数据管理方便，定义关键点之前要先规划好点的号码，以利于实体模型的建立。在不同坐标系下，关键点的坐标含义也略有变化。虽然仍以 X、Y、Z 表示，但在圆柱坐标系下，对应表达的是 R、θ、φ。

2）在已知线上定义关键点　图 3-22 上的第 3、4 项操作用于在已有线上建立关键点，方法如下。

命令：KL,NL1,RATIO,NK1。

菜单操作：Main Menu>Preprocessor>Modeling>Create>Keypoints>On Line 和 Main Menu> Preprocessor>Modeling>Create>Keypoints>On Line w/Ratio。

这两项操作要求图形窗口中已经创建了相应的线段。"On Line"选项的操作灵活一些，通过"拾取"对话框提示用户选择创建一个关键点的线段及其位置，线段和位置的选择都是任意的，完全凭用户通过鼠标进行选择；"On Line w/Ratio"选项的操作类似，线段的选择是通过拾取实现的，关键点的位置是通过在图 3-24 所示的对话框上给定具体比例来实现的。

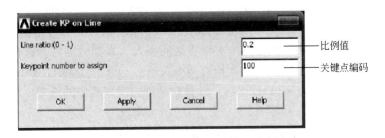

图 3-24　给定关键点在线段上的比例

3）在节点上生成关键点　图 3-22 上第 5 个选项用于在已建立的节点上生成关键点。该命令要求用户必须已经建立有限元模型，即有节点存在。然后通过"拾取"对话框选择相应的节点，在节点上生成关键点，方法如下。

命令：KNODE,NPT,NODE。

菜单操作：Main Menu>Preprocessor>Modeling>Create>Keypoints>On Node。

4）在关键点之间生成新的关键点　图 3-22 上第 6 个选项用于在关键点之间建立新的关键点，方法如下。

命令：KL,KP1,KP2,KPNEW,TYPE,VALUE。

菜单操作：Main Menu>Preprocessor>Modeling>Create>Keypoints>KP between KPs。

该项操作同样要求至少已经创建了两个关键点，才能在这两个关键点之间创建新的关键点。首先通过拾取选择两个关键点，然后弹出如图 3-25（a）所示的对话框，其上有两个选项。

"RATI"：表述是在"Value Type"选项中输入的是比例值；

"DIST"：表述是在"Value Type"选项中输入的是实际长度。

"Value"选项中的比例值"ration"和实际长度"distance"的计算如下：已知依次选取关键点 A 和 B，在关键点 A 和 B 之间创建一个关键点 O，如图 3-25（b）所示，则 ration=L_1/L，distance=L_1。

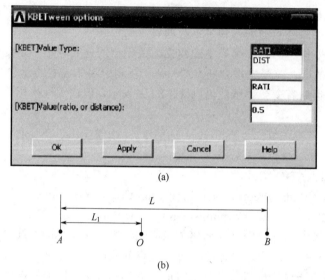

(a)

(b)

图 3-25　指定两点间新建关键点的位置

5）在关键点之间填充关键点　命令：FILL,NP1,NP2,NFILL,NSTRT,NINC,SPACE。

菜单操作：Main Menu>Preprocessor>Modeling>Create>Keypoints>Fill between KPs。

"Fill between KPs"：在已知的两个关键点之间插入一系列关键点。选择该菜单项"Fill between KPs"关键点拾取对话框，依次拾取两个关键点，单击"OK"，弹出如图 3-26（a）所示的"Create KP by Filling between KPs"设置对话框，设置相应的选项，单击"OK"按钮创建关键点，如图 3-26（b）所示。

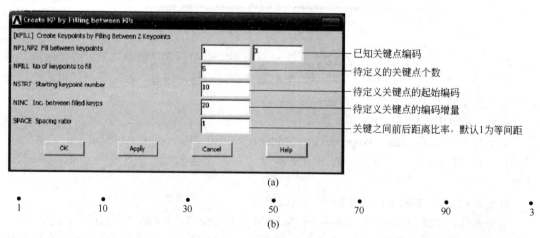

图 3-26　在关键点之间填充关键点

6）硬点　硬点必须附属于线或面，ANSYS 提供了两种定义硬点的方法：在线上定义、在面上定义。硬点实际上是一种特殊的关键点，它不改变模型的几何形状和拓扑结构。大多数关键点的命令同样适用于硬点，而且硬点有自己的命令集。关于硬点这里不过多叙述，在需要的时候请查阅相关资料和帮助文件。

（2）线定义

1）直线的定义　建立实体模型时，线为面或体的边界，可由点与点连接而成，构成不同种类的线，例如，直线、曲线、多义线、圆、圆弧等，也可直接由建立面或体而产生。线的建立与坐标系统有关。例如，直角坐标系为直线，圆柱坐标系为曲线。

依次单击 Main Menu>Preprocessor>Modeling>Create>Lines，打开如图 3-27 所示的线定义选项，用于实现不同线的建立。

依次选择 Main Menu>Preprocessor>Modeling>Create>Lines>Lines，将打开如图 3-28 所示的"Lines"子菜单，可通过不同的方式实现线的建立。

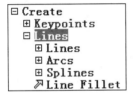

图 3-27　线定义选项

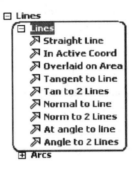

图 3-28　线段定义选项

① "Straight Line"　创建直线，选择两个关键点创建两者间的连接直线（与当前激活坐标系无关）。

② "In Active Coord"　选择两个关键点，在当前激活坐标系下创建二者之间的连线。连线的实际形状与当前激活坐标系有关，在直角坐标系中生成一个直线；在柱坐标系中生成弧线；刻度比例不等于 1 的柱坐标系中生成椭圆线。如图 3-29 所示，定义了两个关键点 KP1［总体直角坐标系中的坐标为(0,1,0)］和 KP2［总体直角坐标系中的坐标为(1,0,0)］，在两点之间创建连线，工作平面与总体坐标系重合，在激活总体直角坐标系下连接两关键点创建的是直线，在激活总体柱坐标系下连接两点创建的是弧线。

③ "Overlaid on Area"　在选择面上的两个关键点之间创建一条面内最短弧长的线。

图 3-29　柱坐标系下定义线段

④ "Tangent to Line"　通过一个关键点创建一条与选择线端部关键点处相切的曲线。该端点处切线在当前激活坐标系的方向矢量为"XV3,YV3,ZV3"，矢量设置对话框如图 3-30 所示。

命令：LTAN,NL1,P3,XV3,YV3,ZV3。

菜单操作：Main Menu>Preprocessor>Modeling>Create>Lines>Lines>Tangent to Line。

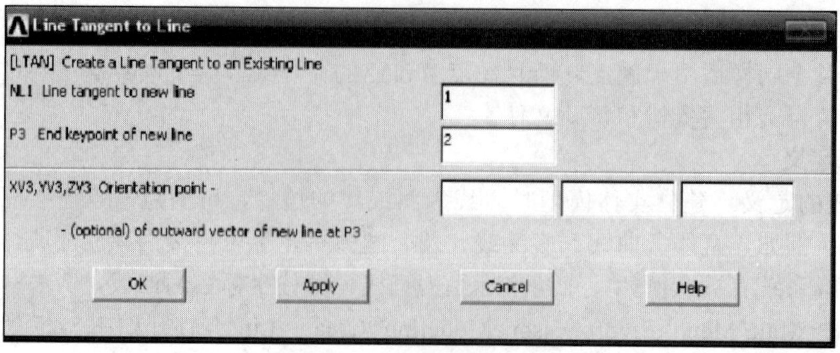

图 3-30　矢量设置对话框

⑤"Tan to 2 Lines" 创建一条曲线，该曲线同时与选择的两个端点相切。该命令与 LTAN 命令类似，只是新创建的线段同时与两条已知线段相切。

命令：L2TAN,NL1,NL2。

菜单操作：Main Menu>Preprocessor>Modeling>Create>Lines>Lines>Tan to 2 Lines。

⑥"Normal to Line" 通过一个关键点创建一条与选中线垂直的直线。操作方法：选择该菜单选项，弹出"Line Normal to Line"拾取线对话框，拾取相应的线和关键点，单击"OK"按钮，执行创建线操作。

⑦"Norm to 2 Lines" 创建一条同时与两条选中线相垂直的直线。操作方法：选中该菜单项，弹出"Line Normal to 2 Lines"拾取线对话框，拾取相应的两条线，单击"OK"按钮，执行创建线操作。

⑧"At angle to line" 通过一个关键点创建一条与选中直线存在指定夹角的直线。操作方法：选择该菜单选项，弹出"Straight Line At angle to Line"拾取线对话框，拾取相应的线，单击"OK"按钮，弹出"Straight Line At angle to Line"拾取关键点对话框，拾取相应的关键点，单击"OK"按钮，弹出"Straight Line At angle to Line"角度设置对话框，在"Angle in Degrees"项输入夹角值，单击"OK"按钮执行创建线操作。

⑨"Angle to 2 Lines" 创建一条直线，该直线与第一条选中直线 L_1 之间的夹角为 Angle1 且交点为 Phit1，该直线与第二条选中直线 L_2 之间的夹角为 Angle2 且交点为 Phit2。操作方式：选择该菜单选项，弹出"At angle to 2 Lines"拾取线对话框，拾取相应的两条线，单击"OK"按钮，弹出"Straight Line at Angle to 2 Lines"对话框，如图 3-31 所示，设置相应项的值，单击"OK"按钮，执行创建线操作。

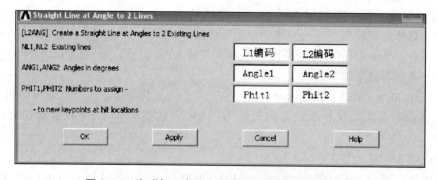

图 3-31　生成与两条已知线段成一定角度的新线段

2）圆弧的建立　依次选择 Main Menu>Preprocessor>Modeling>
Create>Lines>Arcs，打开如图 3-32 所示的圆弧定义选项菜单，可以
通过不同的方式实现圆弧的建立。

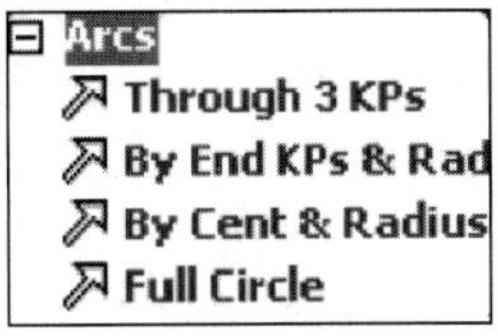

① 由点产生圆弧。

命令：LARC,P1,P2,PC,RAD。

菜单操作：Main Menu>Preprocessor>Modeling>Create>Lines>
图 3-32　圆弧定义选项
Arcs>Through 3 KPs，Main Menu>Preprocessor>Modeling>Create>
Lines>Arcs>By End KPs & Rad。

定义两点（P_1、P_2）间的圆弧线（Line of Arc），其半径为 RAD，若 RAD 的值没有输入，
则圆弧的半径从 P_1、P_C 到 P_2 自动计算出来。不管现在坐标为何，线的形状一定是圆的一部
分。P_C 为圆弧曲率中心部分任何一点，不一定是圆心。

② 圆及圆弧的定义。

命令：CIRCLE,PCENT,RAD,PAXIS,PZERO,ARC,NSEG。

菜单操作：Main Menu>Preprocessor>Modeling>Create>Lines>Arcs>By End Cent & Radius，
Main Menu>Preprocessor>Modeling>Create>Lines>Arcs>Full Circle。

此命令会产生圆弧线（Circle Line），该圆弧线为圆的一部分，依参数状况而定，与目前
所在的坐标系统无关，点的号码和圆弧的线段号码会自动产生。PCENT 为圆弧中心点坐标号
码；PAXIS 为定义圆心轴正向上任意点的号码；PZERO 为定义圆弧线起点轴上任意点的号码，
此点不一定在圆上；RAD 为圆的半径，若此值没有给定，则半径的定义为 PCENT 到 PZERO
的距离；ARC 为弧长（以角度表示），若输入为正值，则由起点轴产生一段弧长，若没输数
值，则产生一个整圆；NSEG 为圆弧欲划分的段数，此处段数为线条的数目，不是有限元网
格化时的数目。

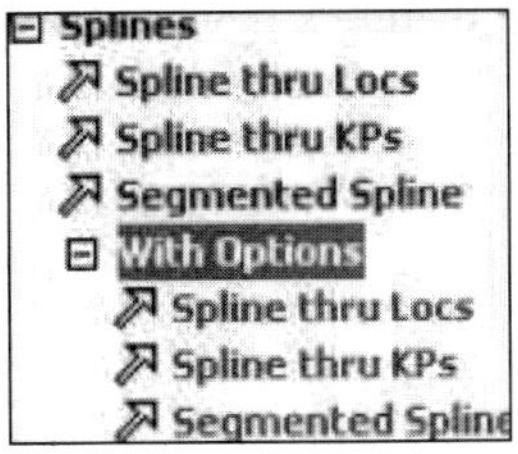

3）多义线的建立　依次选择 Main Menu>Preprocessor>Modeling>
Create>Lines>Splines，打开如图 3-33 所示的多义线定义选项菜单，
可以实现多义线的建立。

① 定义通过若干关键点的样条曲线

命令：BSPLIN,P1,P2,P3,P4,P5,P6,XV1,YV1,ZV1,XV6,YV6,ZV6。

菜单操作：Main Menu>Preprocessor>Modeling>Create>Lines>
Splines>Spline thru KPs，Main Menu>Preprocessor>Modeling>Create>

图 3-33　多义线定义选项

Lines>Splines>Spline thru Locs，Main Menu>Preprocessor>Modeling>Create>Lines>Splines>With
Options>Spline thru KPs，Main Menu>Preprocessor>Modeling>Create>Lines>Splines>With Options>
Spline thru Locs。

② 定义通过一系列关键的多义线　该命令与操作首先要求已建立好若干关键点，即
$P_1,\cdots,P_6$，然后生成以这些关键点拟合得到的多义线。

命令：SPLINE,P1,P2,P3,P4,P5,P6,XV1,YV1,ZV1,XV6,YV6,ZV6。

菜单操作：Main Menu>Preprocessor>Modeling>Create>Lines>Splines>Segmented Spline，
Main Menu>Preprocessor>Modeling>Create>Lines>Splines>With Options>Segmented Spline。

4）倒圆角的实现　命令：LFILLT,NL1,NL2,RAD,PCENT。

菜单操作：Main Menu>Preprocessor>Modeling>Create>Lines>Line Fillet。

此命令是在两条相交的线段（NL1、NL2）间产生一条半径等于 RAD 的圆角线段，同时

自动产生 3 个点，其中两个点在 NL1、NL2 上，是新曲线与 NL1、NL2 相切的点，第 3 个点是新曲线的圆心点（PCENT，若 PENT=0，则不产生该点）。新曲线产生后，原来的两条线段会改变，新形成的线段和点的号码会自动编排上去。

（3）面定义

实体模型建立时，面为体的边界，由线连接而成。面的建立可由点直接相接或线段围接而成，并构成不同数目边的面积，也可直接建构体而产生面。

菜单操作：Main Menu>Preprocessor>Modeling>Create>Areas。

打开如图 3-34 所示的面定义选项菜单，可用于实现面的建立。如图 3-35 所示为任意面定义选项。

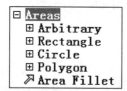

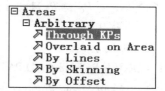

图 3-34　面定义选项　　　　　　　图 3-35　任意面定义选项

1）由点生成面　该命令由已知的一组点来定义面，最少使用 3 个点才能形成面，同时产生围绕该面的线。点要依次输入，输入的顺序决定面的法线方向。如果此面超过 4 个点，则这些点必须在同一平面上，否则创建面不成功。

菜单操作：Main Menu>Preprocessor>Modeling>Create>Areas>Arbitrary>Through KPs。

命令：A,P1,P2,P3,P4,P5,P6,P7,P8,P9,P10,P11,P12,P13,P14,P15,P16,P17,P18。

2）通过复制定义新的面　菜单操作：Main Menu>Preprocessor>Modeling>Create>Areas>Arbitrary>Overlaid on Area。

命令：ASUB,NA1,P1,P2,P3,P4。

该命令是将定义好的原始面的部分从中分离出来，并覆盖原始面，命令所需要的关键点及其相关线段都必须是在原始面上已经存在的。

3）由线生成面　菜单操作：Main Menu>Preprocessor>Modeling>Create>Areas>Arbitrary>By Lines。

命令：AL,L1,L2,L3,L4,L5,L6,L7,L8,L9,L10。

该命令由已知的一组线围绕成面，至少需要 3 条线段才能形成平面，线段的号码没有严格的顺序限制，只要它们能完成封闭的面即可。同时，若使用超过 4 条线段去定义平面，则所有的线段必须在同一平面上，以右手定则来决定面的方向。

4）"蒙皮"面的定义　菜单操作：Main Menu>Preprocessor>Modeling>Create>Areas>Arbitrary>By Skinning。

命令：ASKIN,NL1,NL2,NL3,NL4,NL5,NL6,NL7,NL8,NL9。

"蒙皮"面的定义类似中国古代灯笼的制作，有"骨架"和"灯笼面"。在生成"蒙皮"面之前，首先需要建立好引导线（类似灯笼"骨架"），然后执行该命令生成面。如果建立的引导线不是共面的，将生成三维的面。

5）通过偏移定义新的面　菜单操作：Main Menu>Preprocessor>Modeling>Create>Areas>Arbitrary>By Offset。

命令：AOFFST,NAREA,DIST,KINC。

该命令需要先定义好原始面，然后由这个面通过偏移生成新的面。

6）生成矩形面　如图 3-36 所示为矩形面定义选项。

① 菜单操作：Main Menu>Preprocessor>Modeling>Create>Areas>Rectangle>By 2 Corners。

命令：BLC4,XCORNER,YCORNER,WIDTH,HEIGHT,DEPTH。

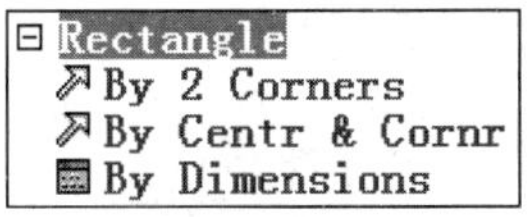

```
⊟ Rectangle
  ⊿ By 2 Corners
  ⊿ By Centr & Cornr
  ▦ By Dimensions
```

图 3-36　矩形面定义选项

建立意义：通过控制矩形的一个角点坐标和长、宽来定义矩形面。

② 菜单操作：Main Menu>Preprocessor>Modeling>Create>Areas>Rectangle>By Centr & Cornr。

命令：BLC5,XCENTER,YCENTER,WIDTH,HEIGHT,DEPTH。

建立意义：通过控制矩形中心点的坐标和长、宽来定义矩面。

③ 菜单操作：Main Menu>Preprocessor>Modeling>Create>Areas>Rectangle>By Dimensions。

命令：RECTNG,X1,X2,Y1,Y2。

建立意义：通过控制矩形两个对角点的坐标来定义矩面。

7）生成圆形面　如图 3-37 所示为圆形面定义选项。

① 菜单操作：Main Menu>Preprocessor>Modeling>Create>Areas>Circle>SolidCircle，Main Menu>Preprocessor>Modeling>Create>Areas>Circle>Annulus，Main Menu>Preprocessor> Modeling> Create>Areas>Circle>Partial Annulus。

命令：CYL4,XCENTER,YCENTER,RAD1,THETA1,RAD2,THETA2,DEPTH。

建立意义：通过控制圆形中心点坐标和半径的方式定义实心圆形面、环形面和部分环形面。

② 菜单操作：Main Menu>Preprocessor>Modeling>Create>Areas>Circle>By End Points。

命令：CYL5,XEDGE1,YEDGE1,XEDGE2,YEDGE2,DEPTH。

建立意义：通过控制圆形直径的方式定义圆形面。

③ 菜单操作：Main Menu>Preprocessor>Modeling>Create>Areas>Circle>By Dimensions。

命令：PCIRC,RAD1,RAD2,THETA1,THETA2。

建立意义：通过控制圆形面的尺寸（内、外圆半径，中心角大小）来定义圆形面。

8）生成多边形面　依次选择 Main Menu>Preprocessor>Modeling>Create>Areas>Polygon，将有如图 3-38 所示的多边形面定义选项，用于各种正多边形面的建立。

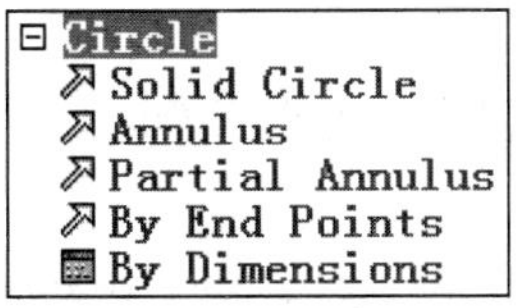

```
⊟ Polygon
  ⊿ Triangle
  ⊿ Square
  ⊿ Pentagon
  ⊿ Hexagon
  ⊿ Septagon
  ⊿ Octagon
  ▦ By Inscribed Rad
  ▦ By Circumscr Rad
  ▦ By Side Length
  ⊿ By Vertices
```

```
⊟ Circle
  ⊿ Solid Circle
  ⊿ Annulus
  ⊿ Partial Annulus
  ⊿ By End Points
  ▦ By Dimensions
```

图 3-37　圆形面定义选项 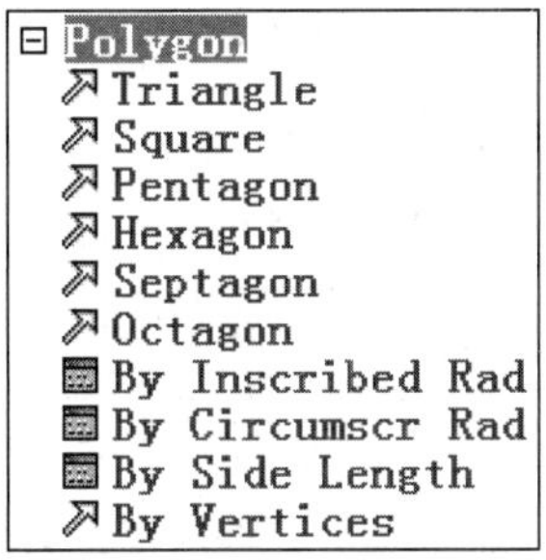　　　　图 3-38　多边形面定义选项

该菜单上的选项允许用户通过系统定义好的方式直接生成三角形、正方形、正五边形、

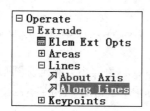

图 3-39　倒圆角面
定义选项

正六边形、正七边形和正八边形，也可以通过给定边数和角度等方式定义需要的多边形面。上述选项操作都很简单、清楚，这里就不再赘述。

9）生成倒圆角面　如图 3-39 所示为倒圆角面定义选项。

菜单操作：Main Menu>Preprocessor>Modeling>Create>Areas>Area Fillet。

命令：AFILLT,NA1,NA2,RAD。

该命令与对相交线进行倒圆角很相似，需要指定要倒圆角的两个相交面和倒角角度。

10）由一组线沿一定路径拉伸生成面　如图 3-40 所示为拉伸面定义选项。

菜单操作：Main Menu>Preprocessor>Modeling>Operate>Extrude>Lines>Along Lines。

命令：ADRAG,NL1,NL2,NL3,NL4,NL5,NL6,NLP1,NLP2,NLP3,NLP4,NLP5,NLP6。

注意：NL1、NL2、NL3、NL4、NL5、NL6 为要拖拉的定义线段，NLP1、NLP2、NLP3、NLP4、NLP5、NLP6 为定义路径。

11）由一组线绕指定轴旋转生成面　菜单操作：Main Menu>Preprocessor>Modeling>Operate>Extrude>Lines>About Axis。

命令：AROTAT,NL1,NL2,NL3,NL4,NL5,NL6,PAX1,PAX2,ARC,NSEG。

建立一组圆柱形的面（Area），方式为一组线段绕轴旋转产生。PAX1、PAX2 为轴上的任意两点，并定义轴的方向，旋转一组已知线段（NL1、NL2、NL3、NL4、NL5、NL6），以已知线段为起点，旋转角度 ARC，NSEG 为在旋转角度方向可分的数目。

（4）体定义

依次选择 Main Menu>Preprocessor>Modeling>Create>Volumes，将打开如图 3-41 所示的体定义选项菜单，用于实现各种形状的建立。

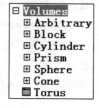

图 3-40　拉伸面定义选项　　　　　图 3-41　体定义选项

1）由点生成体　如图 3-42 所示为任意体定义选项。

菜单操作：Main Menu>Preprocessor>Modeling>Create>Volumes>Arbitrary>Through KPs。

命令：V,P1,P2,P3,P4,P5,P6,P7,P8。

该命令由已知的一组点生成体，同时也产生相应的面和线。由点组合时，要注意点的编号和顺序，不同顺序的点的选取可以得到不同形状的体。

2）由面生成体　菜单操作：Main Menu>Preprocessor>Modeling>Create>Volumes>Arbitrary>By Areas。

命令：V,A1,A2,A3,A4,A5,A6,A7,A8,A9,A10。

定义由已知的一组面生成一个体时，至少需要 4 个面，该命令适用于所建立体多于 8 个点的情况。

3）定义长方体　依次选择 Main Menu>Preprocessor>Modeling>Create>Volumes>Block，将打开如图 3-43 所示的块状体定义选项菜单，可以通过不同方式定义块状体。

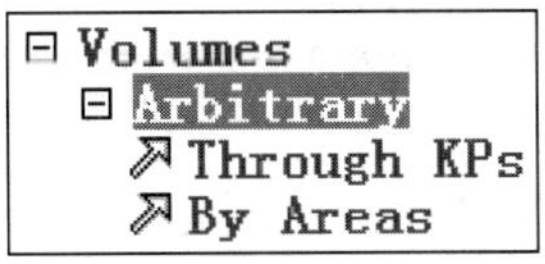

图 3-42　任意体定义选项 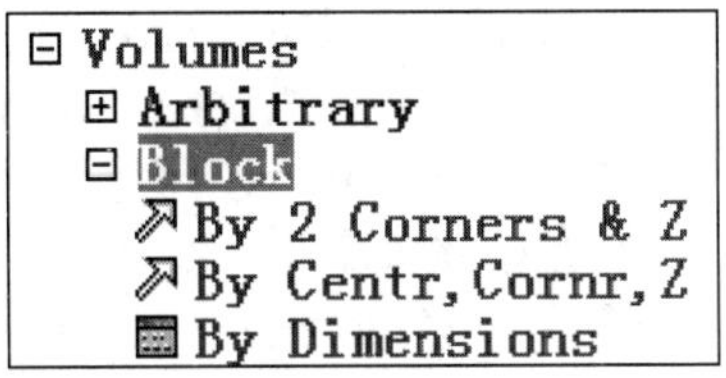　　　　　　　图 3-43　块状体定义选项

块状定义有以下三种。

① 菜单操作：Main Menu>Preprocessor>Modeling>Create>Volumes>Block>By 2 Corners & Z。

命令：BLC4,XCORNER,YCORNER,WIDTH,HEIGHT,DEPTH。

建立意义：通过控制块状体的一个角点坐标和长、宽、高来定义体。

② 菜单操作：Main Menu>Preprocessor>Modeling>Create>Volumes>Block>By Centr,Cornr,Z。

命令：BLC5,XCENTER,YCENTER,WIDTH,HEIGHT,DEPTH。

建立意义：通过控制块状体中心点的坐标和长、宽、高来定义体。

③ 菜单操作：Main Menu>Preprocessor>Modeling>Create>Volumes>Block>By Dimensions。

命令：BLOCK,X1,X2,Y1,Y2,Z1,Z2。

建立意义：通过控制块状体两个对角点的三向坐标来定义体。

4）定义圆柱体　依次选择 Main Menu>Preprocessor>Modeling>Create>Volumes>Cylinder，将打开如图 3-44 所示的圆柱体定义选项菜单，用于圆柱体的建立。

圆柱体建立方法如下。

① 菜单操作：Main Menu>Preprocessor>Modeling>Create>Volumes>Cylinder>Solid Cylinder，Main Menu>Preprocessor>Modeling>Create>Volumes>Cylinder>Hollow Cylinder，Main Menu>Preprocessor>Modeling>Create>Volumes>Cylinder>Partial Cylinder。

命令：CYL4,XCENTER,YCENTER,RAD1,THETA1,RAD2,THETA2,DEPTH。

建立意义：通过控制圆柱体底面中心点坐标、半径和柱高的方式，定义实心、空心和部分环形（通过给定中心角度）底圆柱体。

② 菜单操作：Main Menu>Preprocessor>Modeling>Create>Volumes>Cylinder>By End Pts & Z。

命令：CYL5,XEDGE1,YEDGE1,XEDGE2,YEDGE2,DEPTH。

建立意义：通过控制圆柱体底面直径和柱高的方式定义圆柱体。

③ 菜单操作：Main Menu>Preprocessor>Modeling>Create>Volumes>Cylinder>By Dimensions。

命令：CYLIND,RAD1,RAD2,Z1,Z2,THETA1,THETA2。

建立意义：通过控制圆柱体的尺寸（底面内、外圆半径，中心角大小，柱高）来定义圆形面。

5）定义球体　依次选择 Main Menu>Preprocessor>Modeling>Create>Volumes>Sphere，将打开如图 3-45 所示的球体定义选项菜单，用于球形体的建立。

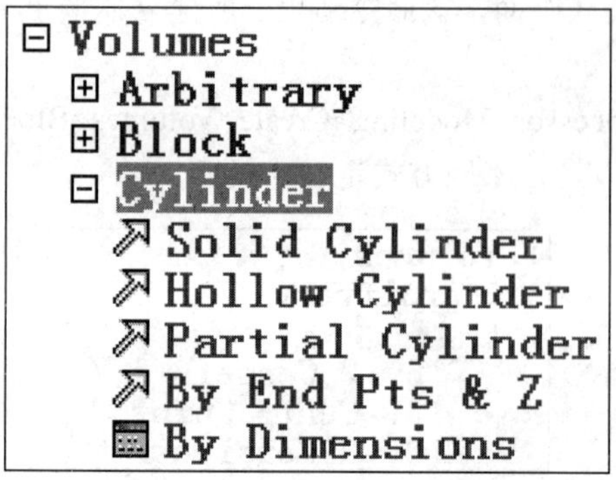

```
□ Volumes
  ⊞ Arbitrary
  ⊞ Block
  ⊟ Cylinder
    ↗ Solid Cylinder
    ↗ Hollow Cylinder
    ↗ Partial Cylinder
    ↗ By End Pts & Z
    ▦ By Dimensions
```

```
⊟ Sphere
  ↗ Solid Sphere
  ↗ Hollow Sphere
  ↗ By End Points
  ▦ By Dimensions
```

图 3-44　圆柱体定义选项 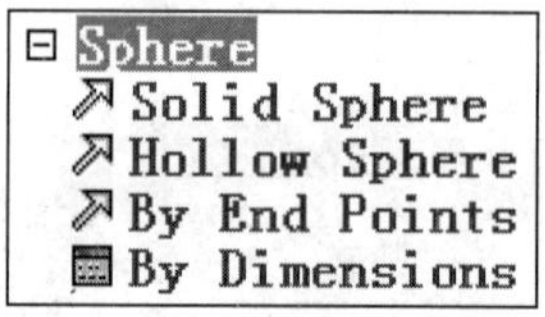　　　　　图 3-45　球体定义选项

球形体的建立方法如下。

① 菜单操作：Main Menu>Preprocessor>Modeling>Create>Volumes>Sphere>Solid Sphere，Main Menu>Preprocessor>Modeling>Create>Volumes>Sphere>Hollow Sphere。

命令：SPH4,XCENTER,YCENTER,RAD1,RAD2。

建立意义：通过控制球体中心点坐标和半径的方式，定义实心或者空心（通过给定中心角度）球体。

② 菜单操作：Main Menu>Preprocessor>Modeling>Create>Volumes>Sphere>By End Points。

命令：SPH5,XEDGE1,YEDGE1,XEDGE2,YEDGE2。

建立意义：通过控制球体直径的方式定义体。

③ 菜单操作：Main Menu>Preprocessor>Modeling>Create>Volumes>Sphere>By Dimensions。

命令：SPHERE,RAD1,RAD2,THETA1,THETA2。

建立意义：通过控制球体的尺寸（内、外圆半径，中心角大小）来定义球形体。

6）定义圆锥体　依次选择 Main Menu>Preprocessor>Modeling>Create>Volumes>Cone，将打开如图 3-46 所示的圆锥体定义选项菜单，用于圆锥体的建立。圆锥体定义有两种方式。

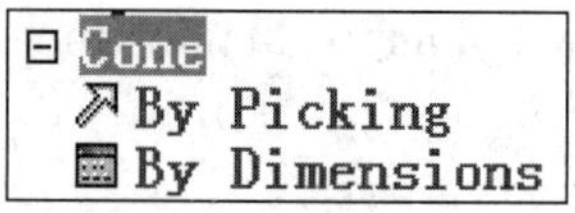

```
⊟ Cone
  ↗ By Picking
  ▦ By Dimensions
```

图 3-46　圆锥体定义选项

① 通过菜单路径 Main Menu>Preprocessor>Modeling>Create>Volumes>Cone>By Picking，即在图形窗口用鼠标直接定义，指定圆锥上、下底面的半径和圆锥高度；命令格式：CON4, XCENTER, YCENTER,RAD1,RAD2,DEPTH。

② 通过菜单路径 Main Menu>Preprocessor>Modeling>Create>Volumes>Cone>By Dimensions，通过对话框来控制圆锥体的尺寸（上、下底面圆半径，中心角大小），以定义圆锥体和部分圆锥体；命令格式：CONE,RBOT,RTOP,Z1,Z2,THETA1,THETA2。

7）定义圆环体　菜单操作：Main Menu>Preprocessor>Modeling>Create>Volumes>Torus。

命令：TORUS,RAD1,RAD2,RAD3,THETA1,THETA2。

8）由一组面沿一定路径拉伸生成体菜单操作：Main Menu>Preprocessor>Modeling>Operate>Extrude> Areas>Along Lines。

命令：VDRAG,NA1,NA2,NA3,NA4,NA5,NA6,NLP1,NLP2,NLP3, NLP4,NLP5,NLP6。

体的建立是由一组面以线段（NL1,…,NL6）为路径，拉伸而成的。

3.2.2 布尔运算及其他操作

布尔操作可以对几何图元进行布尔计算，该操作不仅适用于简单的图元，也适用于从 CAD 系统中导入的复杂几何模型。

菜单操作：Main Menu>Preprocessor>Modeling>Operate>Booleans，打开如图 3-47 所示的布尔操作选项菜单。

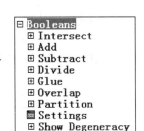

图 3-47　布尔操作选项

（1）加（Add）

把两个或多个实体合并为一个，如面 A_1 和面 A_2 经过加操作，可变为一个面 A_3，面 A_1 和面 A_2 就不存在了，如图 3-48 所示。加的操作会形成一个新的单一的整体，没有接缝，有限元网格划分复杂。

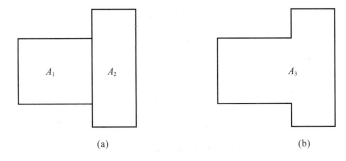

图 3-48　几个物体相加

（2）粘接（Glue）

把两个或多个实体粘接在一起，如面 A_1 和面 A_2 经过粘接操作，成为一个面，但是面 A_1 和面 A_2 仍然相互独立，只是在其接触面上具有共同的边界（它们相互可以对话），如图 3-49 所示。该方法在处理两个不同材料组成的实体时很方便，有限元网格划分较易。

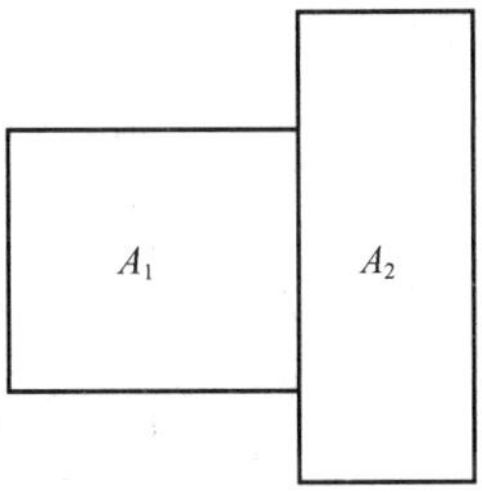

（3）搭接（Overlap）

类似于粘接和加操作，但要求 2 个搭接的实体必须有重叠，2 个面搭接之后变为 3 个面（搭接重叠的面为一个全新的第 3 面），在搭接周围生成多个边界，如图 3-50 所示。搭接操作生成的是多个相对简单的区域，加操作生成一个相对复杂的区域。因而，搭接操作生成的图元比加操作生成的图元更容易划分网格。划分网格难易程度的图元操作顺序是：加>粘接>搭接。

图 3-49　物体粘接

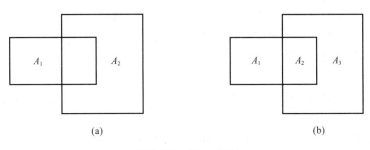

图 3-50　物体搭接

（4）减（Subtract）

用于删除"母体"中一块或者多块与"子体"重合的部分，如图 3-51 所示。对于建立带孔的实体或者准确切除部分实体比较方便。

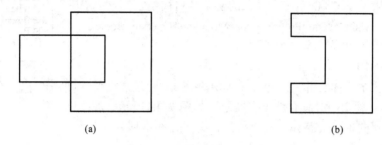

图 3-51　母体减去子体

（5）切分（Divide）

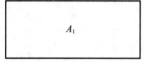

图 3-52　实体切分

把一个实体分割成两个或多个，分割后得到的实体仍通过共同的边界连接在一起，如图 3-52 所示。"切分"工具可以是工作平面、自定义的面或体。在网格划分时，通过对实体模型的分割，可以把复杂的实体变为简单的体，便于实现网格划分。

（6）相交（Intersect）

相交用来保留两个或多个实体重叠的部分。如果是两个以上的实体相交，则有两种情况：一是公共相交，保留所有实体公共相交部分；二是两两相交，保留每一对实体间相交的部分，如图 3-53 所示。

(a) 多个实体　　　　　　　(b) 公共相交　　　　　　　(c) 两两相交

图 3-53　多个物体相交

（7）互分（Partition）

把两个或者多个实体相互分为多个实体，但相互之间仍通过共同的边界连接在一起。该操作在寻找两条相交线交点并保留原有线的处理时很方便。互分与搭接结果是相同的，但没有参加叠分的运算几何元素将不被删去。例如，相交的两个面 A_1 和 A_2，互分后得到 3 个面，如图 3-54 所示。

在实体模型的创建过程中，还可以对图元进行移动、旋转、复制、镜像和删除等。

（1）移动

菜单操作：Main Menu>Preprocessor>Modeling>Move/Modify。

打开如图 3-55 所示的菜单。该菜单提供了可移动的图元对象选项，如点、线、面和体等。选择一个选项就会打开一个与其相对应的对话框，填上移动的方向和距离就可以实现图元对象的移动。

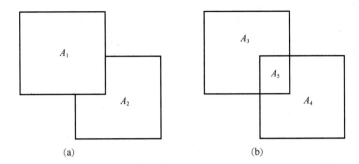

(a)　　　　　　　　　　　　　　　(b)

图 3-54　实体互分

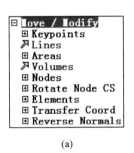

(a)

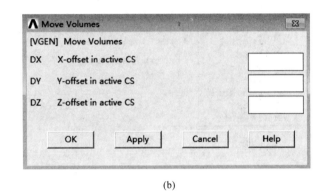

(b)

图 3-55　移动菜单

（2）旋转

菜单操作：Main Menu>Preprocessor>Modeling>Move/Modify>Transfer Coord。

打开如图 3-56 所示的菜单选项，该菜单提供了可旋转的图元对象选项，如点、线、面、体和节点等。选择一个选项就会打开一个与其相对应的对话框。从对话框上的选项要求可以看出，在进行旋转之前，需要事先定义一个局部坐标系，就是要把图元对象旋转到什么位置。

图 3-56　旋转菜单

（3）复制

菜单操作：Main Menu>Preprocessor>Modeling>Copy。

打开如图 3-57 所示的菜单。该菜单提供了可复制的图元对象选项，如点、线、面和体等。选择一个选项就会打开一个与其相对应的对话框，在对话框相应的位置可填上复制的份数、关键点的增量值和复制的位置等相关信息。

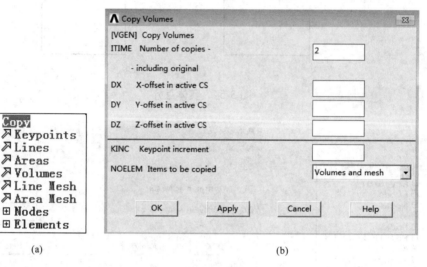

(a)　　　　　　　　　　　　　　　　(b)

图 3-57　复制菜单

（4）镜像

菜单操作：Main Menu>Preprocessor>Modeling>Reflect。

打开如图 3-58 所示的菜单。该菜单提供了可镜像的图元对象选项，如点、线、面和体等。选择一个选项就会打开一个与其相对应的对话框，在对话框上可选择关于哪个面进行镜像、关键点的增量值和要镜像的内容等。

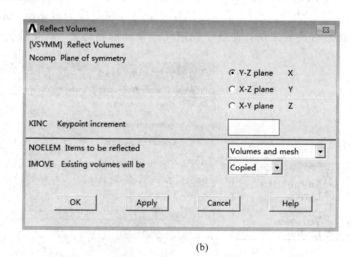

(a)　　　　　　　　　　　　　　　　(b)

图 3-58　镜像菜单

（5）删除

菜单操作：Main Menu>Preprocessor>Modeling>Delete。

打开如图 3-59 所示的菜单。该菜单提供了可删除的图元对象选项，如点、线、面和体等。首先选择一个选项，然后就可在模型上选择要删除的图元对象进行删除。

注意：ANSYS 图元是分等级的，如果选择只删除"体"，那么删除之后，虽然体是不存在了，但组成体的面、线和点还是存在的；如果选择删除"体及以下图元"，那么删除之后，该体及以下图元（如面、线、点）就都不存在了。

图 3-59　删除菜单

3.2.3　从第三方软件中导入模型

用户既可以在 ANSYS 软件中直接创建实体模型，也可以从其他 CAD 软件中导入已经创建的实体模型，关键是要把在其他 CAD 软件中创建的实体模型存为 ANSYS 可以识别的文件格式。注意：从其他 CAD 软件中导入的模型都是实体模型，而不是有限元模型。

（1）IGES 格式模型的导入

菜单操作：Utility Menu>File>Import>IGES。

在弹出的对话框中选择默认选项，单击"OK"按钮，在弹出的第二个对话框中选择想要导入的文件，单击"OK"按钮，即可完成模型的导入。

（2）SAT 格式模型的导入

菜单操作：Utility Menu>File>Import>SAT。

在弹出的对话框中选择默认选项，单击"OK"按钮，在弹出的第二个对话框中选择想要导入的文件，单击"OK"按钮，即可完成模型的导入。

注意：从其他 CAD 软件中导入实体模型后，由于选项不同等原因，可能会出现导入失败，并且会丢失一些相关的建模信息，所以要对导入后的实体模型进行进一步的修改和完善。另外，由于 ANSYS 版本不断升级，并且 ANSYS 公司已经将 ANSYS Classic 的软件置于协同仿真"Workbench"的界面下，其实体建模界面和操作流程与其他 CAD 软件基本相似，大大提高了建模的效率，所以尽量选择在 ANSYS 软件中建立实体模型。

3.2.4　实例 1——工字梁焊接

（1）创建工字梁截面

① 依次选择 Main Menu>Preprocessor>Modeling>Create>Areas>Rectangle>By Dimensions，打开如图 3-60 所示的"Create Rectangle by Dimensions"（按尺寸创建矩形面）对话框。

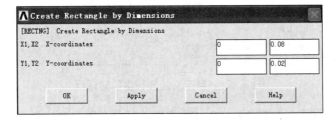

图 3-60　"按尺寸创建矩形面"对话框

② 在"X1，X2 X-coordinates"右侧的编辑框输入"0，0.08"，在"Y1，Y2 Y-coordinates"右侧的编辑框内输入"0，0.02"，单击"Apply"按钮；继续建立两个矩形面，数值大小分别为"（0，0.02）（0，0.12）""（0，0.04）（0.1，0.12）"，最后一个矩形面完成后，单击"OK"按钮。其结果如图 3-61（a）所示。

③ 依次选择 Main Menu>Preprocessor>Modeling>Reflect>Areas，弹出"拾取面"对话框，单击"Pick All"按钮，单击"OK"按钮，打开"Reflect Areas"（镜像面）对话框，在"Ncomp Plane of symmentry"单击按钮组中选择"Y-Z plane X"，即相对于 X 轴镜像，单击"OK"按钮。其结果如图 3-61（b）所示。

④ 依次选择 Main Menu>Preprocessor>Modeling>Operate>Booleans>Add>Areas，弹出"拾取面"对话框，单击"Pick All"按钮，单击"OK"按钮。生成的工字梁截面如图 3-61（c）所示。

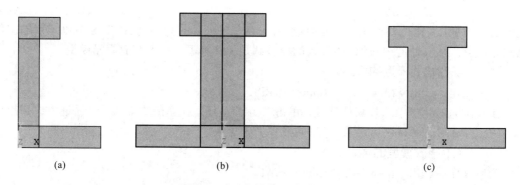

(a)　　　　　　　　　　(b)　　　　　　　　　　(c)

图 3-61　工字梁截面生成过程

（2）创建工字梁

① 沿法线方向拖拉工字梁截面形成工字梁。

依次选择 Main Menu>Preprocessor>Modeling>Operate>Extrude>Areas-Along Normal，拾取新建的工字梁截面，单击"OK"按钮；弹出"Extrude Area along Normal"（自定义拉伸长度）对话框，输入"DIST=1"，厚度方向指向 X 方向，单击"OK"按钮，如图 3-62 所示。

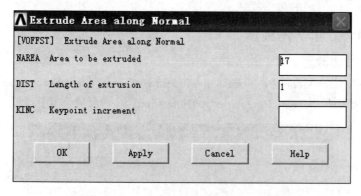

图 3-62　"自定义拉伸长度"对话框

② 确认操作无误后，在工具栏"Toolbar"中选择保存数据库按钮"SAVE_DB"，保存数据库文件。

③ 通过点击右侧斜视角按钮"Oblique View"检查模型，如图 3-63 所示。

（3）创建焊缝部分

① 在工字梁翼板处创建关键点。

依次选择 Main Menu>Preprocessor>Modeling>Create>Keypoints>KP between KPs，拾取翼板前面厚度的两个关键点，单击"OK"按钮；在弹出的对话框中输入"RATI=0.12"，单击"OK"按钮。

依次选择 Main Menu>Preprocessor>Modeling>Create>Keypoints>KP between KPs，拾取翼板前面高度的两个关键点，单击"OK"按钮；在弹出的对话框中输入"RATI=0.09"，单击"OK"按钮。

② 在工字梁翼板处创建三角形面。

依次选择 Main Menu>Preprocessor>Modeling>Create>Areas>Arbitrary>Through KPs，拾取上述新建的关键点，拾取翼板的交点，单击"OK"按钮，由选中的 3 个点创建三角形面，如图 3-64 所示。

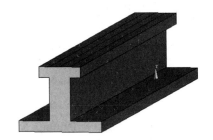 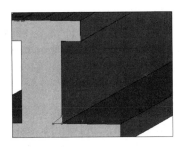

图 3-63　右侧斜视角模型　　　　　　　图 3-64　创建三角形面

③ 沿面的法向拖拉三角形面形成一个三棱柱。

依次选择 Main Menu>Preprocessor>Modeling>Operate>Extrude>Areas-Along Normal，拾取新建的三角形面，单击"OK"按钮；弹出"Extrude Area along Normal"（自定义拉伸长度）对话框，输入"DIST=2"，厚度方向指向轴承孔中心，单击"OK"按钮，如图 3-65 所示。

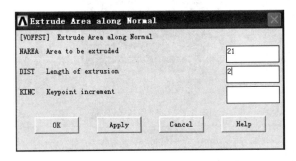

图 3-65　"自定义拉伸长度"对话框

④ 减去三棱柱。

依次选择 Main Menu>Preprocessor>Modeling>Operate>Booleans>Subteact>Volumes，拾取工字梁，作为布尔"减"操作的母体，单击"Apply"按钮；拾取三棱柱作为要"减"去的对象，单击"Apply"按钮。其结果如图 3-66 所示。

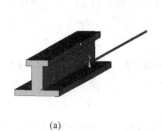
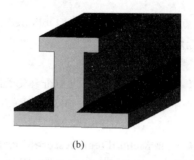

(a)   (b)

图 3-66   减去三棱柱

⑤ 在工字梁翼板处创建关键点。

重复①～④的操作，在另一边也开出坡口。

⑥ 在工字梁翼板处创建关键点。

依次选择 Main Menu>Preprocessor>Modeling>Create>Keypoints>KP between KPs，拾取翼板前面厚度的两个关键点，单击"OK"按钮；在弹出的对话框中输入"RATI=0.15"，单击 OK 按钮。

依次选择 Main Menu>Preprocessor>Modeling>Create>Keypoints>KP between KPs，拾取翼板前面高度的两个关键点，单击"OK"按钮；在弹出的对话框中输入"RATI=0.12"，单击 OK 按钮。

⑦ 在工字梁翼板处创建三角形面。

依次选择 Main Menu>Preprocessor>Modeling>Create>Areas>Arbitrary>Through KPs，拾取上述新建的关键点，拾取翼板的交点，单击"OK"按钮，由选中的 3 个点创建三角形面，如图 3-67 所示。

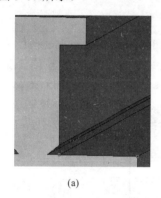
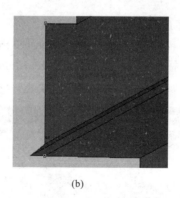
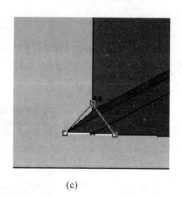

(a)   (b)   (c)

图 3-67   创建三角形面

⑧ 沿面的法向拖拉三角形面形成一个三棱柱，形成焊缝。

图 3-68 形成焊缝

依次选择 Main Menu>Preprocessor>Modeling>Operate>Extrude>Areas-Along Normal，拾取新建的三角形面，单击"OK"按钮；弹出"Extrude Area along Normal"（自定义拉伸长度）对话框，输入"DIST=1"，厚度方向指向轴承孔中心，单击"OK"按钮，如图 3-68 所示。

3.2.5 实例 2——板筒焊接

（1）生成长方体

依次选择 Main Menu>Preprocessor>Modeling>Create>Volumes>Block>By Dimensions，在打开的"Create Block by Dimensions"（按尺寸创建长方体）对话框中输入"X1=0，X2=10""Y1=0，Y2=0.2""Z1=0，Z2=10"，单击"OK"按钮，即生成长方体，如图 3-69 所示。

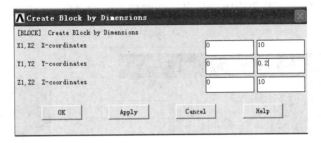

图 3-69 生成长方体界面

（2）长方体开洞

① 依次选择 Main Menu>Preprocessor>Modeling>Create> Volumes>Cylinder>Solid Cylinder，在打开的对话框中，"WP X"右侧的编辑框输入圆柱底面圆心在工作平面上的 X 向坐标"5"；"WP Y"右侧的编辑框输入圆柱底面圆心在工作平面上的 Y 向坐标"5"，"Radius"右侧的编辑框输入空心圆柱内圆半径"2"，"Depth"右侧的编辑框输入空心圆柱高度"0.2"，单击"OK"按钮。

② 依次选择 Main Menu>Preprocessor>Modeling>Operate>Booleans>Subtract>Volumes，弹出"拾取"对话框，拾取被减对象；单击"Apply"按钮，拾取实体圆柱体为减去体；单击"OK"按钮。其结果如图 3-70 所示。

（3）创建圆柱体

依次选择 Main Menu>Preprocessor>Modeling>Create>Volumes>Cylinder>Hollow Cylinder，打开"Hollow Cylinder"（利用工作平面创建空心圆柱体）对话框，如图 3-71 所示。在"WP X"

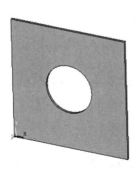

图 3-70 开洞的方板

图 3-71 "Hollow Cylinder"对话框

右侧的编辑框输入圆柱底面圆心在工作平面上的 X 向坐标"5"；在"WP Y"右侧的编辑框输入圆柱底面圆心在工作平面上的 Y 向坐标"5"，在"Rad-1"右侧的编辑框输入空心圆柱内圆半径"2"，在"Rad-2"右侧的编辑框输入空心圆柱内圆半径"1.5"，在"Depth"右侧的编辑框输入空心圆柱高度"5"，单击"OK"按钮。

（4）移动底座

依次选择 Main Menu>Preprocessor>Modeling>Move/Modify>Volumes，弹出"拾取面"对话框，选择底座，单击"OK"按钮；弹出移动对话框，分别输入"0，0，10"，单击"OK"按钮，如图 3-72 所示。

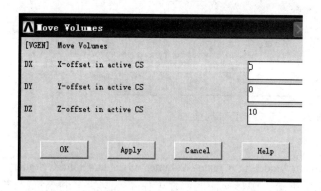
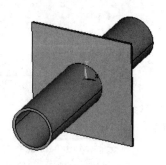

图 3-72　移动底座

（5）创建焊缝

① 依次选择 Main Menu>Preprocessor>Modeling>Create>Keypoints>KP between KPs，拾取空心圆柱同一平面的两个边上的关键点，单击"OK"按钮；在弹出的对话框中输入"RAIT=0.5"，单击"OK"按钮。

② 依次选择 Main Menu>Preprocessor>Modeling>Create>Keypoints>KP between KPs，拾取底座两个边上的关键点，单击"OK"按钮；在弹出的对话框中输入"RAIT=0.5"，单击"OK"按钮。

③ 依次选择 Main Menu>Preprocessor>Modeling>Create>Keypoints>KP between KPs，拾取如图 3-73（a）、（b）所示的两幅图的关键点，单击"OK"按钮；图（a）中"RAIT=0.2"，图（b）中"RAIT=0.05"。

④ 依次选择 Main Menu>Preprocessor>Modeling>Create>Areas>Arbitrary>Through KPs，拾取上述两个关键点，拾取圆柱与底座交点，单击"OK"按钮，由选中的 3 个点创建三角形面。

⑤ 依次选择 Main Menu>Preprocessor>Operate>Extrude/Sweep>Areas>About Axis，拾取上述三角形面，单击"OK"按钮；再次拾取圆柱中心轴的两点，得到如图 3-74 所示的板筒焊缝。

（6）粘接所有体

依次选择 Main Menu>Preprocessor>Operate>Booleans>Glue>Volumes，在弹出的"拾取"对话框中选择"Pick All"按钮，粘接所有体。

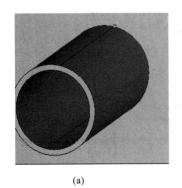

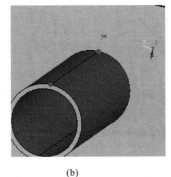

(a)　　　　　　　　　　　　　(b)

图 3-73　拾取关键点

图 3-74　板筒焊缝

3.2.6　实例 3——圆筒焊接

（1）创建两个长方形

① 依次选择 Main Menu>Preprocessor>Modeling>Create>Areas>Rectangle>By Dimensions，打开如图 3-75 所示的"Create Rectangle by Dimensions"（按尺寸创建矩形）对话框。

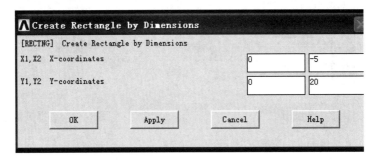

图 3-75　"按尺寸创建矩形"对话框

② 在"X1,X2 X-coordinates"右侧的编辑框输入"0，100"，在"Y1，Y2 Y- coordinates"右侧的编辑框输入"0，10"，单击"Apply"按钮；继续建立两个矩形面，数值大小分别为"0，-5""0，20"，最后一个矩形面完成后，单击"OK"按钮。其结果如图 3-76 所示。

（2）创建坡口部分

① 依次选择 Main Menu>Preprocessor>Modeling>Create>Keypoints>KP betweens KPs，拾取 X 为 100 的长方形的上、下两个长的两个关键点，单击"OK"按钮；在弹出的对话框中输入"RAIT=0.019"，单击"OK"按钮。

② 依次选择 Main Menu>Preprocessor>Modeling>Create>Keypoints>KP betweens KPS，拾取 Y 为 10 的长方形的上、下两个长的两个关键点，单击"OK"按钮；在弹出的对话框中输入"RAIT=0.3"，单击"OK"按钮。

③ 依次选择 Main Menu>Preprocessor>Modeling>Create>Areas>Arbitrary>Through KPs，拾取上述的新建关键点，如图 3-77 所示，单击"OK"按钮，由选中的 3 个点创建三角形面。

④ 依次选择 Main Menu>Preprocessor>Modeling>Delete>Areas Only，拾取创建的两个三角形面，单击"OK"按钮，结果如图 3-78 所示。

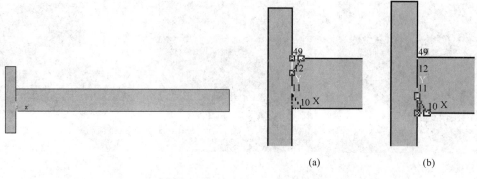

图 3-76　两个长方形生成结果　　　　图 3-77　创建三角形面

⑤ 依次选择 Main Menu>Preprocessor>Modeling>Create>Keypoints>KP betweens KPs，拾取如图 3-79 所示的两个关键点，单击"OK"按钮；在弹出的对话框中输入"RAIT=0.2"，单击"OK"按钮。

图 3-78　开坡口　　　　　　　　　图 3-79　选择关键点

⑥ 再在上半部分重复操作⑤。

⑦ 依次选择 Main Menu>Preprocessor>Modeling>Create>Areas>Arbitrary>Through KPs，拾取上述的新建关键点，以及开完坡口的两个点，单击"OK"按钮，由选中的 3 个点创建三角形面。结果如图 3-80 所示。

⑧ 依次选择 Main Menu>Preprocessor>Modeling>Operate>Extrude>Areas>About Axis，选择 X 为 100 的长方体和两道创建好的焊缝，绕 Y 长为 30 的长方形上面的边为旋转轴旋转。结果如图 3-81 所示。

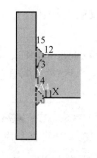
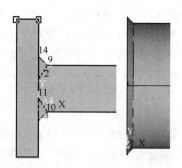

图 3-80　画焊缝（一）　　　　　　图 3-81　画焊缝（二）

⑨ 依次选择 Main Menu>Preprocessor>Modeling>Operate>Booleans>Add>Volumes，在弹出的"拾取"对话框中选择"Pick All"按钮，粘接所有体。

⑩ 依次选择 Main Menu>Preprocessor>Modeling>Reflect>Volumes，在弹出的"拾取"对话框中选择"Pick All"按钮；在弹出的对话框中拾取"Y-Z plane"，单击"OK"按钮，结果如图 3-82 所示。

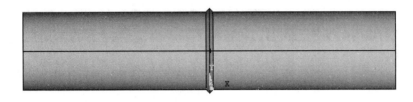

图 3-82　圆筒焊缝

3.3　ANSYS 网格划分

网格划分是用节点和单元填充实体模型，从而创建有限元模型的，如图 3-83（a）、（b）所示。有限元模型由节点和单元组成。ANSYS 求解的是有限元模型而不是实体模型，所以，实体模型必须转换成有限元模型后才能在 ANSYS 软件中进行求解。网格划分的三个步骤是：定义单元属性、指定网格控制及生成网格。

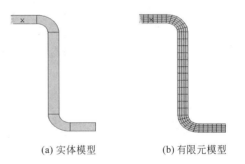

(a) 实体模型　　　(b) 有限元模型

图 3-83　实体模型和有限元模型

3.3.1　定义单元属性

单元属性是网格划分前必须指定的有限元模型的特性，包括：单元类型（TYPE）、实常数（REAL）、截面属性（SECTYPE）、材料属性（MAT）。

（1）单元类型

单元类型是一个重要的选项，该选项决定如下的单元特性。

1）自由度（DOF）设置：热单元类型有 1 个自由度（TEMP），而结构单元有 6 个自由度（UX、UY、UZ、ROTX、ROTY、ROTZ）。

2）单元形状：三角形、四边形、六边形或四面体等。

3）维数：二维或三维。

4）位移形函数：一次函数（线性）或二次函数。

ANSYS 有超过 200 多个的单元类型可供选择，经常采用的单元有线单元、壳单元、二维实体和三维实体。

1）线单元

① 梁　该单元用于模拟薄壁管、截面构件、角钢和细长薄壁构件。

② 杆　该单元用于模拟螺杆、预应力螺栓和桁架。

③ 弹簧 该单元用于模拟弹簧、螺杆、细长构件或用等效刚度替代的复杂结构。

2）壳单元

① 用来模拟平面或曲面，如板材、飞机的蒙皮等。

② 厚度和大小取决于实际应用，壳单元主尺寸一般不小于 10 倍的该结构厚度。

3）二维实体

① 用于模拟实体的截面。

② 必须在整体直角坐标系 X-Y 平面内建立模型。

③ 所有载荷作用在 X-Y 平面内，其响应（位移）也在 X-Y 平面内。

4）三维实体

① 用于几何属性、材料属性、载荷或分析要求考虑细节，而无法采用更简单的单元进行建模的结构。

② 也用于从三维 CAD 系统转化而来的几何模型，而这些几何模型转化成二维模型或壳体会花费大量的时间和精力。

定义单元类型如图 3-84 所示。

(a)

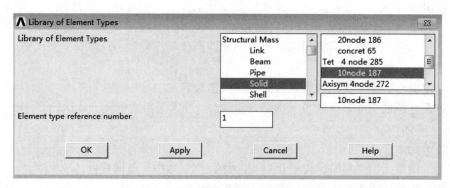

(b)

(c)

图 3-84　定义单元类型

Main Menu>Preprocessor>Element Type>Add/Edit/Delete。

① Add 按钮为添加新单元类型；

② 选择想要的类型（如 SOLID187）并按"OK"键；

③ Options 按钮为被选单元选项。

命令：ET,ITYPE,ENAME,KOP1,KOP2,KOP3,KOP4,KOP5,KOP6,INOPR。

例如：ET,1,SOLID187。

注意：

① 设置想要分析学科的选项（Main Menu>Preferences），这样将只显示所选学科的单元类型。

② 应当在前处理阶段尽早地定义单元类型，因为 GUI 方式中菜单的过滤依赖于当前自由度的设置。例如，如果选择结构单元类型，则热载荷选项呈灰色，或根本不出现。

（2）实常数和截面属性

实常数用于描述那些由单元几何模型不能完全确定的几何形状。例如：

1）梁单元是由连接两个节点的线来定义的，这只定义了梁的长度，要指明梁的横截面属性，如面积和惯性矩，就要用到实常数。

2）壳单元是由四面体或四边形来定义的，这只定义了壳的表面积，要指明壳的厚度，必须用实常数。

3）许多三维实体单元不需要实常数，因为单元几何模型已经由节点完全定义了。

定义实常数如图 3-85 所示。

Main Menu>Preprocessor>Real Constants>Add/Edit/Delete。

图 3-85　定义实常数

- "Add"按钮为增加一种新的实常数设置；
- 如果定义了多个单元类型，首先选择要指定实常数的单元类型；
- 接着输入实常数值。

命令：R,NSET,R1,R2,R3,R4,R5,R6。

不同的单元类型需要不同的实常数，有些单元类型不需要任何实常数。若要获取详细资料，请参考在线帮助中的单元手册部分。

定义截面属性如图 3-86 所示。

Main Menu>Preprocessor>Sections。

定义单元类型需要不同的截面特性，若要获取详细资料，请参考在线帮助中的单元手册部分。

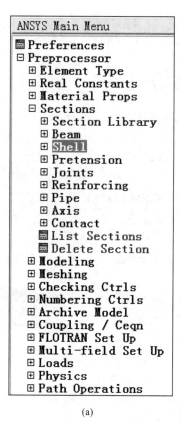

(a)

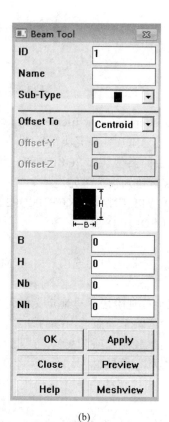

(b)

图 3-86　定义截面属性

（3）材料属性

每个分析都需要输入一些材料性质，如结构单元所需的弹性模量 EX，热单元所需的热传导率 KXX 等。

如图 3-87、图 3-88 所示可用来定义材料基本物理性质和随温度变化的物理性质。

Main Menu>Preprocessor>Material Props>Material Models。

例如：添加与温度相关的材料属性，并绘制属性-温度曲线，如图 3-89 所示。

从一个材料表复制材料模型到另一个材料表或删除材料模型如图 3-90 所示。

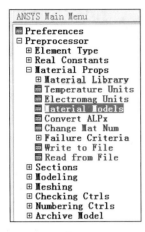

(a) 菜单

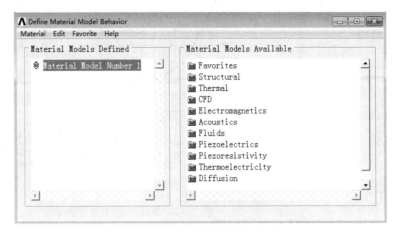

(b) 定义材料基本物理性质

图 3-87 菜单和定义材料基本物理性质

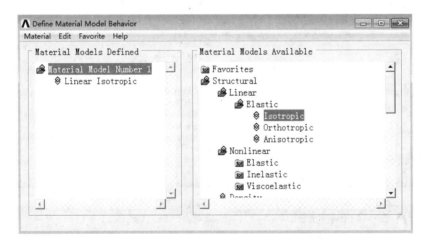

图 3-88 定义材料随温度变化的物理性质

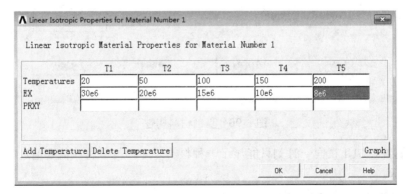

(a)

图 3-89

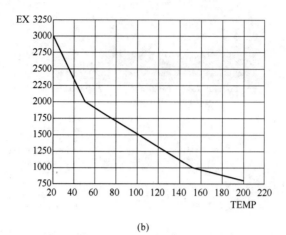

(b)

图 3-89　材料属性随温度的变化

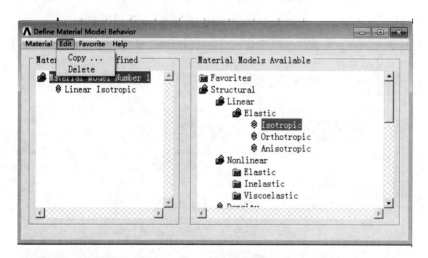

图 3-90　复制材料属性

对材料属性，GUI 在同一时刻只能显示一种材料。多种材料属性需要通过列表来显示，如图 3-91 所示。

Utility Menu>List>Properties>All Materials。

命令格式：MPLIST。

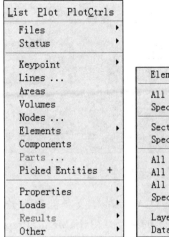

图 3-91　列表显示材料属性

ANSYS 允许有限元模型有多种单元属性。例如，模型可以有两种单元类型、三种实常数和两种材料。

单位制注释：无需告诉 ANSYS 所使用的单位制，只需确定要使用的单位在输入时保持数据单位一致。例如，如果几何模型的尺寸是 in，确保其他的输入数据（材料属性、实常数和载荷等）也都是以 in 为单位。

ANSYS 不进行单位换算，它只是简单地接受所输入的数据而不会怀疑其合法性。

命令/UNITS 允许指定单位制，但它不具备单位转换功能。该命令主要是表示该模型所使用的单位制，从而让其他用户知道所用的单位。

3.3.2　指定网格控制及生成网格

（1）分配单元属性

模型中有多种单元类型、实常数和材料，若必须确保给每个单元指定合适的特性，可以通过以下三种途径。

1）在网格划分前给实体模型指定特性。

2）在网格划分前总体设置 MAT、TYPE 和 REAL。

3）在网格划分后修改单元属性。

如果没有指定属性，ANSYS 将以 MAT=1、TYPE=1 及 REAL=1 作为模型中所有单元的缺省设置。在模型中的同一部分，最好将单元类型编号、实常数编号、材料编号以及截面编号设置相同的数字。

在网格划分前给实体模型指定特性，先定义全部所需的单元类型、实常数和材料。然后使用网格工具的"单元属性"菜单选项，如图 3-92 所示（Main Menu>Preprocessor>MeshTool）。选择实体类型后按"Set"按钮，拾取要指定属性的实体，在后续对话框中设置合适的属性，或选择需要的实体，用 VATT、AATT、LATT 或 KATT 命令。划分实体网格时，属性将自动转换到单元上。

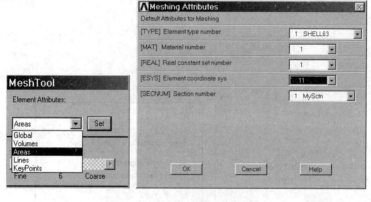

图 3-92　分配单元属性对话框

在网格划分前总体设置 MAT、TYPE 和 REAL，先定义全部单元类型、实常数和材料。然后使用网格工具的"单元属性"菜单，如图 3-93 所示（Main Menu>Preprocessor>MeshTool）。

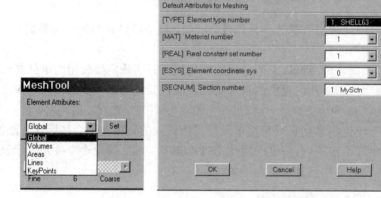

图 3-93　划分网格工具的"单元属性"菜单

选择 Global 然后按"Set"按钮；在"Meshing Attributes"对话框中激活需要的属性组合或使用 TYPE、REAL 和 MAT 命令，仅对上述设置属性的实体划分网格。

记住以下几点：

① 在实体模型上指定属性，可以避免在网格划分操作中重新设置属性。由于 ANSYS 的网格划分，在一次性对实体进行网格划分时更为有效，因而这种方法更优越。

② 清除实体网格上的网格不会清除指定的单元属性。

（2）网格密度控制

有限单元法的基本原则是：单元数（网格密度）越多，所得的解越逼近真实值，然而，随单元数目增加，求解时间和所需计算机资源急剧增加。

ANSYS 提供了多种控制网格密度的工具，既可以总体控制也可以局部控制。总体控制包括智能网格划分、总体单元尺寸、缺省尺寸。局部控制包括关键点、线尺寸、面尺寸。

1）总体控制——智能网格划分　通过指定所有线上的份数决定单元尺寸，可以考虑线的曲率、孔的逼近程度和其他特征，以及单元阶次。智能网格的缺省设置是关闭，在自由网格划分时，建议采用智能网格划分，它对映射网格没有影响。

Main Menu>Preprocessor>Meshing>Size Cntrls>SmartSize>Adv Opts。

2）总体控制——总体单元尺寸 允许为整个模型指定最大单元边长（或每条线的份数）。命令：ESIZE,SIZE。

Main Menu>Preprocessor>Meshing>MeshTool，然后选择"Size Controls"和"Global"，之后单击"Set"；或 Main Menu>Preprocessor>Meshing>Size Cntrls>ManualSize>Global>Size。

3）总体控制——缺省尺寸 如果不指定任何控制，ANSYS 将用缺省尺寸，它将根据单元阶次指定线的最小和最大份数、高宽比等确定。

可以用 DESIZE 命令或依次选择 Main Menu>Preprocessor>Meshing>Size Cntrls>Manual Size>Global>Other。

4）局部控制——关键点 Main Menu>Preprocessor>Meshing>MeshTool，然后选择"Size Controls"和"Keypts"，之后单击"Set"；或 Main Menu>Preprocessor> Meshing>Size Cntrls> ManualSize>Keypoints。

命令：KESIZE。

为了更好地控制网格，不同关键点可以用不同的 KESIZE。对应力集中区域非常有用。智能网格划分时，为适应线的曲率或几何近似，指定的尺寸可能无效。

5）局部控制——线尺寸 Main Menu>Preprocessor>Meshing> MeshTool，然后选择"Size Controls"和"Lines"，之后单击"Set"；或 Main Menu>Preprocessor> Meshing>Size Cntrls>ManualSize>Lines。

命令：LESIZE。

不同的线可以有不同的"LESIZE"。指定尺寸可以是"Hard"或"Soft"。"Hard"即使在智能网格划分打开时也将被网格划分采用。"Soft"在智能网格划分打开时可能无效。可以指定边长比例，即最后一个分割和第一个分割的比例，使网格数偏向中间或一边。

6）局部控制——面尺寸 Main Menu>Preprocessor>Meshing> MeshTool，然后选择"Size Controls"和"Areas"，之后单击"Set"；或 Main Menu>Preprocessor> Meshing>Size Cntrls>ManualSize>Areas。

命令：AESIZE。

不同的面可以有不同的"AESIZE"。边界线仅在未指定"LESIZE"或"KESIZE"时，采用指定尺寸。智能网格划分打开时，为适应线的曲率或几何近似，指定的尺寸可能无效。

（3）生成和改变网格

生成网格是网格划分的最后一步。按"MeshTool"对话框中的"Mesh"按钮，打开一个拾取器，单击"Pick All"按钮指示所有的实体，如图 3-94 所示。

如果划分的网格不满意，可以通过以下步骤重新划分网格：清除网格，在"MeshTool"上按"Clear"按钮或用命令 CLEAR，ACLEAR 等。指定新的或不同的网格控制，重新划分网格。

另一个网格划分选项，是在指定的区域细化网格。使用 MeshTool，如图 3-95 所示。选择要细化的区域，如节点、单元、关键点、线或面，按"Refine"按钮。拾取要细化的实体

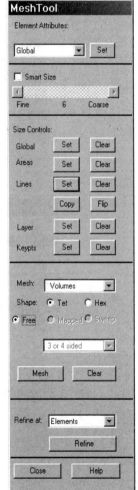

图 3-94 智能网格拾取器

（如果选择"All Elems"则不需要此操作）。最后选择细化的尺寸级别，级别 1 最细。

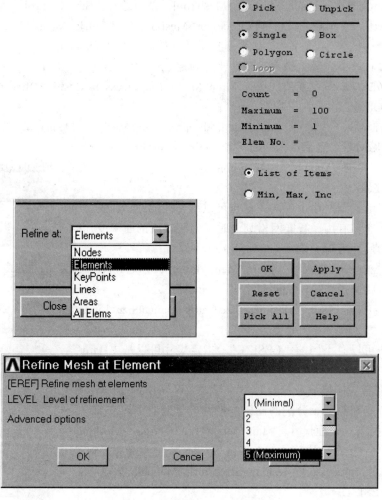

图 3-95　网格划分—区域细化

3.3.3　网格划分方式

　　ANSYS 主要有三种网格划分方法：自由网格划分、映射网格划分和扫掠网格划分。

（1）自由网格划分

　　对实体模型的几何形状没有特殊的要求，无论实体模型是否规则都可以实现网格化，所用的单元形状无限制，易于生成，网格不遵循任何模式，可以适用于复杂模式的面和体，不用将复杂形状的体分解为规则形状的体。一些局部细小区域的网格划分也可选择自由网格划分。对面进行划分时，自由网格可以由四边形、三角形或二者混合划分组成。对体进行划分时，自由网格可以是四面体或者六面体。网格密度可以通过单元尺寸控制，也可以采用智能划分。一般地，在自由网格划分时，推荐使用智能尺寸设置。

生成自由网格如图 3-96、图 3-97 所示。

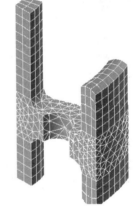

图 3-96　生成自由网格缺省设置　　　　图 3-97　生成自由网格

　　自由网格是面和体划分的缺省设置。生成自由网格非常容易。导出"MeshTool",将划分方式设置为自由划分。推荐用智能网格激活后指定一个尺寸级别进行自由网格划分,存储数据库。然后按"Mesh"按钮划分网格,按拾取框中的"Pick All"选择所有实体(推荐使用)。

　　命令:VMESH,ALL 或 AMESH,ALL。

　　对三维立体模型进行自由网格划分,可以完全生成四面体和六面体网格,但在某些情况下并不能很好地实现,所以出现了过渡单元。过渡单元可以将四面体和六面体网格很好地结合起来,并保持网格的完整性。在六面体和四面体单元之间的过渡区,可以生成金字塔形单元。必须有六面体网格(至少在交界面上有四边形网格)。先生成四面体单元,然后通过组合重新组织过渡区的四面体单元形成金字塔形单元。

　　（2）映射网格划分

　　要求实体模型形状规则或者满足一定的准则。面和体必须形状规则,如矩形和方块,划分网格必须满足一定的规则。面单元限制为四边形，体单元限制为六面体。划分的单元明显成行。通常包含较少的单元数量，自由度数目较少。针对形状复杂的体，映射网格很难实现。由于面和体必须满足一定的要求，生成映射网格不如生成自由网格容易。面必须包含 3 或 4 条线（三角形或四边形）。体必须包含 4、5 或 6 个面（四面体、三棱柱或六面体）。对边的单元分割必须匹配。对三角形或四面体单元分割数必须为偶数。对四边形或六面体，允许采用不等的分割数，但分割数必须满足一定的关系式。

保证规则的形状，即面有 3 或 4 条边，体有 4、5 或 6 个面；指定形状和尺寸控制。用 MeshTool 中的 Mesh 按钮，然后按拾取器中的"PickAll"或选择所需的实体即可。

（3）扫掠网格划分

扫掠方式只是针对体进行网格划分，从体的一边界面（源面）扫掠整个体至另一界面（目标面）。体在扫描方向的拓扑结构必须一致，易于生成块体单元和棱柱体单元组合的体网格。源面和目标面必须是单个面，而不允许是连接面。对几何形状要求较高，对非拉伸体和非旋转体不能用扫掠网格划分。

图 3-98　弹出扫掠拾取器

扫掠网格划分是另一种体网格划分方式，它是通过扫掠面上的网格对体划分网格的过程。与网格拖拉相似，只是在这种情况下，体必须是存在的。易于生成块体单元、棱柱体单元组合的体网格。对体进行四面体网格划分时，选项不是"可扫掠的"，则自动生成过渡的金字塔形网格。体在扫描方向的拓扑结构必须一致。MeshTool 选择 Hex/Wedge 和 Sweep，如图 3-98 所示。

注意： 对一个复杂形体进行映射网格划分，需要做多次切割，连接一些面或线，若采用扫掠划分只需做几次切割不需要做连接操作。可以用标准的网格控制确定源面的网格，一般不提倡用智能网格划分，因为它是用于自由网格的。

3.4　ANSYS 加载与求解

3.4.1　载荷种类及加载方式

有限元分析的主要目的是检查结构或构件对一定载荷条件的响应。因此，在分析中指定合适的载荷条件是关键的一步。在 ANSYS 程序中，可以用各种方式对模型加载，而且借助于载荷步选项，可以控制加载过程。

在 ANSYS 术语中，载荷（Load）包括边界条件和外部或内部作用力函数，不同学科中的载荷实例如下。

结构分析：位移、力、压力、温度（热应变）、重力。

热分析：温度、热流速率、对流、内部热生成、无限表面。

磁场分析：磁势、磁通量、磁场段、源流密度、无限表面。

电场分析：电势（电压）、电流、电荷、电荷密度、无限表面。

流体分析：速度、压力。

载荷分为六类：DOF 约束、力（集中载荷）、表面载荷、体积载荷、惯性载荷及耦合场载荷。

DOF Constraint（DOF 约束）为用一个已知量给定某个自由度。例如，在结构分析中约束被指定为位移和对称边界条件；在热力分析中指定为温度和热通量平行的边界条件。

Force（力）为施加于模型节点的集中载荷。例如，在结构分析中被指定为力和力矩；在热力分析中为热流速率；在磁场分析中为电流段。

Surface Load（表面载荷）为施加于某个表面上的分布载荷。例如，在结构分析中为压力；在热力分析中为对流和热通量。

Body Load（体积载荷）为体积或场载荷。例如，在结构分析中为温度和能流；在热力分析中为热生成速率；在磁场分析中为源流密度。

Inertia Loads（惯性载荷）是由物体惯性引起的载荷。如重力加速度、角速度和角加速度，主要在结构分析中使用。

Coupled-Field Loads（耦合场载荷）为以上载荷的一种特殊情况，从一种分析得到的结果用作另一分析的载荷。例如，可施加磁场分析中计算出的磁力作为结构分析中的力载荷。

载荷加载方式有载荷步、子步和平衡迭代。

在线性静态或稳态分析中，可以使用不同的载荷步施加不同的载荷组合，例如，在第一个载荷步中施加风载荷，在第二个载荷步中施加重力载荷，在第三个载荷步中施加风和重力载荷以及一个不同的支承条件等。在瞬态分析中，多个载荷步可以加到载荷历程曲线的不同区段。

ANSYS 程序将在第一个载荷步选择的单元组用于随后的所有载荷步,而不论用户为随后的载荷步指定哪个单元组。要选择一个单元组，可使用下列两种方法之一。

命令：ESEL。

菜单操作：Utility Menu>Select>Entities。

图 3-99 显示了一个需要三个载荷步的载荷历程曲线。第一个载荷步用于线性载荷（Ramped Load），第二个载荷步用于载荷的不变部分，第三个载荷步用于卸载。

子步为执行求解的载荷步中的点。在非线性静态或稳态分析中，使用子步逐渐施加载荷以便能获得精确解。在线性或非线性瞬态分析中，使用子步满足瞬态时间累积法则（为获得精确解通常规定一个最小累积时间步长）。平衡迭代是在给定子步下为了收敛而计算的附加解，仅用于收敛起着很重要作用的非线性分析（静态或瞬态）中的迭代修正。

例如：对二维非线性静态磁场分析，为获得精确解，通常使用两个载荷步（图 3-100）。

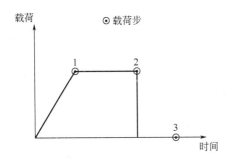

图 3-99　使用三个载荷步表示瞬态载荷历程

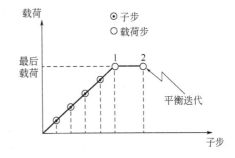

图 3-100　载荷步、子步和平衡迭代

第一个载荷步，将载荷逐渐加到 5～10 个子步以上，每个子步仅用一次平衡迭代。

第二个载荷步，得到最终收敛解，且仅有一个使用 15～25 次平衡迭代的子步。

在所有静态和瞬态分析中，ANSYS 使用时间作为跟踪参数，而不论分析是否依赖于时间。其好处是，在所有情况下可以使用一个不变的"计数器"或"跟踪器"，不需要依赖于分析的术语。此外，时间总是单调增加的，且自然界中大多数事情的发生都经历一段时间，而不论该时间多么短暂。

显然，在瞬态分析或与速率有关的静态分析（蠕变或黏塑性）中，时间代表实际的、按年月顺序的时间，用秒、分钟或小时表示。在指定载荷历程曲线的同时（使用"TIME"命令），在每个载荷步结束点赋时间值。使用下列方法之一赋时间值。

命令：TIME。

菜单操作：

Main Menu>Preprocessor>Loads>Time/Frequenc>Time and Substps or Time-Time Step；

Main Menu>Solution>Sol'n Control:Basic Tab；

Main Menu>Solution>Time/Frequenc>Time and Substps or Time-Time Step；

Main Menu>Solution>Unabridged Menu>Time/Frequenc>Time and Substps or Time-Time Step。

然而，在不依赖于速率的分析中，时间仅仅成为一个识别载荷步和子步的计数器。缺省情况下，程序自动地对"TIME"赋值，在载荷步 1 结束时，赋"TIME=1"；在载荷步 2 结束时，赋"TIME=2"；依次类推。载荷步中的任何子步都将被赋给合适的、用线性插值得到的时间值。在这样的分析中，通过赋给自定义的时间值，就可建立自己的跟踪参数。例如，若要将 100 个单位的载荷增加到一载荷步上，可以在该载荷步的结束时将时间指定为 100，以使载荷和时间值完全同步。

那么，在后处理器中，如果得到一个变形-时间关系图，其含义将与变形-载荷关系相同。这种技术非常有用，例如，在大变形屈曲分析中，其任务是跟踪结构载荷增加时结构的变形。

当求解中使用弧长方法时，时间还表示另一含义。在这种情况下，时间等于载荷步开始时的时间值加上弧长载荷系数（当前所施加载荷的放大系数）的数值。ALLF 不必单调增加（即它可以增加、减少或甚至为负），且在每个载荷步的开始时被重新设置为 0。因此，在弧长求解中，时间不作为"计数器"。

载荷步为作用在给定时间间隔内的一系列载荷。子步为载荷步中的时间点，在这些时间点中，求得中间解。两个连续子步之间的时间差称为时间步长或时间增量。平衡迭代纯粹是为了收敛而在给定时间点进行计算的迭代求解方法。

阶跃载荷和坡道载荷：当在一个载荷步中指定一个以上的子步时，就出现了载荷应为阶跃载荷或是线性载荷的问题。如果载荷是阶跃的，那么，全部载荷施加于第一个载荷子步，且在载荷步的其余部分，载荷保持不变，如图 3-101 所示。如果载荷是逐渐递增的，那么，在每个载荷子步，载荷值逐渐增加，且全部载荷出现在载荷步结束时，如图 3-102 所示。

命令：KBC,KEY。

KBC,0 表示载荷为坡道载荷；KBC,1 表示载荷为阶跃载荷。缺省值取决于学科和分析类型以及 SOLCONTROL 处于 ON 或 OFF 状态。

菜单操作：

Main Menu>Solution>Sol'n Control: Transient Tab；

Main Menu>Solution>Time/Frequenc>Freq &Substeps/Time and Substps/Time & Time Step。

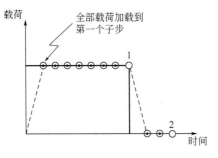

图 3-101　阶跃载荷

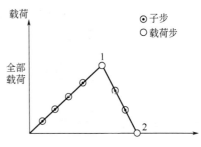

图 3-102　坡道载荷

Load Step Options（载荷步选项）是用于表示控制载荷应用的各选项（如时间、子步数、时间步、载荷为阶跃或逐渐递增）的总称。其他类型的载荷步选项包括收敛公差（用于非线性分析）、结构分析中的阻尼规范以及输出控制。

3.4.2　定义载荷

可将大多数载荷施加于实体模型（关键点、线和面）上或有限元模型（节点和单元）上。例如，可在关键点或节点施加指定集中力。同样地，可以在线和面或在节点和单元面上指定对流（和其他表面载荷）。无论怎样指定载荷，求解器都期望所有载荷应依据有限元模型。因此，如果将载荷施加于实体模型，在开始求解时，程序会自动将这些载荷转换到节点和单元上。

（1）实体模型载荷

实体模型载荷独立于有限元网格，即可以改变单元网格而不影响施加的载荷。这就允许用户更改网格并进行网格敏感性研究而不必每次重新施加载荷。

与有限元模型相比，实体模型通常包括较少的实体。因此，选择实体模型的实体并在这些实体上施加载荷要容易得多，尤其是通过图形拾取时。

ANSYS 网格划分命令生成的单元处于当前激活的单元坐标系中，网格划分命令生成的节点使用整体笛卡尔坐标系。因此，实体模型和有限元模型可能具有不同的坐标系和加载方向。

（2）有限单元载荷

在简化分析中不会产生问题，因为可将载荷直接施加在主节点。不必担心约束扩展，可简单地选择所有所需节点，并指定适当的约束。任何有限元网格的修改都将使载荷无效，需要删除先前的载荷并在新网格上重新施加载荷。使用图形不便拾取施加载荷，除非仅包含几个节点或单元。

求解步是在物体上施加载荷，再用求解器计算有限元解。

在"Preprocessor"和"Solution"菜单中都有加载（Loads），如图 3-103 所示。

无论如何施加载荷，求解器总是要求所有载荷都施加在有限元模型上。因此，求解时，实体载荷将自动转换到相关的节点和单元上。

下面讨论如何施加位移约束和压力。

1）位移约束 用于规定模型何处被固定（零位移位置），也可以非零，模拟已知位移条件。施加位移约束如图 3-104 所示。

菜单操作：Solution>Define Loads>Apply>Displacement。

命令：D 族命令（DK, DL, DA, D）。

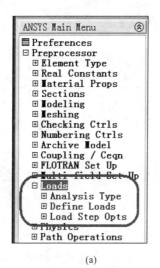

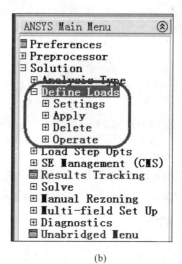

(a)　　　　　　　　　　　(b)

图 3-103　载荷施加菜单选项

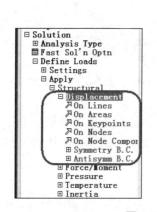

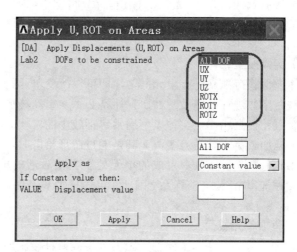

图 3-104　施加位移约束菜单及对话框

2）压力 施加压力如图 3-105 所示。

菜单操作：Solution>Define Loads>Apply>Pressure。

命令：SF 族命令（SFL, SFA, SFE, SF）。

对于二维问题，压力通常施加在线上，可以在线的两端输入不同的值来指定梯形压力载荷，如图 3-106 所示。I（梯形左边）和 J（梯形右边）由线的方向确定。如果法线梯形的方向不对，只要将两个压力值对调即可。

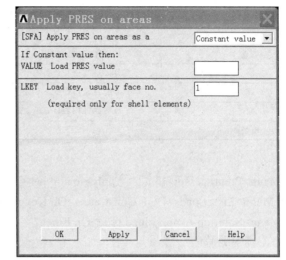

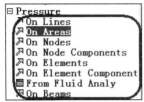

图 3-105 施加压力菜单及对话框

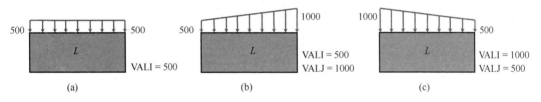

图 3-106 压力载荷施加示意图

（3）DOF 约束

表 3-2 显示了每个学科中可被约束的自由度和相应的 ANSYS 标识符。标识符（如 UX、ROTZ、AY 等）所指的方向基于节点坐标系。对不同坐标系的描述，参见 *ANSYS Modeling and Meshing Guide*（ANSYS 建模和网格划分指南）。

表 3-3 显示了施加、列表显示和删除 DOF 约束的命令。

注意：可将约束施加于节点、关键点、线和面上。

表 3-2 每个学科中可用的 DOF 约束

学科	自由度	ANSYS 标识符
结构分析	平移	UX, UY, UZ
	旋转	ROTX, ROTY, ROTZ
热分析	温度	TEMP
磁场分析	矢量势	AX, AY, AZ
	标量势	MAG
电场分析	电压	VOLT
流体分析	速度	VX, VY, VZ
	压力	PRES
	紊流动能	ENKE
	紊流扩散速率	ENDS

表 3-3　DOF 约束的命令

位置	基本命令	附加命令
节点	D, DLIST, DDELE	DSYM, DSCALE, DCUM
关键点	DK, DKLIST, DKDELE	
线	DL, DLLIST, DLDELE	
面	DA, DALIST, DADELE	
转换	SBCTRAN	DTRAN

菜单操作：

Main Menu>Preprocessor>Loads>Apply>load type>On Nodes；

Utility Menu>List>Loads>DOF Constraints>On Keypoints；

Main Menu>Solution>Apply>load type>On Lines。

（4）力（集中载荷）

表 3-4 显示了每个学科中可用的集中载荷和相应的 ANSYS 标识符。标识符（如 FX、MZ、CSGY 等）所指的任何方向都在节点坐标系中。对不同坐标系的说明，参见 *ANSYS Modeling and Meshing Guide*（ANSYS 建模和网格划分指南）的第 3 章。表 3-5 显示了施加、列表显示和删除集中载荷的命令。

注意：可将集中载荷施加于节点和关键点上。

表 3-4　每个学科中可用的"力"

学科	力	ANSYS 标识符
结构分析	力	FX, FY, FZ
	力矩	MX, MY, MZ
热分析	热流速率	HEAT
磁场分析	磁场段	CSGX, CSGY, CSGZ
	磁通量	FLUX
	电荷	CHRG
电场分析	电流	AMPS
	电荷	CHRG
流体分析	流体流动速率	FLOW

表 3-5　用于施加力载荷的命令

位置	基本命令	附加命令
节点	F, FLIST, FDELE	FSCALE, FCUM
关键点	FK, FKLIST, FKDELE	
转换	SBCTRAN	FTRAN

菜单操作：

Main Menu>Preprocessor>Loads Apply>load type>On Nodes；

Utility Menu>List>Loads>Forces>On Keypoints；

Main Menu>Solution>Loads Apply>load type>On Lines。

（5）表面载荷

ANSYS 对每个学科中可用的表面载荷也规定了相应的标识符（对应的命令），具体可查阅 *ANSYS Commands Reference*（ANSYS 命令参考手册）及帮助文件。

菜单操作：

Main Menu>Preprocessor>Loads>Apply>load type>On Nodes；

Utility Menu>List>Loads>Surface Loads>On Elements；

Main Menu>Solution>Loads>Apply>load type>On Lines。

（6）体积载荷

可将体积载荷施加于节点、单元、关键点、线、面和体上。对于可施加的命令，参见 *ANSYS Commands Reference*（ANSYS 命令参考手册）。

菜单操作：

Main Menu>Preprocessor>Loads>Loads Apply>load type>On Nodes；

Utility Menu>List>Loads>Body Loads>On Picked Elems；

Main Menu>Solution>Loads Apply>load type>On Keypoints；

Main Menu>Solution>Loads Apply>load type>On Volumes。

（7）耦合场载荷

在耦合场分析中，通常包含将一个分析中的结果数据施加于第二个分析作为第二个分析的载荷。例如，可以将热力分析中计算的节点温度施加于结构分析（热应力分析）中，作为体积载荷。同样地，可以将磁场分析中计算的磁力施加于结构分析中，作为节点力。要施加这样的耦合场载荷，用下列方法之一。

命令：LDREAD。

菜单操作：

Main Menu>Preprocessor>Loads>Apply>load type>From source；

Main Menu>Solution>Apply>load type>From source。

3.4.3 求解

（1）求解控制及求解器

设定分析类型：选择 Solution>Analysis Type>New Analysis。

设定静态结构分析类型（Static）后，通过 Solution>Analysis Type>Sol'n Control 控制求解选项，如图 3-107 所示。

图 3-107 设置静态结构分析类型

Basic 选项卡包括：设定求解类型、时间步长控制、结果输出控制。

Sol'n Option 选项卡包括：求解器的选择、重启动设置。如图 3-108 所示。

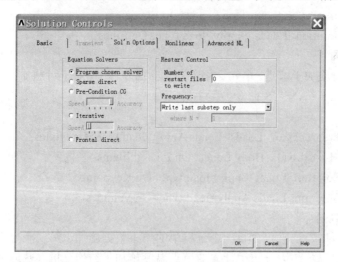

图 3-108　Sol'n Option 选项卡

Nolinear 选项卡包括：非线性求解选项、平衡迭代控制、蠕变控制、时间步长控制、设置收敛准则。如图 3-109 所示。

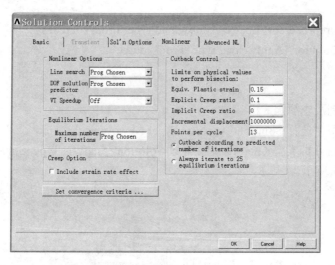

图 3-109　Nolinear 选项卡

Advenced NL 选项卡包括：分析中止准则、弧长控制。如图 3-110 所示。

求解器：求解器用于求解表征结构自由度的线性方程组。一个载荷步的线性静力分析需要一次这样的求解；非线性或瞬态分析要求几十上百甚至数千次这样的求解。ANSYS 的求解器可以分为以下两种类型。

直接消去求解器：波前（Frontal direct）、Sparse direct（稀疏矩阵直接法）。

迭代求解器：PCG（预条件共轭梯度）、ICCG（不完全的乔里斯基共轭梯度）、JCG（雅可比共轭梯度）。

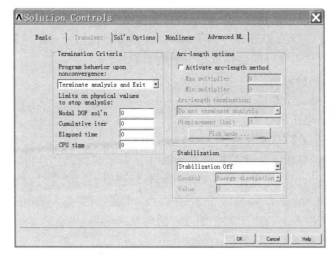

图 3-110　Advenced NL 选项卡

（2）多载荷步求解

如果在多组载荷条件下求解，可以选择以下两种方法之一。单载荷步：全部载荷一起求解；多载荷步：分别施加载荷求解。利用多载荷步可以将结构对每一种载荷条件的响应分离处理出来。在后处理中将这些响应以任何方式合并起来（称为载荷工况组合，只对线性分析有效）。

3.5　ANSYS 后处理

3.5.1　结果文件

建立有限元模型并获得解后，就想要得到一些关键问题答案：该设计投入使用时，是否真的可行？某个区域的应力有多大？零件的温度如何随时间变化？通过模型表面的热损失有多少？如何流过该装置的磁通量如何？物体的位置是如何影响流体的流动的？ANSYS 软件的后处理会帮助回答这些问题和其他问题。

后处理是指检查分析的结果。这可能是分析中最重要的一环，因为需要搞清楚作用载荷如何影响设计、单元划分的好坏等。

检查分析结果可使用两个后处理器：通用后处理器 POST1 和时间历程后处理器 POST26。

POST1 允许检查整个模型在某一载荷步和子步（或对某一特定时间-点或频率）的结果，也就是查看某一时刻结果。例如，在静态结构分析中，可显示载荷步 3 的应力分布；在瞬态热力分析中，可显示 TIME =100 秒时的温度分布。

POST26 可以检查模型的指定点的特定结果相对于时间、频率或其他结果项的变化，即查看某变量随时间变化的结果。例如，在瞬态磁场分析中，可以用图形表示某一特定单元的涡流与时间的关系。或在非线性结构分析中，可以用图形表示某一特定节点的受力与其变形的关系。

必须记住：ANSYS 的后处理器仅是用于检查分析结果的工具，仍然需要使用工程判断能力来分析解释结果。例如，一等值线显示可能表明模型的最高应力为 37800psi

（1psi=6894.76Pa），必须确定设计是否允许这一应力水平。

在求解中，可使用 OUTRES 命令指引 ANSYS 解算器按指定时间间隔将选择的分析的结果写入结果文件中，结果文件的名称取决于分析类型。

Jobname.RST：结构分析。

Jobname.RTH：热力分析。

Jobname.RMG：电磁场分析。

Jobname.RFL：FLOTRAN 分析。

对于 FLOTRAN 分析，文件的扩展名为.RFL；对于其他流体分析，文件扩展名为.RST 或.RTH，取决于是否给出结构自由度（对不同的分析使用不同的文件标识有助于在耦合场分析中使用一个分析的结果作为另一分析的载荷）。*ANSYS Coupled-Field Analysis Guide*（ANSYS 耦合场分析指南）给出了耦合场分析的完整说明。

求解阶段计算两种类型结果数据：

① 基本数据包含每个节点计算自由度解：结构分析的位移、热力分析的温度、磁场分析的磁势等（如表 3-6 所示），这些被称为节点解数据。

② 派生数据为由基本数据计算得到的数据，如结构分析中的应力和应变；热力分析中的热梯度和热流量；磁场分析中的磁通量等。对每个单元，通常计算这些数据，可以是下列位置的数据：每个单元的所有节，每个单元的所有积分点或每个单元的质心。派生数据也称为单元解数据。在这些情况下，它们成为节点解数据。

表 3-6　不同分析的基本数据和派生数据

学科	基本数据	派生数据
结构分析	位移	应力、应变、反作用力等
热力分析	温度	热流量、热梯度等
磁场分析	磁势	磁通量、磁流密度等
电场分析	标量电势	电场、电流密度等
流体分析	速度，压力	压力梯度、热流量等

3.5.2　后处理器

（1）通用后处理器 POST1

通用后处理器功能：读入结果、绘制结果、列出结果、拾取查询、结果坐标系、路径操作、载荷工况组合和结果观察器。

读入结果：选择 General Postproc→Read Results。

如果分析包含多个载荷步，或一个载荷步中包含多个子步。可以读入任一子步的结果（求解控制中必须请求输出结果）。求解控制中心如图 3-111 所示。

计算结束后默认读取的是最后一个载荷步的最后一个子步的结果，如图 3-112 所示。

绘制结果：选择 General Postproc→Plot Results。

列出结果：选择 General Postproc→List Results。

拾取查询：拾取查询允许在模型上"探测"任意拾取位置的应力、位移或其他的结果值。还可以很快地确定最大值和最小值位置。只能通过 GUI 方式操作（无命令），选择 General

Postproc > Query Results > Nodal 或 Element 或 Subgrid Solu...，选择某个结果，单击"OK"。

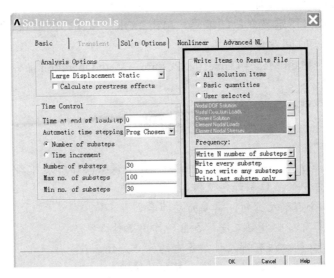

图 3-111　求解控制中心

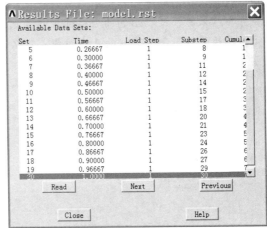

图 3-112　读入结果

（2）时间历程后处理器 POST26

读入结果：选择 General Postproc > Read Results > Last Set，读入最后一步结果。

定义变量：依次选择 Main Menu > Time Postpro > Define Variables，单击"Add"，弹出"Add time-History Variable"选择框。单击"OK"之后弹出"Define Nodal Data"对话框，只用修改右边滚动窗的东西，如 UX,UY 等。

依次选择 Main Menu > Time Postpro > Store Data，打开"Store Data from the Results File"

对话框，不改变默认值，单击"OK"。

绘制变量曲线图：依次选择 Main Menu > Time Postpro > Graph Variable，在 1st Variable to graph 及以下处输入所定义变量的编号，单击"OK"按钮，图形窗口将出现一个曲线，然后在三向上出现随时间变化的位移曲线。

功能菜单：执行 Main Menu→TimeHist Postpro→Math Operation 命令，可打开时间-历程变量数学处理子菜单。

练习题

（1）ANSYS 软件分析主要包括哪几个模块？各个模块的作用是什么？

（2）ANSYS 软件中的单位制如何使用？

（3）正确开始一个有限元分析，需要哪些步骤？

（4）ANSYS 分析有哪些典型文件？各自的作用是什么？

（5）实体模型建立的方法有哪几种？各自的特点是什么？

（6）如何实现图元对象的移动、删除、复制和镜像？

（7）网格划分的一般步骤是什么？

（8）网格划分为哪些种类？分别适用于哪些情况？使用过程中注意哪些问题？

（9）如何实现局部细化？局部细化的目的是什么？

（10）载荷的分类及加载方式是什么？

（11）对于实体模型，如何实现在点、线、面上的载荷施加？

（12）与实体模型比较，有限元模型加载有哪些优缺点？

（13）检查分析结果时，可以用的两个后处理器分别是什么？它们各自有什么作用？

（14）时间历程后处理器 POST26 的基本步骤是什么？

04

第 4 章
ANSYS 命令流与参数化设计语言（APDL）

ANSYS 提供两种工作方式：GUI 图形用户界面操作和命令流操作。GUI 图形用户界面（Graphical User Interface）又称为图形用户接口。GUI 图形用户界面操作在前几章已经做了详细的介绍，本章重点介绍 ANSYS 命令流与参数化设计语言。

4.1　ANSYS 命令流概述

在 ANSYS 系统中，命令流是由若干条 ANSYS 的命令组成的一个命令组合，这些命令按照一定顺序排布，能够完成同 GUI 方式一样，甚至完成 GUI 不能完成的操作。命令流方式融 GUI 方式、APDL、UPFs、UIDL 和 TCL/TK 于一个文本文件中，可通过/INPUT 命令（或 Utility Menu>File>Read Input From）读入并执行，也可通过拷贝该文件的内容粘贴到命令行中执行。

命令流文件通常由 ANSYS 命令和 APDL 功能语句组成。APDL 即 ANSYS 参数化设计语言（ANSYS Parametric Design Language），它是一种解释性语言，可用来自动完成一些通用性强的任务，也可以用于根据参数来建立模型。

ANSYS 命令流和 GUI 方式可以配合使用，也可以分别独立完成分析，但有些操作只能通过命令方式实现。对于复杂的有限元模型，GUI 方式的缺点会充分暴露，因为一个分析的完成需要进行多次反复，在 GUI 方式中会出现大量重复的操作，严重影响设计人员的状态。

命令流操作有以下几个优点。

1）可减少大量的重复工作，若要进行修改只需变动几行代码或者参数即可，为设计人员节省大量的时间。

2）便于保存和携带，一个复杂有限元分析的 APDL 代码也就几百行，所占空间基本不超 1MB。

3）便于交流，设计人员进行交流时，可以很方便地查看 APDL 代码。

4）有高级需求时，可以进行二次开发。

5）不受 ANSYS 软件的系统操作平台限制，即用户使用 APDL 文件可在 Windows 平台进行交流运行，而 GUI 方式生成的数据文件则不能直接交流。

6）不受 ANSYS 软件的版本限制，一般情况下，ANSYS 软件 GUI 方式生成的数据文件只能向上兼容一个版本，也就是 ANSYS11 版本的软件只能直接调出 ANSYS10 版本的数据文件。而 APDL 文件则不存在这个限制，仅仅个别命令会受影响。

7）在进行优化设计和自适应网格分析时，必须使用 APDL 文件系统。

8）利用 APDL 方式，用户可以很容易地建立参数化的零件库，以利于快速生成有限元分析模型。

9）利用 APDL 可以编写一些常用命令的集合，即宏命令，或者是制作快捷键，将其放在工具栏上。

尽管有上述优点，在使用 APDL 中也会遇到下列的缺点。

1）在 ANSYS 软件中每个 GUI 方式的操作，基本上都有一个操作命令与之对应，这样就生成了大量的操作命令，要记住这些命令是有很大困难的。

2）APDL 文件方式不直观，由于其属于一种脚本语言，必须将输入文件中的命令执行完成后才能得到结果，这对于不习惯进行程序调试的人来说，容易产生厌烦心理，甚至会认为太难而放弃使用。

3）在重复执行时也要花费一定的时间。

ANSYS 为用户提供了良好的二次开发环境，研究人员可以开发适用于自己的模块，提高分析效率和质量。ANSYS 提供了四种二次开发工具。

APDL：ANSYS Parametric Design Language——ANSYS 的程序化设计语言；

UPFs（User Programmable Features）——用户可编程特性，操作途径是对 ANSYS 核心 FORTRAN 代码进行修改，对开发者有限元知识水平要求较高；

UIDL（User Interface Design Language）——用户界面设计语言；

TCL（Tool Command Language）——工具命令语言，TK 是基于 TCL 的图形开发工具箱，二者用于 ANSYS 界面开发，比 UIDL 更加接近底层。

一般的命令流文件通常由 ANSYS 命令和 APDL 功能语句组成。APDL 即 ANSYS 参数化设计语言（ANSYS Parametric Design Language），它是一种解释性语言，可用来自动完成一些通用性强的任务，也可以用于根据参数来建立模型。APDL 类似于 FORTRAN 的解释性语言，提供一般程序语言的功能。它包含三个方面的内容：工具条、参量和宏命令。灵活运用这三种工具，可以实现快速操作、数据快速传递和更新等功能。APDL 还包括其他许多特性，诸如重复执行某条命令、宏、IF—THEN—ELSE 分支、DO 循环、标量、向量及矩阵操作等。

大致可以通过命令有无前缀来区分命令的归属情况。

带"/"的命令：一般是系统命令（总体命令）或各模块标示符，比如功能菜单（Utility Menu）中的多数操作和主菜单（Main Menu）进入各模块，如删除所有的参数以及模型和结果命令（/CLEAR）、前处理命令对应的处理器（/PREP7）、求解模块（/SOLUTION）和后处理命令（/POST1）等；

带"*"的命令：一般是 APDL 的标识符，也就是 ANSYS 的参数化语言，如*DO、*ENDDO 等；

无"/"和"*"的命令：是各个模块下的 ANSYS 命令，使用时需要进入相应的处理器，如在/PREP7 下才可以使用 ET（定义单元）命令。

ANSYS 命令按照功能可分为三个大类：前处理命令、后处理命令和结果查看命令，每个大类都有自己对应的处理器。

ANSYS 有超过 1000 条命令，很难把这些完完全全记住，因此建议先学习 APDL 语法及规则，记住常用的关键词，配合这些关键词套用需要的命令，然后了解常用的 ANSYS 命令。

多数命令流可以直接拷贝到 ANSYS 命令提示符栏中运行，但部分命令不支持这种方式，而且执行速度比较慢。更常用的方法是将命令流在文本文档中整理好，然后通过/INPUT 命令或 Utility Menu>File>Read Input From 运行。最常见的文本编辑器就是 Windows 自带的记事本了，具有系统自带、功能简单、使用方便的特点，能够满足基本的需求。

通过 GUI 操作时，几乎所有的操作都会记录到工作目录 Jobname.log 文件中，并且以 ANSYS 命令的方式记录。所以，查看 log 文件就能弄明白操作所对应的命令，这也是初学者学习和编写命令流的一种途径。但是 log 文件里也记录了很多无用的东西，比如转动视角、放大缩小等；选择实体也会产生一堆啰嗦的代码，这就需要进行整理和简化。

整理 log 文件可以从以下几方面进行。

① 要注意时间，因为每次做的东西都会跟在 log 文件后面，所以要根据时间进行取舍，不是所有的 log 文件中的内容都有用；

② 最好每做一步看一下 log 文件，可以知道自己的操作对应哪些命令；

③ 有些关于存盘、显示视角等命令可以删除；

④ 选取实体时往往会产生很多命令，可以简化；

⑤ 整理命令流时要新建立一个文本文件，以便从 log 文件中拷贝所需要的；

⑥ 利用菜单中的"Read Input From"可以读入自己所建立的命令流来执行进行对比；

⑦ 可以增加注释语句以增强可读性。

4.2 ANSYS 基本操作命令及流文件分析

4.2.1 命令流基本关键字

如表 4-1 所示为基本命令关键字。

表 4-1 基本命令关键字

命令	意义	命令	意义
K	Keypoints 关键点	MP	Material Property 材料属性
L	Lines 线	R	Real Constant 实常数
A	Area 面	D	DOF Constraint 约束
V	Volumes 体	F	Force Load 集中力
E	Elements 单元	SF	Surface Load on Nodes 表面载荷
N	Nodes 节点	BF	Body Force on Nodes 体载荷
ET	Element Type 单元类型	IC	Initial Conditions 初始条件

4.2.2 前处理器

4.2.2.1 进入前处理器

1）清除当前 ANSYS 数据库文件，并开始一个新的启动。

菜单操作：Utility Menu>File>Clear&Start New

命令：/CLEAR

2）改变一个工作文件名。

菜单操作：Utility Menu>File>Change Jobname

命令：/FILNAME,文件的名称 Fname,key

其中：key 为 0 时，使用现有的 LOG,ERR,LOCK 和 PAGE 文件；为 1 时，与新指定的工作文件同名。

3）为分析指定一个标题。

菜单操作：Utility Menu>File>Change Title

命令：/TITLE,Title

4）进入前处理器的命令。

菜单操作：Main Menu>Preprocessor

命令：/PREP7

4.2.2.2　建立实体模型

（1）生成关键点（Keypoints）

菜单操作：Main Menu>Preprocessor>Modeling>Create>Keypoints>In Active CS

命令：K,关键点编号,X 坐标,Y 坐标,Z 坐标

例：K,2,3,6,9

（2）激活坐标系生成直线

菜单操作：Main Menu>Preprocessor>Modeling>Create>Lines>Lines>Straight Line

命令：LSTR,关键点 P1,关键点 P2

例：LSTR,1,2

（3）在两个关键点之间连线

菜单操作：Main Menu>Preprocessor>Modeling>Create>Lines>Lines>In Active Coord

命令：L,关键点 P1,关键点 P2

例：L,1,2

此命令会随当前的激活坐标系不同而生成直线或弧线。

（4）由三个关键点生成弧线

菜单操作：Main Menu>Preprocessor>Modeling>Create>Lines>Arcs>By End KPs & Rad

命令：LARC,关键点 P1,关键点 P2,关键点 PC,半径 RAD

例：LARC,1,2,3,0.05

关键点 PC 是用来控制弧线的凹凸向的。

（5）通过圆心半径生成圆弧

菜单操作：Main Menu>Preprocessor>Modeling>Create>Lines>Arcs>By Cent & Radius

命令：CIRCLE,圆心关键点,半径 RAD,,,,圆弧段数 NSEG

例：CIRCLE,1,0.05,,,,4

（6）通过关键点生成样条线

菜单操作：Main Menu>Preprocessor>Modeling>Create>Lines>Splines>Spline thru KPs

命令：BSPLIN,关键点 P1,关键点 P2,关键点 P3,关键点 P4,关键点 P5,关键点 P6

例：BSPLIN,1,2,3,4,5,6

（7）生成倒角线

菜单操作：Main Menu>Preprocessor>Modeling>Create>Lines>Line Fillet

命令：LFILLT,线 NL1,线 NL2,倒角半径 RAD

例：LFILLT,1,2,0.005

（8）通过关键点生成面

菜单操作：Main Menu>Preprocessor>Modeling>Create>Areas>Arbitrary>Through KPs

命令：A,关键点 P1,关键点 P2,关键点 P3,关键点 P4,关键点 P5,关键点 P6,…

例：A,1,2,3,4

（9）通过线生成面

菜单操作：Main Menu>Preprocessor>Modeling>Create>Areas>Arbitrary>By Lines

命令：AL,线 L1,线 L2,线 L3,线 L4,线 L5,线 L6,线 L7,线 L8,线 L9,线 L10

例：AL,5,6,7,8

（10）通过线的滑移生成面

菜单操作：Main Menu>Preprocessor>Modeling>Create>Areas>Arbitrary>By Skinning

命令：ASKIN,线 NL1,线 NL2,线 NL3,线 NL4,线 NL5,线 NL6,线 NL7,线 NL8,线 NL9

例：ASKIN,1,4,5,6,7,8

线 NL1 为滑移的导向线。

（11）通过矩形角上定位点生成面

菜单操作：Main Menu>Preprocessor>Modeling>Create>Areas>Rectangle>By 2 Corners

命令：BLC4,定位点 X 方向坐标 XCORNER,定位点 Y 方向坐标 YCORNER,矩形宽度 WIDTH,矩形高度 HEIGHT,矩形深度 DEPTH

例：BLC4,0,0,5,3,0

（12）通过矩形中心定位点生成面

菜单操作：Main Menu>Preprocessor>Modeling>Create>Areas>Rectangle>By Centr & Cornr

命令：BLC5,定位点 X 方向坐标 XCENTER,定位点 Y 方向坐标 YCENTER,矩形宽度 WIDTH,矩形高度 HEIGHT,矩形深度 DEPTH

例：BLC5,2.5,1.5,5,3,0

与上条命令的不同就在于矩形的定位点不一样。

（13）通过中心定位点生成实心圆面

菜单操作：Main Menu>Preprocessor>Modeling>Create>Areas>Circle>Annulus

命令：CYL4,定位点 X 方向坐标 XCENTER,定位点 Y 方向坐标 YCENTER,圆面的内半径 RAD1,内圆面旋转角度 THETA1,圆面的外半径 RAD2,外圆面旋转角度 THETA2,圆面的深度 DEPTH

例：CYL4,0,0,5,360

如要实心的圆面，则不用 RAD2,THETA2,DEPTH。

（14）通过在工作平面定义起始点生成圆面

菜单操作：Main Menu>Preprocessor>Modeling>Create>Areas>Circle>By End Points

命令：CYL5,开始点 X 坐标 XEDGE1,开始点 Y 坐标 YEDGE1,结束点 X 坐标 XEDGE2,结束点 Y 坐标 YEDGE2,圆面深度 DEPTH

例：CYL5,0,0,2,2,

（15）通过在工作平面定义内外半径和起始角度来生成圆面

菜单操作：Main Menu>Preprocessor>Modeling>Create>Areas>Circle>By Dimensions

命令：PCIRC,内半径 RAD1,外半径 RAD2,起始角度 THETA1,结束角度 THETA2

例：PCIRC,2,5,30,180

（16）生成面与面的倒角

菜单操作：Main Menu>Preprocessor>Modeling>Create>Areas>Area Fillet

命令：AFILLT,面 1 的编号 NA1,面 2 的编号 NA2,倒角半径 RAD

例：AFILLT,2,5,2

（17）生成多边形面

菜单操作：Main Menu>Preprocessor>Modeling>Create>Areas>Polygon>Hexagon

命令：RPR4,多边形的边数 NSIDES,中心定位点 X 坐标 XCENTER,中心定位点 Y 坐标 YCENTER,中心定位点距各边顶点的距离 RADIUS,多边形旋转角度 THETA

例：RPR4,4,0,0,0.15,30

（18）通过关键点生成体

菜单操作：Main Menu>Preprocessor>Modeling>Create>Volumes>Arbitrary>Through KPs

命令：V,关键点 P1,关键点 P2,关键点 P3,关键点 P4,关键点 P5,关键点 P6,关键点 P7

例：V,4,5,6,7,15,24,25

（19）通过面生成体

菜单操作：Main Menu>Preprocessor>Modeling>Create>Volumes>Arbitrary>By Areas

命令：VA,面 A1,面 A2,面 A3,面 A4,面 A5

例：VA,3,4,5,8,10

（20）通过定义长方体起始位置生成体

菜单操作：Main Menu>Preprocessor>Modeling>Create>Volumes>Block>By Dimensions

命令：BLOCK,开始点 X 坐标 X1,结束点 X 坐标 X2,Y1,Y2,Z1,Z2

例：BLOCK,2,5,0,2,1,3

（21）通过球心半径生成球体

菜单操作：Main Menu>Preprocessor>Modeling>Create>Volumes>Sphere>Hollow Sphere

命令：SPH4,球心 X 坐标 XCENTER,球心 Y 坐标 YCENTER,半径 RAD1,半径 RAD2

例：SPH4,1,1,2,5

（22）通过直径上起始点坐标生成球体

菜单操作：Main Menu>Preprocessor>Modeling>Create>Volumes>Sphere>By End Points

命令：SPH5,起点 X 坐标 XEDGE1,起点 Y 坐标 YEDGE1,结束点 X 坐标 XEDGE2,结束点 Y 坐标 YEDGE2

例：SPH5,2,5,7,6

（23）在工作平面起点通过半径和转动角度生成球体

菜单操作：Main Menu>Preprocessor>Modeling>Create>Volumes>Sphere>By Dimensions

命令：SPHERE,半径 RAD1,半径 RAD2,转动角度 THETA1,转动角度 THETA2

例：SPHERE,2,5,0,60

（24）生成圆锥体

菜单操作：Main Menu>Preprocessor>Modeling>Create>Volumes>Cone>By Dimensions

命令：CONE,底面半径 RBOT,顶面半径 RTOP,底面高 Z1,顶面高 Z2,转动角度 THETA1,转动角度 THETA2

例：CONE,10,20,0,50,0,180

（25）沿法向延伸面生成体

菜单操作：Main Menu>Preprocessor>Modeling>Operatc>Extrude>Areas>Along Normal

命令：VOFFST,面的编号 NAREA,面拉伸的长度 DIST,关键点增量 KINC

例：VOFFST,1,2,,

（26）通过坐标的增量延伸面生成体

菜单操作：Main Menu>Preprocessor>Modeling>Operate>Extrude>Areas>By XYZ Offset

命令：VEXT,面 1 的编号 NA1,面 2 的编号 NA2,增量 NINC,X 方向的增量 DX,Y 方向的增量 DY,Z 方向的增量 DZ,RX,RY,RZ

例：VEXT,1,5,1,1,2,2,

（27）面绕轴旋转生成体

菜单操作：Main Menu>Preprocessor>Modeling>Operate>Extrude>Areas>About Axis

命令：VROTAT,面 1 的编号 NA1,面 2 的编号 NA2,NA3,NA4,NA5,NA6,定位轴关键点 1 编号 PAX1,定位轴关键点 2 编号 PAX2,旋转角度 ARC,生成体的段数 NSEG

例：VROTAT,1,2,,,,,4,5,360,4

（28）沿线延伸面生成体

菜单操作：Main Menu>Preprocessor>Modeling>Operate>Extrude>Areas>Along Lines

命令：VDRAG,面 1 的编号 NA1,面 2 的编号 NA2,NA3,NA4,NA5,NA6,导引线 1 的编号 NLP1,导引线 2 的编号 NLP2,NLP3,NLP4,NLP5,NLP6

例：VDRAG,2,3,,,,,8,

（29）线绕轴旋转生成面

菜单操作：Main Menu>Preprocessor>Modeling>Operate>Extrude>Lines>About Axis

命令：AROTAT,线 1 的编号 NL1,线 2 的编号 NL2,NL3,NL4,NL5,NL6,定位轴关键点 1 的编号 PAX1,定位轴关键点 2 的编号 PAX2,旋转角度 ARC,生成面的段数 NSEG

例：AROTAT,3,4,,,,,6,8,360,4

（30）沿线延伸线生成面

菜单操作：Main Menu>Preprocessor>Modeling>Operate>Extrude>Lines>Along Lines

命令：ADRAG,线 1 的编号 NL1 线 2 的编号 NL2,NL3,NL4,NL5,NL6,导引线 1 的编号 NLP1,NLP2,NLP3,NLP4,NLP5,NLP6

例：ADRAG,3,,,,,8

（31）延伸一条线

菜单操作：Main Menu>Preprocessor>Modeling>Operate>Extend Line

命令：LEXTND,线的编号 NL1,定位关键点编号 NK1,延伸的距离 DIST,原有线是否保留控制项 KEEP

例：LEXTND,5,2,1.5,0

（32）布尔操作加

菜单操作：Main Menu>Preprocessor>Modeling>Operate>Booleans>Add>Lines

命令：LCOMB,线编号 NL1,线编号 NL2,是否修改控制项 KEEP

例：LCOMB,2,5

对面和体的相应为 VADD、AADD。

（33）布尔操作搭接

菜单操作：Main Menu>Preprocessor>Modeling>Operate>Booleans>Overlap

命令：*OVLAP，随实体的不同略有不同

组合不同的关键字形成不同的命令，如 LOVLAP、AOVLAP、VOVLAP。

（34）布尔操作粘接

菜单操作：Main Menu>Preprocessor>Modeling>Operate>Booleans>Glue

命令：*GLUE

组合不同的关键字形成不同的命令，如 LGLUE、AGLUE、VGLUE。

（35）体素的移动复制

菜单操作：Main Menu>Preprocessor>Modeling>Copy>

命令：*GEN,复制次数选项 ITIME,起始关键点编号 N*1,结束关键点编号 N*2,增量 NINC,偏移 DX,偏移 DY,偏移 DZ,关键点编号增量 KINC,生成节点单元控制项 NOELEM,原关键点是否被修改选项 IMOVE

组合不同的关键字形成不同的命令，如 KGEN、LGEN、AGEN、VGEN。

例：KGEN,2,1,10,1,2,2,2,,,,

"IMOVE"选项说明：设置为 0 时，不修改体素，即为复制，设置为 1 时，修改原体素，即为移动，从而通过控制"IMOVE"选项实现移动或复制。

（36）体素的删除

菜单操作：Main Menu>Preprocessor>Modeling>Delete

命令：*DELE,起始体素编号 N*1,结束体素编号 N*2,增量 NINC,是否删除体素下层的元素选项 KSWP

组合不同的关键字形成不同的命令，如 KDELE、LDELE、ADELE、VDELE。

（37）体素的映射

菜单操作：Main Menu>Preprocessor>Modeling>Reflect

命令：*SYMM,映射轴选项 NCOMP,起始体素编号 N*1,结束体素编号 N*2,增量 NINC,关键点编号增量 KINC,NOELEM,IMOVE

组合不同的关键字形成不同的命令，如 KSYMM、LSYMM、ARSYM、VSYMM。

4.2.2.3 材料属性与网格划分

（1）指定与温度相对应的材料性能数据

菜单操作：Main Menu>Preprocessor>Material Props>Material Models

命令：MPDATA,有效材料性能标签 LAB,材料参考编号 MAT,生成数据表的起始位置 STLOC,C1,C2,C3,C4,C5,C6

例：MPDATA,EX,1,1,2.09E11,1.72E11,1.33E11,0.84E11,0.45E11

（2）为材料属性定义一个温度表

菜单操作：Main Menu>Preprocessor>Material Props>Material Models

命令：MPTEMP,输入温度起始位置 STLOC,T1,T2,T3,T4,T5,T6

例：MPTEMP,1,20,500,800,1200,1500

（3）指定一个与温度相关的线性材料性能或常数

菜单操作：Main Menu>Preprocessor>Material Props>Material Models

命令：MP,有效材料性能标签 LAB,材料参考编号 MAT,C0,C1,C2,C3,C4

例：MP,ALPX,1,1.23E-5

（4）设置单元类型属性指示器

菜单操作：Main Menu>Preprocessor>Modeling>Create>Elements>Elem Attributes

命令：TYPE,单元类型号

例：TYPE,2

（5）设置单元材料属性指示器

菜单操作：Main Menu>Preprocessor>Modeling>Create>Elements>Elem Attributes

命令：MAT,给随后生成的单元指定材料编号

例：MAT,1

（6）给所选体设置划分网格单元属性

菜单操作：Main Menu>Preprocessor>Meshing>Mesh Attributes>Picked Volumes

命令：VATT,所选体材料号 MAT,实常数设置号 REAL,单元类型号 TYPE,坐标系编号 ESYS

例：VATT,1,1,2,1

点、线、面与之类似，即 KATT、LATT、AATT。

（7）从单元库中定义一个单元类型

菜单操作：Main Menu>Preprocessor>Element Type>Add/Edit/Delete

命令：ET,单元类型参考号 ITYPE,ENAME,KOP1,KOP2,KOP3,KOP4,KOP5,KOP6,INOPR

其中，ENAME 为单元库中给定的单元名；KOP1,…,KOP6 为描述单元的选项；若 INOPR 其值为 1，压缩该单元的所有结果输出。

例：ET,1,13,4

（8）由多个面连接成一个面，以便于网格划分

菜单操作：Main Menu>Preprocessor>Meshing>Mesh>Volumes>Mapped>Concatenate>Areas

命令：ACCAT,NA1,NA2

其中，NA1、NA2 为要连接的面号。

例：ACCAT,2,3

LCCAT 与之类似，为连接线，便于面的映射网格划分。

（9）对所选择的线设置网格单元大小

菜单操作：Main Menu>Preprocessor>Meshing>Size Cntrls>Manual Size>Lines>Picked Lines

命令：LESIZE,线的编号 NL1,单元边长 SIZE,ANSIZ,每条线的分段数 NDIV,分割线段的间隔比例 SPACE,将要修改的选择线 KFORC,内层网格厚度 LAYER1,外层网格厚度 LAYER2, KYNDIV

其中，KYNDIV 为 0 时，表示智能网格划分无效，为 1 时表示智能网格优先使用。

例：LESIZE,2,,,11,,,,,1

AESIZE 与之类似，对所选择的面设置单元尺寸大小。

（10）利用与体邻近的面单元采用扫掠方式对体进行网格划分

菜单操作：Main Menu>Preprocessor>Meshing>Mesh>Volume Sweep>Sweep

命令：VSWEEP,体的编号 VNUM,源面的编号 SRCA,目标面的编号 TRGA,LSMO

其中，LSMO 为 0 时不对线进行光滑化，为 1 时对线进行光滑化处理。

例：VSWEEP,7,43,42

（11）选择采用自由划分还是采用映射划分方式

菜单操作：Main Menu>Preprocessor>Meshing>Mesh>Areas>Target Surf

命令：MSHKEY,KEY

其中，KEY 为网格划分方式的控制键，若为 0，为自由网格划分；若为 1，采用映射网格划分；若为 2，如果可能则采用映射网格，否则采用自由网格。

例：MSHKEY,1

（12）指定划分单元的形状

菜单操作：Main Menu>Preprocessor>Meshing>Mesh>Volumes>Mapped>4 To 6 Side

命令：MSHAPE,KEY,DIMENSION

其中，KEY 确定将要划分的单元形状。其值有：0，当 DIMENSION=2D，生成四边形单元；当 DIMENSION=3D，生成六面体单元。1，当 DIMENSION=2D，生成三角形单元；当 DIMENSION=3D，生成四面体单元。

例：MSHAPE,0,2D

（13）压缩所定义项的编号

菜单操作：Main Menu>Preprocessor>Numbering Ctrls>Compress Numbers

命令：NUMCMP,压缩操作选项 LABEL

例：NUMCMP,ALL

4.2.3　加载与求解

（1）进入求解器

菜单操作：Main Menu>Solution

命令：/SOLU

（2）指定一种分析类型和重启动状态

菜单操作：Main Menu>Solution>Analysis Type>New Analysis

命令：ANTYPE,分析类型 ANTYPE,分析的状态 STATUS,多点重启动之前指定载荷步 LDSTEP,多点重启动之前指定载荷子步数 SUBSTEP,多点重启动的方式 ACTION

例：ANTYPE,STATIC

（3）在静态或完全瞬态分析中包含大变形效应

菜单操作：Main Menu>Solution>Analysis Type>Analysis Options

命令：NLGEOM,KEY

其中，KEY 为大变形选项，若为 ON，包含大变形效应；若为 OFF，忽略大变形效应（默认）。

例：NLGEOM,ON

（4）在本载荷步中指定时间步长大小

菜单操作：Main Menu>Solution>Load Step Opts>Time/Frequenc>Time-Time Step

命令：DELTIM,时间步长值 DTIME,最小的时间步长 DTMIN,最大的时间步长 DTMAX,时间步长继续选项 CARRY

例：DELTIM,60,60,60

（5）为载荷步设置时间

菜单操作：Main Menu>Solution>Load Step Opts>Time/Frequenc>Time-Time Step

命令：TIME,载荷步结束的时间 TIME

例：TIME,68*60+68*60*N

（6）为热应变计算指定参考温度

菜单操作：Main Menu>Solution>Loading Options>Reference Temp

命令：TREF,温度值 TREF

例：TREF,25

（7）对所有节点指定一个均布温度

菜单操作：Main Menu>Solution>Define Loads>Setting>Uniform Temp

命令：TUNIF,TEMP

例：TUNIF,25

（8）在线上施加自由度约束

菜单操作：Main Menu>Solution>Define Loads>Apply>Structural>Displacement>On Lines

命令：DL,线的编号 LINE,包含线的面号 AREA,标签名 LAB,自由度值 VALUE1,VALUE2

例：DL,45,,ALL

DA、DK 与之类似，分别是在所选择的面、关键点上施加自由度约束。

（9）在所选择的面上施加表面载荷

菜单操作：Main Menu>Solution>Define Loads>Apply>Structural>Pressure>On Areas

命令：SFA,施加表面载荷的面编号 AREA,与表面载荷相关联的载荷键 LKEY,有效的表面载荷标签名 LAB,第一个表面载荷值 VALUE,第二个表面载荷值 VALUE2

例：SFA,ALL,1,CONV,10,25

SFL、SFE 与之类似，分别是在线、单元上施加表面载荷。

（10）在体上施加体载荷

菜单操作：Main Menu>Solution>Define Loads>Apply>Structural>Other>On Volumes

命令：BFV,将要施加体载荷的体号 VOLU,有效的体载荷标签 LAB,VAL1,VAL2,VAL3,与JS（电流密度）和 EF（电场）相关联的相位角（用度表示）PHASE

其中，VAL1、VAL2、VAL3 为与 LAB 项相对应的输入数或是一个表格名。

例：BFV,ALL,HGEN,60.1E6

相类似的操作命令如下。

```
BFL,LINE,LAB,VAL1,VAL2,VAL3,PHASE      !在线上施加体载荷

BFA,AREA,LAB,VAL1,VAL2,VAL3,PHASE      !在面上施加体载荷

BFK,KPOI,LAB,VAL1,VAL2,VAL3,PHASE      !在关键点上施加体载荷

BF,NODE,LAB,VAL1,VAL2,VAL3,PHASE       !在节点上施加体载荷
```

（11）开始一个求解运算

菜单操作：Main Menu>Solution>Solve>Current LS

命令：SOLVE

4.2.4 后处理

（1）进入通用后处理器

菜单操作：Main Menu>General Postproc

命令：/POST1

（2）进入时间历程后处理器

命令：/POST26

（3）用等值线或云图方式显示节点计算结果

菜单操作：Main Menu>General Postproc>Plot Results>Contour Plot>Nodal Solu

命令：PLNSOL,ITEM,COMP,KUND,FACT,FILEID

其中，ITEM、COMP 分别为将要显示结果的标签或组合项的标签名。KUND 为显示结构位移形状的控制键，若为 0，仅显示结构的位移形状；为 1，重叠显示结构变形前后的形状；为 2，重叠显示结构变形前后的形状，只是变形前的形状仅为几何模型边界。FACT 为对于接触数据，2D 显示的缩放因子，默认值为 1，一个负的缩放因子可用反相显示。

FILEID 为文件索引号（仅适用于 ITEM=NRRE）。

例：PLNSOL,EPPL,EQV,0,1

（4）用不连续的等值线或云图方式显示单元的求解结果

菜单操作：Main Menu>General Postproc>Plot Results>Contour Plot>Element Solu

命令：PLNSOL,ITEM,COMP,KUND,FACT

其中，变量的意义可参考"PLNSOL"的说明，并可参照执行。

例：PLESOL,EPPL,X,0,1.0

（5）指定显示的 X 变量

菜单操作：Main Menu>TimeHist Postpro>Settings>Graph

命令：XVAR,变量参考号 N

其中，N 若为 0 或 1，显示时间或频率与"PLVAR"变量。

例：XVAR,1 ！显示频率与"PLVAR"变量

（6）从结果文件中取出单元节点上的数据，并赋给指定的变量

菜单操作：Main Menu>TimeHist Postpro>Define Variables

命令：ESOL,NVAR,ELEM,NODE,ITEM,COMP,NAME

其中，NVAR 为赋给这个变量的参考号；ELEM 为将要保存的数据的单元编号；NODE 为将要保存数据且位于 ELEM 单元上的节点号；ITEM、COMP 为确定项目内容的标签或组合标签名；NAME 为在显示和输出时确定项目内容的名称。

例：ESOL,2,495,24,S,Y,Y_2

（7）用图形方式显示变量

菜单操作：Main Menu>TimeHist Postpro>Graph Variables

命令：PLVAR,NVAR1,NVAR2,NVAR3,NVAR4,NVAR5,NVAR6,NVAR7,NVAR8,NVAR9, NVAR10

其中，NVAR1，…,NVAR10 为将要显示的变量。

例：PLVAR,4

4.2.5　流文件分析

一个完整的 ANSYS 命令流文件分为三部分：前处理、加载求解和后处理。
命令流如下。

```
-------------------------------------------------------------------------
!文件说明
/BATCH
/TITILE,TEST ANALYSIS                    !定义工作标题
/FILENAME,TEST                           !定义工作文件名


前处理
/PREP7                                   !进入前处理模块标识
!定义单元,材料属性和实常数段
ET,1,SHELL63                             !指定单元类型
ET,2,SOLID45                             !指定体单元
MP,EX,1,2E8                              !指定弹性模量
MP,PRXY,1,0.3                            !输入泊松比
MP,DENS,1,7.8E3                          !输入材料密度
R,1,0.001                               !指定壳单元实常数-厚度
...
!建立模型
K,1,0,0,,                               !定义关键点
K,2,50,0,,
K,3,50,10,,
K,4,10,10,,
K,5,10,50,,
K,6,0,50,,
A,1,2,3,4,5,6                           !由关键点生成面
...
!划分网格
ESIZE,1,0,
AMESH,1
...
FINISH                                   !前处理模块结束标识


加载求解
/SOLU                                    !进入求解模块标识
DL,5,,ALL                               !施加约束和载荷
SFL,3,PRES,1000
```

```
SFL,2,PRES,1000
...
SOLVE                                  !求解标识
FINISH                                 !加载求解模块结束标识

后处理
/POST1                                 !进入通用后处理器标识
...
/POST26                                !进入时间历程后处理器
...
/EXIT,SAVE                             !退出并存盘
-----------------------------------------------------------------------
```

以下是日志文件中常出现的一些命令的标识说明，log 文件中会经常出现。

```
/ANGLE                                 !指定绕轴旋转视图
/DIST                                  !说明对视图进行缩放
/DEVICE                                !设置图例的显示，如风格、字体等
/REPLOT                                !重新显示当前图例
/RESET                                 !恢复缺省的图形设置
/VIEW                                  !设置观察方向
/ZOOM                                  !对图形显示窗口的某一区域进行缩放
```

4.3 ANSYS 参数化设计语言

ANSYS 参数化设计语言（APDL）也像其他编程语言一样，有自己的语法特点和语法规则，其功能语句和 FORTRAN 语言较为接近。APDL 不仅是设计优化和自适应网格划分等经典特性的实现基础，而且也为日常分析提供了很多便利，一旦很好地掌握了这种语言，就会发现 APDL 无所不能。使用 APDL 可以实现下列操作。

① 用参数而不是用数值输入模型尺寸、材料类型等；

② 从 ANSYS 数据库中获取信息，比如节点位置或最大应力；

③ 在参数中进行数学运算，包括矢量和矩阵运算；

④ 把常用的命令或宏定义成缩写形式；

⑤ 建立一个宏使用 IF—THEN—ELSE 分支或 DO 循环等来执行一系列任务。

（1）定义参数

1）标量参数定义及命名规则　命令：NAME=VALUE

可以在输入窗口或标量参数对话框中输入（Utility Menu>Parameters>Scalar Parameters...）。

注意：①参数名不能超过 8 个字符；②VALUE 可以是一个数值、一个以前定义过的参数、一个函数、一个参数表达式或者一个字符串（用单引号括住）。

例子：

```
INRAD=2.5    G=386
OUTRAD=8.2   MASSDENS=DENSITY/G
```

```
NUMHOLES=4    CIRCUMF=2*PI*RAD
THICK=OUTRAD-INRAD    AREA=PI*R**2
E=2.7E6    DIST=SQRT((Y2-Y1)**2+(X2-X1)**2)
DENSITY=0.283    SLOPE=(Y2-Y1)/(X2-X1)
BB=COS(30)    THETA=ATAN(SLOPE)
PI=ACOS(-1)    JOBNAME='PROJ1'
```

用*SET 命令可以看参数列表。

以上例子是关于标量参数的定义，它只有一个值、数字或者字符。

2）数组参数定义及命名规则 ANSYS 也提供数组参数，它有若干个值。数字数组和字符数组都是有效的。

① 参数名不超过 8 个字符，并以字母开头；

② 参数名中只能出现字母、数字和下划线；

③ 避免以下划线开头，这在 ANSYS 中另有他用；

④ 参数名不分大小写，"RAD"和"Rad"是一样的，所有参数都以大写形式存储；

⑤ 避免使用 ANSYS 标识，如 STAT、DEFA 和 ALL。

使用参数时，只需在对话框中或通过命令输入参数名就行了。例如，利用参数定义一个 W=15，H=20 的矩形。

可以使用菜单 Preprocessor>Create>Rectangle>By 2 Corners 或使用命令

```
/Prep7
*SET,W,15
*SET,H,20
BLC4,,,W,H
```

注意：当使用参数时，ANSYS 将立刻把参数名换为它的值。上例中的矩形将被存为 15 和 20，而不是 W 和 H。也就是说，如果你在生成矩形后再改变 W 或 H 的值，矩形将不被修改。

其他一些关于参数用法的例子如下。

```
JOBNAME='PROJ1'
/FILNAM,JOBNAME                     !作业名
/PREP7
YOUNGS=30E6
MP,EX,1,YOUNGS                      !弹性模量
FORCE=500
FK,2,FY,-FORCE                      !2 号关键点的力
FK,6,FX,FORCE/2                     !6 号关键点的力
```

（2）获取数据库数据

1）从数据库中获取信息并给参数赋值，可使用 Utility Menu>Parameters>Get Scalar Data... 或*GET 命令。获取大量信息是很有用的，包括模型和结果数据，具体参看*GET 命令的详细资料。例如：

```
*GET,X1,NODE,1,LOC,X                !X1 =节点 1 的 X 坐标[CSYS]*
/POST1
```

```
*GET,SX25,NODE,25,S,X              !SX25 = 节点 25 的 X 方向应力[RSYS]*
*GET,UZ44,NODE,44,U,Z              !UZ44 =节点 44 的 UZ 方向的位移[RSYS]*
NSORT,S,EQV                        !对节点的 von Mises 应力排序
*GET,SMAX,SORT,,MAX                !SMAX= 排序的最大值
ETABLE,VOL,VOLU                    !用 VOL 存储单元体积
SSUM                              !对单元表的列求和
*GET,TOTVOL,SSUM,,VOL              !TOTVOL= 对 VOL 的列求和
```

2）通过函数获取数据。例如：

```
X1=NX(1)                          !X1 = 节点 1 的 X 坐标[CSYS]*
NN=NODE(2.5,3,0)                  !NN= 在(2.5,3,0)处的节点[CSYS]*
/POST1
UX25=UX(25)                       !UX25 = 25 号节点的 UX 值[RSYS]*
TEMP93=TEMP(93)                   !TEMP93 = 节点 93 的温度值
WIDTH=DISTND(23,88)               !WIDTH = 23 号节点和 88 号节点间的距离
```

3）直接取函数值，就像用一个参数一样。例如：

```
K,10,KX(1),KY(3)                  !10 号点 X 坐标取 1 号点的 X 坐标，Y 坐标取 3 号点的 Y 坐标
F,NODE(2,2,0),FX,100              !在节点(2,2,0)施加力 Fx[CSYS]*
```

4）利用查询函数。除了利用*GET 命令获取数据外，还有了一个更为方便的选择，那就是利用 ANSYS 的查询函数：Inquiry Function。

Inquiry Function 类似于 ANSYS 的*GET 命令，它访问 ANSYS 数据库并返回要查询的数值，方便后续使用。ANSYS 每执行一次查询函数，便查询一次数据库，并用查询值替代该查询函数。

要获得当前系统时间、ANSYS 工作目录、文件信息、系统时间等参数使用/INQUIRE 命令，格式为/INQUIRE,STRARRAY,FUNC。

STRARRAY：将接受返回值的字符数组参数名；

FUNC：指定系统信息返回的类型。

（3）定义数组

数组是 ANSYS 非常实用有效的数据存储和运算工具。其定义方法与普通变量略有差别。ANSYS 中数组包括数值型、字符型和表三种类型。下面分别是三种数组的定义方法。

命令格式：*DIM,变量名,数组类型,行数,列

```
*DIM,AA,,4                        !类型 ARRAY 为缺省类型,4 行 3 列
*DIM,XYZ,ARRAY,12                 !ARRAY（数值）类型数组,维数为 12 行 1 列
*DIM,CPARR1,CHAR,5                !CHAR（字符）类型数组,维数为 5 行 1 列
*DIM,FORCE,TABLE,5                !TABLE（表）类型数组,维数为 3 行 2 列
```

其中，数值型和字符型数组下标为整数，行列面的起始下标均为 1，而 TABLE 的下标为大于等于 0 的实数或整数。

注意：利用*SET 命令或"="赋值时，赋值对象为第一个元素名，赋值数据是一个列矢量，赋值结果是按列下标递增顺序从第一个赋值数组依次赋值；注意，一次最多只能给 10 个连续数组元素赋值，当只给一个元素赋值时与变量赋值完全一致。例如：

① *DIM,A,ARRAY,12,1,1　定义数组 A 为一个 ARRAY 类型，12 行 1 列。

```
A(1)=1,2,…,12
```

给每个元素赋值为其行标。

② *DIM,B,ARRAY,4,3,1 定义数组 B 为一个 ARRAY 类型 4 行 3 列。

```
B(1,1)=11,21,31,41
```

```
B(1,2)=12,22,32,42
```

```
B(1,3)=31,32,33,43
```

注意：此赋值的下标，对于二维数组，赋值顺序按照列进行赋值。三维也是一样的。

一旦定义了数组参数，就可以对它们进行各种操作。可依次选择 Utility Menu>Parameters>Array Operations 或使用*VFUN、*VOPER、*VSCFUN、*VWRITE 等命令。

*VFUN：对单个数组操作；

*VOPER：对两个数组参数操作；

*VSCFUN：定义数组参数的属性；

*VWRITE：把数据按格式写进文件。

4.4 宏基础

APDL 最强有力的特征之一是创建宏的能力，使用宏能减少工作量并提高分析效率，宏带给开发者高效和惊喜，使用户的成就感升华到最大限度。

那么什么是宏？简单来说，宏是把多条命令组合后自定义成一个新命令，以后只要键入这条命令就实现多条命令的效果，类似其他语言中的函数。

（1）基本概念

宏文件命名规则：宏文件的文件名不能与已经存在的 ANSYS 命令同名，否则 ANSYS 执行的将是内部的命令而不是宏。下面是宏文件命名必须遵守的规则。

① 文件名不能超过 32 个字符；

② 文件名不能以数字开头；

③ 文件名不能超过 8 个字符（只有扩展名为.mac 的宏才能当作 ANSYS 命令执行）；

④ 文件名或文件扩展名中不能包含空格；

⑤ 文件名或文件扩展名不能包含任何被当前文件系统禁止使用的字符。为了保证具有更好的移植性，还不能包含任何被 UNIX 或 Windows 文件系统禁止使用的字符。

如何创建宏呢？在文本编辑器中，可以创建一系列命令，并以文件名 name.mac 保存它们。name.mac 允许运行宏如同运行一个命令一样，只需敲入 name 就可执行该宏。

例如，首先生成一个尺寸为 432 的长方形块和一个半径为 1 的球体，然后从块的一个角处减去球体，如图 4-1 所示。

命令流如下。

图 4-1 生成的模型

```
----------------------------------
/PREP7
/VIEW,,-1,-2,-3
BLOCK,,4,,3,,2
SPHERE,1
```

```
VSBV,1,2
FINISH
```

首先把这段命令流保存在文本文档中，并命名为 mymacro.mac；然后可以通过敲入命令 *USE,MYMACRO 或 MYMACRO 来执行该程序，并得到想要的图形。

用宏 totvolume.mac 计算所有单元的整个体积如下。

```
ESEL,All                          !选择所有单元
ETABLE,VOLUME,VOLU                !将所有单元体积建立单元表
SSUM                              !求解单元表选项总和
*GET,TOTVOL,SSUM,,ITEM,VOLUME     !TOTVOL=体积总和
*STAT,TOTVOL                      !列 TOTVOL 值
```

在 POST1 中（在求解之后）发出 totvolume 来计算整个体积，结果如图 4-2 所示。

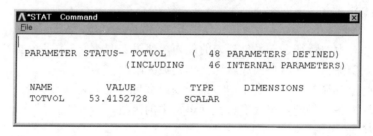

图 4-2　结果对话框

1）带参数的宏　通过特殊的字符名，用户可以创建多达 19 个参数的宏，这个特殊的字符名指通过 ARG1、ARG2～ARG19 来接收传递的具体参数。

例如：通过 ARG1、ARG2、ARG3、ARG4 等四个变量传递长方体和球的具体尺寸，宏编写如下。

```
/PREP7
/VIEW,,-1,-2,-3
BLOCK,,ARG1,,ARG2,,ARG3
SPHERE,ARG4
VSBV,1,2
FINISH
```

按如下方式运行该宏。

```
MYMACRO,4,3,2.2,1
```

2）宏库　顾名思义就是存放宏的库，可以把多个宏集中放在一个文件中，减少宏文件数量，方便管理，类似其他语言的函数库文件。宏库文件没有明确的文件扩展名，若有，则不能超过 8 个字符。笔者以前采用了 .AML 这样一个后缀名，其文件名的命名规则和宏文件一样。宏库文件的结构为：

```
MACRONAME1                    !宏名 1
```

```
ANSYS 语句              !具体命令行
/EOF                   !宏 1 结束退出宏
MACRONAME2             !宏名 2
ANSYS 语句              !具体命令行
/EOF                   !宏 2 结束退出宏
MACRONAME3             !宏名 3
ANSYS 语句              !具体命令行
/EOF                   !宏 3 结束退出宏
```

注意：宏库中有效代码中不能存在空行，不能有整行的注释语句；每个宏以/EOF 结束；可以在每行语句后或宏库最末写注释。

当宏命令包含在宏库文件时，在执行宏命令前必须先打开宏库文件。在打开宏库文件后，只能用*use 命令来执行宏库文件包含的宏命令，不能再用*use 命令来执行单独位于宏文件中的宏命令；可以用不带任何参数的*ulib 命令来关闭宏库文件后，再用*use 命令来执行单独位于宏文件中的宏命令。

3）宏的搜索路径及功能　ANSYS 首先在下列搜索路径中寻找文件 name.mac，然后运行它。①在 ANSYS__MACROLIB 环境变量路径中；②在 Windows 系统中的注册路径；③当前工作路径。如果在上级路径和下级路径同时寻找到同样的文件名，则采用上级路径。

宏的功能如下。

① 它可以如同 ANSYS 命令一样具有变量；

② 利用分支和循环用来控制一系列命令；

③ 具有交互式特征，如图形拾取、提示以及对话框；

④ 宏可以嵌套，一个宏嵌套第二个宏，第二个宏嵌套第三个宏，一直可嵌套 20 级。

（2）控制语句

APDL 的流程控制是一个难点，也是精髓所在。APDL 提供了大量控制程序的命令，通过这些命令对于判断、重复等很有用处，包括：①调用子程序（宏）；②宏内的无条件转移；③宏内的条件转移；④重复命令、增加命令或者若干命令参量；⑤命令的循环。最主要的是分支语句和循环语句。

条件转移：*IF—*THEN—*ELSE 结构；

无条件转移：*GO；

重复命令：*REPEAT；

循环语句：*DO—*LOOP。

需要注意的是以上命令都是带有*的。

1）条件转移命令　IF 语句是实现条件判断，根据结果运行一个命令、命令块或另外的命令。

```
*GET,FREQ1,MODE,1,FREQ
*IF,ABS(FREQ1-1),LT,0.01,THEN          !如果频率误差小于 1%,则退出
*EXIT
*ENDIF
```

如表 4-2 所示为条件转移命令列表。

表 4-2　条件转移命令列表

条件判断	操作行为
x, EQ, y　　!$x = y$	THEN 运行随后的命令块
x, NE, y　　!$x \neq y$	*EXIT 退出 DO 循环
x, LT, y　　!$x < y$	
x, GT, y　　!$x > y$	
x, LE, y　　!$x \leq y$	这些操作符只有当条件为真才起作用。否则，ANSYS 将
x, GE, y　　!$x \geq y$	会移至*ELSEIF（若提供）、*ELSE（若提供）和*ENDIF
x, ABLT, y　!$|x| < |y|$	
x, ABGT, y　!$|x| > |y|$	

注：x 和 y 可以是数字、参数或参数表达式。

*IF 命令的语法为：*IF,X,OPER,Y,BASE。BASE 的命令为：THEN、*STOP、*EXIT 和 *CYCLE。

通过给 BASE 变量赋值 THEN，*IF 命令就变成了 IF—THEN—ELSE 结构（和 FORTRAN 中的该结构类似）的开始。在最简单的形式中，*IF 命令判断比较的值，若为真，则转向 BASE 变量所指定的标识字处。结合一些*IF 命令，将能得到和其他编程语言中 CASE 语句相同的功能。

通过应用 IF—THEN—ELSE 结构，在只有一定条件满足的情况下，可以运行一个命令或命令块。在*IF 和*ELSEIF 命令中，可以运用 AND、OR 或 XOR 比较符。

2）无条件转移命令

```
*GO,:BRANCH1
:BRANCH1
...
```

3）重复命令　*REPEAT 命令是最简单的循环命令，通过它可以直接按指定的次数执行上一条命令，并按常数增加命令所带参数。例如：

```
E,1,2
*REPEAT,5,0,1
```

E 命令在节点 1 和 2 之间生成一个单元，*REPEAT 命令指示执行 E 命令 5 次（包括最初的一次），每执行一次第二个节点号加 1。结果共生成 5 个单元：1-2,1-3,1-4,1-5 和 1-6。

注意：大多数以斜线（/）或星号（*）开头的命令，以及扩展名不是.mac 的宏，都不可以重复调用。但是，以斜线（/）开头的图形命令可以重复调用。

4）循环语句　DO 循环允许按指定的次数循环执行一系列的命令。*DO 和*ENDDO 命令分别是循环开始和结束点的标识字。下面的 DO 循环例子读取 5 个载荷步文件（1～5）并对 5 个文件做了同样的更改：

```
*DO,I,1,5                    !I=1～5
    LSREAD,I                 !读取载荷步文件 I
    OUTPR,ALL,NONE           !改变输出控制
    ERESX,NO
    LSWRITE,I                !重写载荷步文件 I
*ENDDO
```

① 可以用*EXIT（退出循环）和*CYCLE（跳到 DO 循环末）控制循环；

② EXIT 和 CYCLE 也可以根据 IF—TEST 的结果来执行。

4.5　编写命令流的良好习惯

（1）设计规划

就像 ANSYS 的各个模块一样，规划好自己的代码流程，分成模块，比如参数定义和输入模块、建模、加载、求解、后处理等。重复用到的模块，考虑写成宏文件。规划得越详细，模块分工越明确，越容易明白下一步该做什么，这好比搭积木的游戏，可以把自己的积木块组合成各种各样的形状，但首先要熟悉每个积木块的功能。

（2）有备无患

对于复杂的分析，编写命令流之前，先找出难点所在，逐一克服难点，整体编写时就无压力了。如无法确定遇到的困难，可由最简单功能开始实现，慢慢加深，实现自己的目的。常用的代码留存下来，随时拷贝修改成为自己的代码。

（3）见名知意

程序再小，用的变量也不会少，变量起名应当见名知意。

（4）对称之美

中国人讲究对称之美，用在编程里也很合适，如果程序里用到 A 循环嵌套 B 判断，B 判断又包含 C 循环之类的结构，记着使用缩进法，让 ENDDO 对齐 DO，ENDIF 对齐 IF，诸如此类，依次缩进，总之对称就等于美观加易读。

（5）多加注解

对代码中定义的变量、宏以及功能添加注释说明，别嫌麻烦。如果过了三五月，连自己写的东西都看不明白了，那才是大麻烦。

（6）注重通用

若要编写的东西尽量可以在以后使用到，就需要能用参数表达的值尽量改用参数，可以带入或需要修改的部分应尽量集中。

4.6　APDL 操作练习

例 1　一个钢球的半径为 0.3m，初始温度为 850℃，将其淬入温度为 20℃的淬火介质中冷却，分析钢球随时间的温度变化。其表面传热系数为 80W/（m^2·℃），钢的比热容为 460J/（kg·℃），密度为 7850kg/m^3，热导率 35W/（m·℃）。求 2min 后钢球的温度场及钢球表面温度随时间变化的规律。

提示：由于钢球结构上的对称性，可将其简化为平面问题。

APDL 命令流如下。

```
/FILNAME,Shpere,1                        !修改工程名称
/TITLE,Transient thermal analysis of queching
/REPLOT                                  !显示标题
/RGB,INDEX,100,100,100,0
/RGB,INDEX,80,80,80,13
```

```
/RGB,INDEX,60,60,60,14
/RGB,INDEX,0,0,0,15                        !底板为白色
/UNITS,SI                                  !国际单位
/PREP7
ET,1,PLANE55                               !选择 1 号单元类型
TOFFST,273                                 !选择温度单位
MP,KXX,1,35                                !设置热导率
MP,C,1,460                                 !设置比热容
MP,DENS,1,7850                             !设置密度
CYL4,0,0,0.2                               !绘制圆面
SMRT,1                                     !设置智能网格划分水平
MSHAPE,0,2D                                !设置二维网格划分
MSHKEY,0                                   !设置自由网格划分
AMESH,ALL                                  !面网格划分
FINISH

/SOLU
ANTYPE,4                                   !选择瞬态分析类型
TRNOPT,FULL                                !选择 FULL 分析法
IC,ALL,TEMP,850                            !施加初始温度
LSEL,,,,1,4                                !选择线
CM,XIAN1,LINE                              !创建组件
SFL,XIAN1,CONV,80,,20                      !施加对流边界条件
TIME,120                                   !设置分析时间为 120s
AUTOTS,-1                                  !设置自动时间步长
DELTIM,1,,,1                               !设置子步时间间隔为 1s
KBC,1                                      !设置阶跃载荷
OUTRES,ALL,ALL                             !设置输出所有数据
SOLVE
FINISH
SAVE
/POST1
PLNSOL,TEMP,,0                             !绘制温度云图
FINISH
/POST26
FILE,Shpere,RTH                           !选择结果文件
NUMVAR,200                                 !设置变量数
NSOL,2,5,TEMP,,TEMP_2                      !选择节点 2 的温度
XVAR,0                                     !设置 X 轴坐标
PLVAR,2                                    !绘制变量曲线
FINISH
SAVE
```

绘制的温度曲线图如图 4-3 所示。

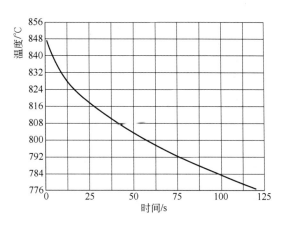

图 4-3　绘制的温度曲线图

例 2　颈缩现象是弹塑性金属试件在单轴拉伸状态下常出现的局部法向明显收缩的力学现象。往往当颈缩现象出现后，试件所需拉力减小，应力-应变曲线相应呈现下降，最终导致试样在颈缩处断裂。图 4-4 和图 4-5 分别给出了单轴拉伸的几何模型和刻痕处的放大图，具体几何尺寸为 L_1=0.02m，L_2=0.2m，D_1=0.035m，D_2=0.025m，H=0.001m，D_3=D_2-2H。试件采用 Inconel1718 合金。材料弹性模量 E=105811.5MPa、泊松比为 0.3，材料服从非线性等向强化规律。Voce 强化准则的非线性等向强化行为，由下式方程给出

$$R=\sigma_0+R_0\hat{\varepsilon}^{\mathrm{pl}}+R\infty\left(1\mathrm{e}^{-b\hat{\varepsilon}^{\mathrm{pl}}}\right)$$

式中，σ_0 为弹性极限；R_0、R_∞、b 为与等向强化材料有关的材料参数。

本题中 σ_0=235MPa，R_0=1120MPa，R_∞=75MPa，b=75。选用三维低阶 8 节点 SOLID185 单元模拟拉伸试件。约束拉伸试件两个端面的 y 和 z 方向位移，施加拉伸试件的两个端面的 x 方向位移为 0.1m。

求试件载荷子步为 40 时的等效应力云图。

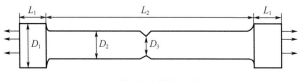

图 4-4　拉伸试件模型简图

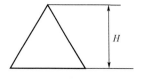

图 4-5　刻痕处的放大图

命令流如下。

```
/FILNAME,STRETCH CRUNCH,0
/RGB,INDEX,100,100,100,0
/RGB,INDEX,80,80,80,13
/RGB,INDEX,60,60,60,14
/RGB,INDEX,0,0,0,15
/PREP7
!定义参数
```

```
L1=0.02
L2=0.2
D1=0.035
D2=0.025
H=0.001
D3=D2-2*H
ET,1,SOLID187
MPTEMP,,,,,,,
MPTEMP,1,0
MPDATA,EX,1,,105811E6
MPDATA,PRXY,1,,0.3
TB,NLIS,1,1,4
TBTEMP,0
TBDATA,,235E6,1120E6,75E6,75
!定义关键点
K,1,0,-D1/2,0
K,2,L1,-D1/2,0
K,3,L1,-D2/2,0
K,4,L1+L2/2-H/2,-D2/2,0
K,5,L1+L2/2,-D3/2,0
K,6,L1+L2/2+H/2,-D2/2,0
K,7,L1+L2,-D2/2,0
K,8,L1+L2,-D1/2,0
K,9,L1+L2+L1,-D1/2,0
K,10,0,0,0
K,11,L1+L2+L1,0,0
!定义线
L,1,2
L,2,3
L,3,4
L,4,5
L,5,6
L,6,7
L,7,8
L,8,9
L,9,11
L,11,10
L,10,1
!定义线圆角
LFILLT,2,3,(D1-D2)/2,,
LFILLT,6,7,(D1-D2)/2,,
```

```
!由线定义面
FLST,2,11,4
FITEM,2,11
FITEM,2,1
FITEM,2,12
FITEM,2,3
FITEM,2,4
FITEM,2,5
FITEM,2,6
FITEM,2,2
FITEM,2,8
FITEM,2,9
FITEM,2,10
AL,P51X
!由面旋转成体
FLST,2,1,5,ORDE,1
FITEM,2,1
FLST,8,2,3
FITEM,8,10
FITEM,8,11
VROTAT,P51X,,,,,,P51X,,360,4
!划分网格
ESIZE,0.004,0
VMESH,ALL
!进入求解器
/SOLU
NLGEOM,1
NSEL,ALL
NSEL,S,LOC,X,0
NPLOT
D,ALL,,,,,,UY,UZ,,,,
D,ALL,,-0.1,,,,UX,,,,,
ALLSEL,ALL
NSEL,ALL
!定义载荷
NSEL,S,LOC,X,L1+L1+L2
NPLOT
D,ALL,,,,,,UY,UZ,,,,
D,ALL,,0.1,,,,UX,,,,,
ALLSEL,ALL
!定义载荷步
```

```
OUTRES,ALL,ALL
TIME,1
AUTOTS,1
NSUBST,100,,,1
KBC,0
SOLVE
!进入后处理
/POST1
PLNSOL,S,EQV,0,1
```

如图 4-6 所示为载荷子步为 40 时的等效应力云图。

图 4-6　载荷子步为 40 时的等效应力云图

例 3　如图 4-7 所示，多材料模型的宽度 L=0.3m，材料 1 的厚度 H_1=0.06m，材料 2 的厚度 H_2=0.08m。本题采用 PLANE77 模型材料 1 和材料 2，使用接触单元 TARGE169 与目标单元 CONTA172 组成接触对。材料参数：材料 1 的热导率 K_1=250W/（m·℃），材料 2 的热导率 K_2=150W/（m·℃），两种材料的热接触热导率为 1700 W/℃。载荷及边界条件：材料 1 顶面的温度 T_1=180 ℃，材料 2 的顶面温度 T_2=60℃。求多材料热接触温度云图及接触热通量云图。

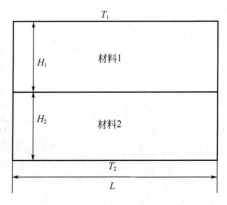

图 4-7　多材料模型

命令流如下。

```
/RGB,INDEX,100,100,100,0
/RGB,INDEX,80,80,80,13
/RGB,INDEX,60,60,60,14
/RGB,INDEX,0,0,0,15          !底色为白色
/PREP7
!定义单元类型
ET,1,PLANE77
ET,2,TARGE169
ET,3,CONTA172
KEYOPT,3,1,2
R,3,,,,,,
RMORE,,,,,,
RMORE,,1700,,,0,
RMORE,,,,,,
RMORE,,,,,,
```

```
MP,KXX,1,250
MP,KXX,2,150
RECTNG,0,0.3,0,0.08
RECTNG,0,0.3,0.08,0.14
ESIZE,0.002
TYPE,1
MAT,1
AMESH,2
TYPE,1
MAT,2
AMESH,1
TYPE,2
REAL,3
LMESH,5
TYPE,3
REAL,3
LMESH,3
!进入求解器
/SOLU
ANTYPE,0
DL,7,,TEMP,180,0
DL,1,,TEMP,60,0
SOLVE
!进入后处理
/POST1
PLNSOL,TEMP,,0
PLNSOL,CONT,FLUX,,0
```

例 4 如图 4-8 所示，薄板边裂纹模型的几何尺寸为：L_1=1.0m，L_2=0.4m，H=0.3m，裂纹长度 a=0.02m，板厚为 0.004m。本题采用 PLANE183 单元模拟薄板。材料参数为：弹性模量为 2.01×10^{11}Pa，泊松比为 0.28。载荷及边界条件为：固定约束左端，在薄板右端施加均匀拉应力 σ=2MPa。求裂纹尖端位移云图及等效应力云图。

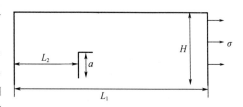

图 4-8 薄板边裂纹模型

命令流如下。

```
/RGB,INDEX,100,100,100,0
/RGB,INDEX,80,80,80,13
/RGB,INDEX,60,60,60,14
/RGB,INDEX,0,0,0,15                          !底色为白色
!进入前处理
/PREP7
```

```
    L1=1.0
    L2=0.4
    H=0.3
    A=0.02
    ET,1,PLANE183                          !定义单元类型
    KEYOPT,1,3,3
    R,1,0.004
    MP,EX,1,2.01E11                         !设置弹性模量
    MP,PRXY,1,0.28                          !设置泊松比
    K,1,0,0,0
    K,2,L2,0,0
    K,3,L1,0,0
    K,4,L1,H,,
    K,5,L2,H,,
    K,6,L2,A,,
    K,7,0,H,,
    K,8,L2,0,,
    A,1,2,6,5,7
    A,8,3,4,5,6
    KSCON,6,A/12,1,15,1,
    LESIZE,3,,,45,10,,,,1                   !进行网格划分
    LESIZE,1,,,45,0.1,,,,1
    LESIZE,6,,,45,10,,,,1
    ESIZE,0.006
    AMESH,ALL
    !进入求解器
    /SOLU
    DL,5,,ALL
    SFL,7,PRES,-2E6
    CSYS,0
    CNODE=NODE(L2,A,0)
    NSEL,S,,,CNODE
    LOCAL,11,1,0.4,0.02,0,90,,,1,1,
    CINT,NEW,1
    CINT,TYPE,SIFS
    CINT,CTNC,CK
    CINT,NCON,5
    CINT,SYMM,OFF
    CINT,NORM,11,2
    CINT,LIST
    ALLSEL,ALL
```

```
SOLVE
SAVE
!进入后处理
/POST1
PLNSOL,U,SUM,0,1                              !查看裂纹尖端位移云图
PLNSOL,S,EQV,0,1                              !查看裂纹尖端等效应力云图
```

如图 4-9、图 4-10 所示为裂纹尖端位移云图和裂纹尖端等效应力云图。

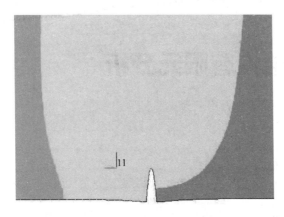

图 4-9　裂纹尖端位移云图

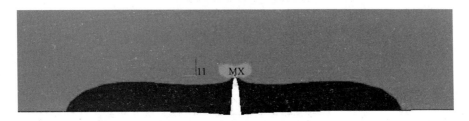

图 4-10　裂纹尖端等效应力云图

练习题

（1）与 GUI 相比，命令流操作有哪些优点？

（2）一个完整的 ANSYS 命令流文件分为哪几个部分？

（3）什么是宏文件？它的命名规则有哪些？

05

第 5 章
粘接封装结构有限元分析

5.1　电子封装工艺简介

　　电子封装工艺就是对集成电路内置芯片进行安放、固定和密封，保护集成电路内置芯片，增强环境适应的能力，并且集成电路芯片上的铆点就是焊接点。

　　随着超大规模集成电路和电子封装密度的不断提高，单位体积所容纳的热量越来越高，器件的失效往往与其工作温度密切相关。有关资料表明，器件的工作温度每升高 10℃，效率降低1/2。不合理的热设计将会引发一系列的问题：出现局部过热，引起晶片结区的烧毁；温度分布不均，差异过大，影响信号的传输特性；材料热膨胀系数不匹配引起热应力，产生弯曲、裂纹，甚至破坏。因此，热设计和散热技术的研究已受到电子封装业界的广泛重视。电子封装中的散热和其他体系的散热现象一样，热传导服从傅里叶传热定律；对流换热服从牛顿冷却定律；热辐射则服从斯蒂芬-玻尔兹曼定律。所以，可以采用有限元方法对其进行模拟与设计。电子封装设计的主要目的在于，将发热源（电路板）所产生的热量便捷有效地迁移或者传递掉。

　　以多芯片组件（MCM）为例，多芯片组件的热通路有内热通路和外热通路。为了降低内热通路的热阻，可以在组装时选择热导率高的材料，比如基板用 AlN 或金刚石，粘接材料选择高热导材料。通过商用的 CAE 软件进行模拟仿真，就可得到合理的布局和组装。目前国内大部分单位都开展了内热通路的研究，并取得了相当大的进展。而对于多芯片组件 MCM 外热通路的研究设计，传统的方法是加散热片，这是国内外通用的散热方法。对于一般功率组件的散热，这是一种好方法。用户需要什么样的致冷器，取决于 MCM 组件的热设计。多芯片组件（MCM）通过热设计可以确定散热器的尺寸、形状和组合系统。电路板上的焊点是热量比较集中的区域，如果焊接的部位不牢固或者是虚焊，那么就会产生较大的电阻，导致该处热量集中，最终断裂。电子封装工艺里焊点的排布也至关重要，合理的焊点排布有利于电路板的散热，避免焊点处热量集中。MCM（多芯片组件）作为当代先进电子组装技术，由于具有组装密度高、连线短、体积小、重量轻和性能好等特点，受到了高度重视，并得到了迅速的发展。但与此同时，它的高密度和微型化特点也带来了一系列设计和组装技术方面的难题，其中芯片的散热问题尤为突出，因此，MCM 的热分析技术成了 MCM 可靠性设计的关键技术之一。由于电子组件结构、材料参数和组件内电子功率器件的分布过于复杂，传统的数值分析方法往往无能为力。随着计算机技术的发展，有限元计算方法得到了广泛的应用。

5.2 电子封装国内外研究现状

设计、芯片制造和电子封装是集成电路 3 大支柱。据不完全统计，电子封装成本占 IC 总成本的比例高达30%以上。由于电子封装研究的迅猛发展，电子设备也向轻、薄、短和个人便携化发展，并且具备速度高、功能全、容量大和价格低的特点。芯片性能的不断提高对电子封装密度提出了更高的要求，封装的引脚数越来越多，布线节距越来越小，封装厚度越来越厚，封装体在基板上所占的面积比例越来越大。近 40 年来，封装技术历经 3 次重大转变。

① 20 世纪 70 年代中期，由以 DIP 为代表的针脚插入型转变为以 DFP 为代表、由周边引出 I/O 引脚为其主要特征的表面贴装型（SMT）；

② 20 世纪 90 年代初期，球栅阵列端子 BGA 型封装出现；

③ 21 世纪初，多芯片系统封装 SIP 出现使微电子封装技术进入 SOC 和 SMT 时代。

我国每年需要 180 亿片芯片，而国内能供应特别是自己封装的不足需求量的 20%。同时，电子封装可以带动和促进材料、微电子、先进工艺、加工及检测设备等一大批基础产业。IC 封装目前多数附属在集成电路厂，规模小、厂点多，产品多为结构简单的 DIP（Dual Inline Package）和 COB（Chip on Board），产量和品种远不能满足国内电子工业的需要。

塑封 QFP（Quad Flat Package）是目前表面贴装型多引脚 LSI 封装的主要形式，以其低封装价格的特征，在各种类型的电子设备中得到广泛应用。熟练使用 QFP 的最大问题是引脚的变形。QFP的引脚越细，越容易变形。一旦变形，就很难保证与印制电路板的正常焊接。

BGA 封装采用二维布置的球形焊接引脚。作为接线引脚的焊料微球，按二维阵列的方式排布，与 QFP 相比，其引脚节距要大得多。由于引脚是硬球，不必担心因接触引起的变形，当然也能与其他表面贴装型部件一起集中钎焊（一次回流焊）。因此，BGA 的生产效率比 QFP 高，即使在缺乏熟练操作者的地区也能建立生产线，生产厂的迁移也比较容易。实际生产线上，BGA 的不合格率比 QFP 要低得多。

BGA 引脚数要超过 QFP 还需要解决的问题是焊球引脚底面的高度偏差。由于现在塑封 BGA 的基板产生翘曲，微球引脚的高度会出现偏差。据西铁城时计公司估计，225 球、1.5mm 节距的BGA，微球引脚的高度偏差大约为 130μm。微球引脚数越多，基板的翘曲越大，进而微球引脚的高度偏差越大。

开发的基本方向是封装高性能大规模逻辑 LSI 塑封 BGA，目标是 500～600 球，首先是改善电气特性，要求能处理从数十兆赫到超过 100MHz 的输入、输出信号，为此，封装基板采用多层布线基板。其次是抑制封装的翘曲，以满足引脚数增加的要求。采取的措施有增加基板的厚度，封装周围用模注树脂固定，封装基板采用金属板，也可以把基板换成陶瓷板。

安装散热部件可以解决功耗增加的问题，可以采取热沉和热扩散器等形式，这些与塑封 QFP 基本相同。

5.3　电子封装的焊料研究

电子封装结构中焊点的作用是不仅要用作电路板的连接，还要起到机械的支撑作用。在工作环境下，焊点要经受多种复杂的应力-应变，焊点的失效被当作最主要的失效原因之一。因此，焊点的研究受到世界电子厂商的高度关注。

Sn-Pb 焊料以其优异的性能和低廉的成本，多年来一直是电子组装焊接中的重要焊接材料。它熔点较低，使被焊接电子器件在焊接时所受到的应力和变形很小，能保证焊件尺寸，同时对电子器件的性能影响小；有良好的导电性和钎焊性，热阻也小，多年来是微电子元件焊接的首选材料。然而，这类焊料中大量的铅对人体有害，对环境有极大的污染，废弃后填埋于地下的线路板上的铅仍存在严重危害。从保护自然环境和人类的安全出发，一些发达国家先后制定了一系列规定，限制和禁止铅的使用。世界各国近年来开始投入大量人力物力进行研究，争取在未来的几年能够广泛采用无铅无毒的焊料并最终停止使用含铅有毒钎料。中国加入 WTO 后，为了让自己的电子产品在国际上具有竞争力，也必须关注其电子产品的无铅化问题。Sn-Ag 系无铅材料，由于其固有的细微组织、优良的机械特性和使用可靠性，已经作为一种高熔点钎料进入无铅焊料实用阶段，成为有前途的替代合金钎料，作为可能取代Sn-Pb 钎料而广泛应用于电子封装的钎料，对其热-机械变形、疲劳与断裂特性进行研究将有助于该合金获得更广泛的应用。

在工程实际中，人们最初将近几十年来对其他金属材料的高温疲劳研究成果应用于钎料焊点的热-机械变形、疲劳与疲劳裂纹扩展中。然而，钎料合金材料具有如下必须解决的问题。

①　钎料的相关变形与破坏行为强烈地依赖于加载率、保持时间、加载波形以及非比例加载路径形状等，单就极低应变率与较高应变率下的循环变形与破坏行为就有很大不同。实际电子封装焊点在大多数工况下是在具有范围较大的加载率、保持时间、复杂加载波形与加载路径形状下工作的，因此，必须研究较大范围的加载率（包括应变率和应力率）、保持时间、加载波形与加载路径形状下的材料变形与破坏行为，所建立的模型必须在较大范围内适用。

②　钎料合金的微结构（如晶粒、相尺寸与形状）是不稳定的，微结构随加载、温度、时间与环境而发生不断的明显变化，而微结构的变化将导致材料变形与破坏行为相应地也发生显著变化，这与大多数其他材料具有相对稳定的微结构有很大不同，要将短时实验室条件的研究结果用于长时间的实际工况，必须考虑微结构时相关演化对材料变形与破坏行为的影响。

③　为了将实验的均匀应力结果用于实际结构焊点的变形与失效预测，必须首先进行一些结构试样的剪切时相关循环破坏实验、带孔或裂纹的板拉压循环破坏试验以及带孔或裂纹的薄壁圆管的时相关非比例循环破坏实验，并用基于均匀应力场实验所建立的模型来预测这些结构试样的破坏特征，以检验模型的预言能力，并对模型进行修正，以便建立更真实的变形与破坏模型。

④　由于钎料合金在低周疲劳下大多经历明显的循环软化，一般金属材料定义载荷下降10%时的循环数为疲劳寿命，但钎料合金在应变循环下即使载荷下降 50%以上，仍有一定承载能力，不会出现突然断裂，钎料的软化既有相尺寸与晶粒尺寸演化的因素，也有材料损伤的因素，因此，必须针对钎料合金的宏、微观损伤特性，定义载荷下降与循环数的依赖关系，并据此建立相应的时相关失效准则。

⑤ 在应变控制下，钎料合金出现非常明显的软化，这时，损伤与材料微结构对材料变形性能的影响非常大，必须在本构模型中将其引入。

⑥ 关于焊点时相关疲劳（应变疲劳与应力控制棘轮疲劳）破坏，不能简单地将时无关的多轴疲劳，包括临界面法、能量法等，推广到焊点的时相关失效预测中，必须综合考虑载荷形式、温度对钎料宏观行为与微结构的时相关影响；基于微观、宏观破坏实验，需要提出考虑微结构演化的分别代表时无关塑性疲劳、时相关蠕变疲劳与时相关延性消耗的反映疲劳-蠕变-微结构相互作用的损伤演化方程，对于钎焊点时相关裂纹启裂与裂纹扩展，能用这一统一的损伤演化方程来加以描述，由此可以统一地对电子封装结构中焊点进行时相关疲劳（应变疲劳和应力控制棘轮疲劳）寿命评估。

目前国内对电子封装中焊点与钎料的研究大多关注的是钎料的常规性能与钎焊工艺在钎料变形与失效方面，杨显杰等人进行了电子封装钎料 63Sn/37Pb 的变形与破坏研究；王莉、马鑫、王国忠等人对 SnPb 钎料合金进行了某些简单加载情况下黏塑性本构模型 Anand 模型和 Bodner-Parton 模型的验证研究；王红芳等人进行了钎料焊点振动疲劳寿命的预测。从上述已发表的研究进展可以获知以下内容。

① 研究大多针对 Sn-Pb 钎料合金在单轴应变循环下的变形与破坏行为，疲劳寿命公式大多以此为基础建立，而对于无铅钎料，如 Sn-Ag 合金，研究较少。

② 对于时相关变形，疲劳特性及其模型，其频率依赖性、保持时间效应大多仍针对单轴应变循环。即使在单轴变形行为的实验研究中，在复杂应力加载波形下的蠕变-塑性交互作用仍待深入。

③ 大多为在单轴应变循环、蠕变变形与时效下对 Sn-Pb 钎料的微观结构演化下的一些研究，对无铅钎料的微结构演化研究很少。

④ 钎料与钎焊点的时相关疲劳裂纹扩展研究才刚起步，且大多在较简单试样下进行，需要对结构试样的裂纹扩展进行更深入研究。

⑤ 美国 Sandia 国家实验室最近资助美国几家研究单位在多轴加载下进行宏微观实验研究及理论研究，多轴情形尚待深入系统地开展。

⑥ 除了对钎焊接头的热-机械疲劳耐久性与可靠性研究外，对封装用树脂材料在复杂温度和复杂加载条件下的力学行为的研究还远未达到实用的要求，必须在深入研究这些材料变形行为的基础上，才能提出反映其真实变形行为的本构模型。

⑦ 目前国际上已进行了一些微电子封装结构的有限元模拟，特别是一些国际超大型微电子公司（如 Motorola），已将微电子封装结构的有限元模拟用于指导微电子封装设计、工艺等的优化，但国内在这方面尚待起步。

5.4 电子封装面临的工程问题

目前，电子封装还面临三大工程问题有待开展：封装结构、键合连接和无铅焊料。

（1）封装结构

对封装结构还有如下内容需要进一步研究。

① 引脚应力（应变）的吸收；

② 实装在基板上也能确保封装的可靠性；

③ 通过应力吸收，使封装体与基板之间产生的应力尽可能小；

④ 热分析；

⑤ 封装体四角处电极焊盘的最大应力分析；

⑥ 应力随树脂种类、多少产生变化的分析；

⑦ 凸点焊盘的表面张力在电极中引起的应力；

⑧ 结构设计的最优化；

⑨ 基板、树脂的热膨胀系数、耐热性、吸湿性；

⑩ 焊盘与电极材料的合金化过程分析；

⑪ 微球的均匀性、结晶性、合金特性。

（2）键合连接

对键合连接还有如下内容需要进一步研究。

① 从钎焊键合到微机械接触连接；

② 导电性连接材料的可靠性；

③ 从金丝键合、带载连接到微球凸点；

④ 电镀过程的解析与控制；

⑤ 由于材料热膨胀系数的差引起的热应力疲劳；

⑥ 材料的熔点、加工性、成膜性、耐湿性、散热性。

（3）无铅焊料

对无铅焊料还有如下内容需要进一步研究。

① 开发强度、熔点和价格等综合性能不低于 Pb-Sn 的无铅焊料；

② 希望从相图、界面现象、迁移现象等方面检查、分析、筛选；

③ 能否在某些条件下、某些场合下达到实用化；

④ 需要进一步弄清楚焊剂的作用。

5.5　芯片与基板粘接组装的有限元分析

本例分析的模型：芯片和基板采用粘接剂粘合，几何尺寸如图 5-1 所示。将 8 片小芯片和 1 片大芯片排布在基板上，芯片采用硅材料，芯片与基板之间通过粘接剂粘合，粘接剂的厚度为 0.1mm。大芯片的尺寸为 8mm×8mm×0.7mm，周围 8 个小芯片的尺寸相等，为 4mm×4mm×0.7mm，大小芯片之间的中心距离为 10mm，基板的尺寸为 65mm×45mm×1.5mm，对该模型进行热分析。

选用适合规则长方体形状单元划分 20 节点的三维实体热单元 SOLID90。芯片材料为硅，热导率为 80W/(m·℃)，粘接剂的热导率为 1.11W/(m·K)，基板的材料为聚酰亚胺，热导率为 0.2W/(m·℃)。内部各材料之间通过热传导进行传热，服从傅里叶传热定律，模型外部通过与对流进行散热，服从牛顿冷却定律。本实例计算空气自然对流，对流系数为 10。芯片的正常工作室温为 20℃，热源为芯片的功耗，其中间大芯片功耗 2W，周围 8 个小芯片功耗 0.25W。各功率芯片的功耗在 ANSYS 中用热生成率 H_G 表示，计算公式

$$H_G = \frac{P}{V} \tag{5.1}$$

式中，P 为芯片的功耗；V 为芯片的体积。

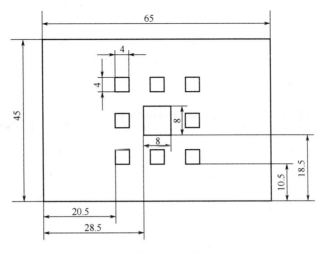

图 5-1   电子封装有限元（单位：mm）

（1）定义参数

依次选择 Utility Menu>File>Change Jobname，在弹出的对话框中输入"Multi-chip module"，单击"OK"按钮。

依次选取 Utility Menu>Parameters>Scalar Parameters，弹出对话框（图 5-2），在对话框中的"Selection"中输入"A1=0.06"，单击"Accept"完成对基板长度的参数设定。再继续定义基板的宽度"B1=0.04"，基板的厚度"H1=0.0015"，大芯片的长度"A2=0.008"，大芯片的宽度"B2=0.008"，大芯片的厚度"H2=0.0007"，粘接剂的厚度"H4=0.0001"，小芯片的长度"A3=0.004"，小芯片的宽度"B3=0.004"，小芯片的厚度"H3=0.0007"，大芯片与小芯片的中心距"H5=0.01"，大芯片的功率"P1=2"，小芯片的功率"P2=0.25"，大芯片的体积"V1=A2*B2*H2"，小芯片的体积"V2=A3*B3*H3"，大芯片的生热率"HG1=P1/V1"，小芯片的生热率"HG2=P2/V2"，定义完成后单击"Close"。

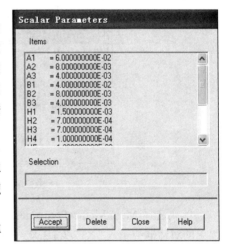

图 5-2   参数定义对话框

依次选取 Utility Menu>Preprocessor>Element Type>Add/Edit/Delete，在对话框中单击"Add"，在弹出的对话框的左边选择"Thermal Solid"，然后在右边选择"Brick 20 node 90"单元，单击"OK"。

依次选取 Utility Menu>Preprocessor>MaterialProps> Material Models，在弹出的对话框中，单击 Thermal> Conductivity>Isotropic，弹出一个输入材料热导率的对话框，输入"KXX=80"，单击"OK"。

单击定义材料模型对话框的 Material>New Model，在弹出的对话框中输入"2"。在弹出的对话框中，单击 Thermal>Conductivity>Isotropic，弹出一个输入材料热导率的对话框，输入"KXX=1.1"，单击"OK"。

再定义材料 3 的热导率为 0.2，退出面板。

（2）建立模型

依次选择 Main Menu>Preprocessor>Modeling>Create>Volumes>Block>By Dimensions，在弹出的对话框中输入"X1=-A1/2,X2=A1/2""Y1=-B1/2,Y2=B1/2""Z1=0,Z2=H1"，单击"OK"，如图 5-3 所示。

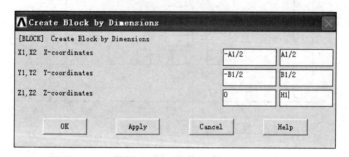

图 5-3　建立基板对话框

依次选择 Main Menu>Preprocessor>Modeling>Create>Volumes>Block>By Dimensions，在弹出的对话框中输入"X1=-A3/2,X2=A3/2""Y1=-B3/2,Y2=B3/2""Z1=H1,Z2=H1+H4"，单击"OK"，如图 5-4 所示。

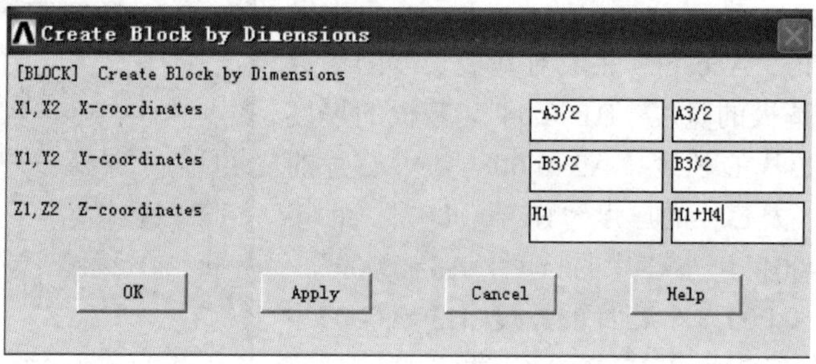

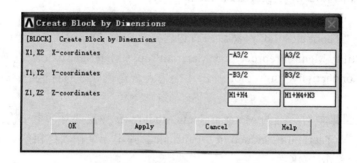

图 5-4　建立小芯片粘接剂对话框

依次选择 Main Menu>Preprocessor>Modeling>Create>Volumes>Block>By Dimensions，在弹出的对话框中输入"X1=-A3/2,X2=A3/2""Y1=-B3/2,Y2=B3/2""Z1=H1+H4,Z2=H1+H4+H3"，单击"OK"，如图 5-5 所示。

图 5-5　建立小芯片对话框

依次选择 Main Menu>Preprocessor>Modeling>Copy>Volumes，弹出拾取对话框，拾取小芯片粘接剂，单击"OK"；在弹出的对话框的"DY"中输入"H5"，单击"Apply"；弹出拾取对话框，继续拾取小芯片粘接剂，单击"OK"；在弹出的对话框的"DY"中输入"-H5"，单击"Apply"；弹出拾取对话框，继续拾取小芯片粘接剂，单击"OK"；在弹出的对话框的"DX"中输入"H5"，单击"Apply"；继续拾取小芯片粘接剂，单击"OK"；在弹出的对话框的"DY"中输入"H5"，"DX"中输入"H5"，单击"Apply"；弹出拾取对话框，继续拾取小芯片粘接剂，单击"OK"；在弹出的对话框的"DY"中输入"-H5"，"DX"中输入"H5"，单击"Apply"，继续拾取小芯片粘接剂，单击"OK"；在弹出的对话框的"DY"中输入"-H5"，"DX"中输入"-H5"，单击"Apply"；弹出拾取对话框，继续拾取小芯片粘接剂，单击"OK"；在弹出的对话框的"DY"中输入"H5"，"DX"中输入"-H5"，单击"OK"，如图 5-6 所示。

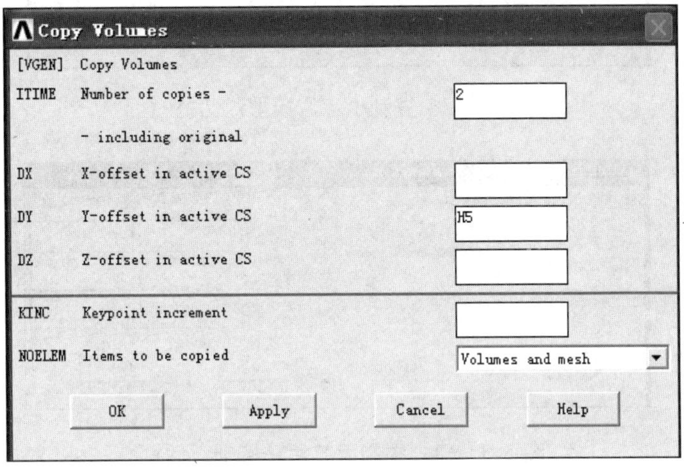

図 5-6　复制小芯片粘接剂模型对话框

依次选择 Main Menu>Preprocessor>Modeling>Move/Modify>Volumes，弹出拾取对话框，拾取中间位置的粘接剂模型，单击"OK"，在弹出的对话框中的"DX"中输入"-H5"。

依次选择 Main Menu>Preprocessor>Modeling>Copy>Volumes，弹出拾取对话框，拾取小芯片，单击"OK"；在弹出的对话框的"DY"中输入"H5"，单击"Apply"；弹出拾取对话框，继续拾取小芯片，单击"OK"；在弹出的对话框的"DY"中输入"-H5"，单击"Apply"；弹出拾取对话框，继续拾取小芯片，单击"OK"；在弹出的对话框的"DX"中输入"H5"，单击"Apply"，继续拾取小芯片，单击"OK"；在弹出的对话框的"DY"中输入"H5"，"DX"中输入"H5"，单击"Apply"；弹出拾取对话框，继续拾取小芯片，单击"OK"；在弹出的对话框的"DY"中输入"-H5"，"DX"中输入"H5"，单击"Apply"，继续拾取小芯片，单击"OK"；在弹出的对话框的"DY"中输入"-H5"，"DX"中输入"-H5"，单击"Apply"；弹出拾取对话框，继续拾取小芯片，单击"OK"；在弹出的对话框的"DY"中输入"H5"，"DX"中输入"-H5"，单击"OK"，如图 5-7 所示。

依次选择 Main Menu>Preprocessor>Modeling>Move/Modify>Volumes，弹出拾取对话框，拾取中间位置的小芯片模型，单击"OK"，在弹出的对话框中的"DX"中输入"-H5"。

依次选择 Main Menu>Preprocessor>Modeling>Create>Volumes>Block>By Dimensions，在弹出的对话框中输入"X1=-A2/2,X2=A2/2""Y1=-B2/2,Y2=B2/2""Z1=H1,Z2=H1+H4"，单击

"OK"，如图 5-8 所示。

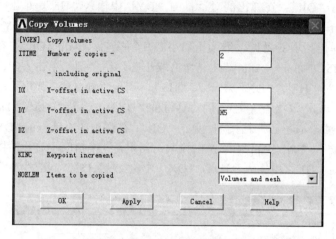

图 5-7　复制小芯片模型对话框

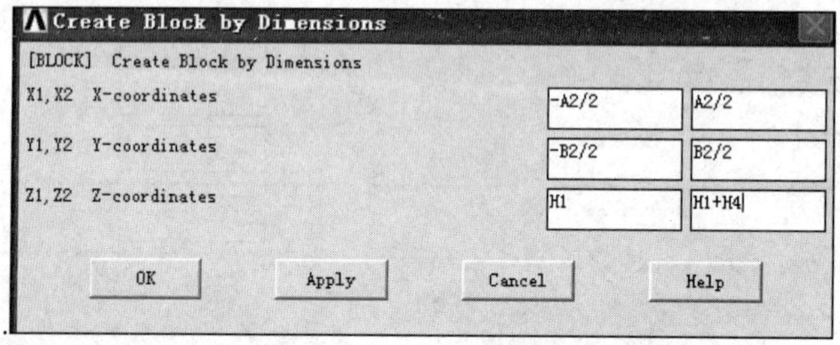

图 5-8　建立中间大芯片粘接剂对话框

依次选择 Main Menu>Preprocessor>Modeling>Create>Volumes>Block>By Dimensions，在弹出的对话框中输入 "X1=-A2/2,X2=A2/2" "Y1=-B2/2,Y2=B2/2" "Z1=H1+H4,Z2=H1+H4+H3"，单击 "OK"，如图 5-9 所示。

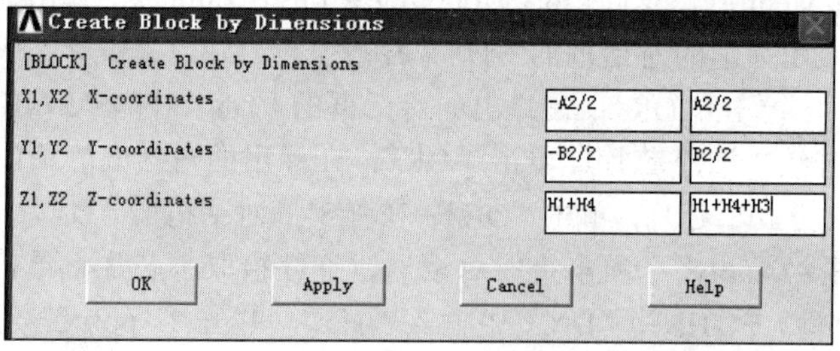

图 5-9　建立中间大芯片模型对话框

依次选择 Main Menu>Preprocessor>Modeling>Operate>Booleans>Glue>Volumes，在弹出的拾取对话框中单击 "Pick All"，把所有体粘接到一起。

（3）网格划分

依次选择 Main Menu>Preprocessor>Meshing>MeshTool，选择单元属性选项中的 "Set"，弹出网格属性对话框，设置材料号为 "1"，如图 5-10 所示。

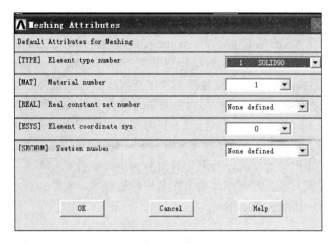

图 5-10　网格属性对话框

选择网格划分工具面板的"SIZE Controls"中的 Global>Set，在弹出的对话框中输入"SIZE=0.002"，单击"OK"。

选择网格划分工具中的"Mesh"按钮，弹出拾取对话框，拾取 9 个芯片，单击"OK"。

选择单元属性选项中的"Set"，弹出网格属性对话框，设置材料号为"2"。

选择网格划分工具面板的"SIZE Controls"中的 Global>Set，在弹出的对话框中输入"SIZE=0.002"，单击"OK"。

选择网格划分工具中的"Mesh"按钮，弹出拾取对话框，拾取 9 个粘接剂，单击"OK"。

选择单元属性选项中的"Set"，弹出网格属性对话框，设置材料号为"3"。

选择网格划分工具面板的"SIZE Controls"中的 Global>Set，在弹出的对话框中输入"SIZE=0.002"，单击"OK"。勾选网格划分工具中的"Smart Size"，并设置为"3"。

选择网格划分工具中的"Mesh"按钮，弹出拾取对话框，拾取基板，单击"OK"。

依次选择 Main Menu>Solution>Analysis>Type>New Analysis，在弹出的对话框中选中"Stead-State"，含义为进行稳态热问题分析求解。

（4）定义热边界条件

依次选择 Main Menu>Solution>Define Loads>Apply>Thermal>Convection>On Areas，弹出拾取对话框，选择"Box"或"Circle"，拾取所有与空气接触的面，单击"OK"；在弹出的对话框的"Film coefficient"中输入"10"，表示换热系数，"Bulk temperature"中输入"20"，表示外界的介质温度一般为空气，单击"OK"。

依次选择 Main Menu>Solution>Define Loads>Apply>Thermal>Heat Generat>On Volumes，拾取 8 个小芯片，单击"OK"；在弹出的对话框的"Value"中输入"HG2"，单击"OK"，用此法定义大芯片生热率为 HG1。

（5）求解

依次选择 Main Menu>Solution>Current LS，弹出求解对话框，单击"OK"。

（6）后处理

依次选择 Main Menu>General Postproc>Plot Results>Contour Plot>Nodal Solu，弹出节点求解数据对话框，选择 Nodal Solution>DOF Solution>Nodal Temperature，在比例因子选项中设置"Auto Calculated"为自动计算比例，单击"OK"，结果如彩插图 5-11 所示。

依次选择 Main Menu>General Postproc>Plot Results>Contour Plot>Nodal Solu，弹出节点求解数据对话框，选择 Nodal Solution>Thermal Gradient>Thermal gradient vector sum，在比例因子选项中设置"Auto Calculated"为自动计算比例，单击"OK"，结果如彩插图 5-12 所示。

"芯片"属于半导体产业，也被称为微芯片，是集成电路的载体，是将设计好的集成电路，镶嵌在半导体材料的硅片上，亦被称为电子信息产业的基石。除手机外，"芯片"还广泛应用于人工智能、军工、航天等领域，已成为保障国家安全和国防建设的战略性核心技术。

芯片制造的核心工艺涉及七大类生产设备，从光刻机、刻蚀机、离子注入机，到薄膜沉积设备、化学机械抛光机、清洗机，及用于后封装的引线键合机。每道工序设备背后，都有一系列族谱与工艺需要突破。近些年来中国在芯片制造领域已有不少技术实现国产，在一些细分领域实现了突破，达到先进水准。

练习题

（1）电子封装目前面临的工程问题有哪些？
（2）芯片与基板粘接组装有限元分析的基本步骤是什么？

06

第 6 章
方形扁平封装结构有限元分析

6.1　方形扁平封装器件简介

　　方形扁平封装器件 QFP（Quad Flat Package）是表面贴装型封装的一种，该封装形式的结构较多，本例采用图 6-1 所示的封装形式。封装的
4 个侧面都有引脚伸出，引脚为焊接结构，其特征是
引线呈 L 字形。使用 QFP 过程中面临的最大问题是
引脚的变形，它有传导电流和连接芯片与底板的双重
任务。在电路周期性通断和环境温度的周期性变化载
荷工况下，由于封装材料间的热膨胀系数失配，在焊
点的内部将产生交变的应力应变，从而诱发裂纹的萌
生与扩展，最终导致焊点的失效。因此，需要对 QFP
的实际服役环境进行实验和有限元分析，研究其在温
度循环载荷和位移循环载荷作用下的电流循环、温度

图 6-1　方形扁平封装示意图

棘轮、机械疲劳及其交互作用对 QFP 结构的影响，从而延长该类电子封装器件的寿命。

6.2　在温度循环载荷下的有限元分析

（1）Anand 黏塑性本构模型

　　由于焊材料的熔点较低，如 60Sn40Pb 钎料的熔点约为 183℃，电子封装及组件的工作环境温度（如-55～125℃）可达焊点熔点的 0.48～0.87 倍，在这种工作环境下，焊点中不但产生弹性变形和塑性变形，而且会产生明显的蠕变变形。本例对焊点有限元分析采用了统一型 Anand 黏塑性本构模型来描述焊料的变形行为。Anand 本构模型可以反映黏塑性材料与应变速率、温度相关的变形行为，以及应变率的历史效应、应变硬化和动态回复等特征。

$$\frac{\mathrm{d}\varepsilon_\mathrm{p}}{\mathrm{d}t} = Am\sqrt{\sinh(\xi\sigma/s)}\exp\left(\frac{Q}{kT}\right) \tag{6.1}$$

$$\frac{\mathrm{d}S}{\mathrm{d}t} = \left\{h_0\left(|B|^a\right)\frac{B}{|B|}\right\}\frac{\mathrm{d}\varepsilon}{\mathrm{d}t} \tag{6.2}$$

$$B = 1 - \frac{S}{S^*} \tag{6.3}$$

$$S^* = \hat{S}\left[\frac{\mathrm{d}\varepsilon/\mathrm{d}t}{A}\exp(\frac{Q}{kt})\right]^n \tag{6.4}$$

式（6.1）为流动方程，式（6.2）为内变量的演化方程。$\mathrm{d}\varepsilon_\mathrm{p}/\mathrm{d}t$ 为等效塑性应变率；Q/k 为 Boltzmann 激活能常数；A 为常数；ξ 为应力乘子；σ 为等效应力；h_0 为硬化常数；S^* 为 S 的饱和值；$\hat{S}$ 为系数；T 为绝对温度；m 为应变率敏感指数；a 为应变率硬化敏感指数；n 为饱和值应变率敏感指数。

（2）材料参数

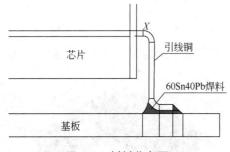

图 6-2　材料分布图

铜线引脚、印制电路板、硅片和焊料都假定为各向同性材料，引线、印制电路板和硅片只考虑它们的弹性变形，焊料考虑它的黏塑性行为。各材料在 QFP 中的分布如图 6-2 所示。

焊料的应力应变关系采用 Anand 本构模型描述。由于焊料的熔点较低，在温度循环加载中，温度可以达到熔点的 0.48～0.87 倍，此时焊料的弹性模量和泊松比变化较大，所以焊料的弹性模量和泊松比定义为随温度变化的量。

QFP 各组件的材料特性如表 6-1～表 6-3 所示。

表 6-1　QFP 组件材料参数

材料名称	EX/GPa	ALPX/K^{-1}	PRXY
铜	120.658	17×10^6	0.345
硅片	131	2.8×10^{-6}	0.3
FR4	22	18×10^{-6}	0.28

表 6-2　60Sn40Pb 焊料 Anand 黏塑性模型的材料参数

参数名	S_0/MPa	(Q/R)/K^{-1}	A/s^{-1}	ξ	h_0/MPa	m	s/MPa	n	a
参数值	56.33	10830	1.49×10^7	11	2640.75	0.303	80.415	0.0231	1.34

表 6-3　60Sn40Pb 焊料随温度变化的材料特性

温度/℃	-55	-35	-15	5	20	50	75	100	125
EX/GPa	47.97	46.89	45.79	44.38	43.25	41.33	39.45	36.85	34.59
PRXY	0.352	0.354	0.357	0.36	0.363	0.365	0.37	0.377	0.38

（3）单元类型

VISCO108 单元用于二维实体结构，它可用于平面应变和对称单元。单元由 8 个节点组成，分为四个边角节点及 4 个中间节点。每个节点有 3 个自由度，即 X、Y、Z 3 个方向的位移。它可用于求解存在大塑性应变的相关问题，存在强烈的非线性行为。PLANE82 是二维 4 节点单元 PLANE42 的高阶版本，对于四边形和三角形混合网格，它有高的结果精度，可以适应不规则形状而较少损失精度。本节点单元具有一致的位移形状函数，能很好地适应曲线边界。本单元有 8 个节点，每个节点有 2 个自由度，分别为 X 和 Y 方向的平移，既可用作平面单元，也可以用作轴对称单元，还具有描述型性应变、蠕变、辐射膨胀、应力刚度、大变形以及大应变的能力。温度载荷作为单元体载荷作用在节点上。

（4）有限元模型

在本例中，主要分析 QFP 结构中引脚及焊点部分。由于整体的对称性，只对单个引脚进行有限元模拟，同时，由于引脚厚度较大，且焊点对其有约束性，只对截取得到的一个带有引脚和焊点的面进行分析，以简化为平面应变问题。QFP 结构经过简化后共包括 4 个部分：硅片、引线铜、焊点（60Sn40Pb 焊料）和印制电路板（基板），建立的有限元模型如图 6-3 所示。

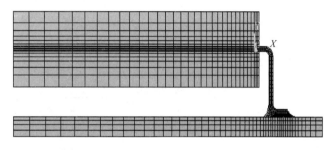

图 6-3　有限元模型

（5）载荷及边界条件

整个模型网格划分后，对模型施加约束条件。在模型左边的边界上施加对称约束，在模型底边的边界上施加全约束。QFP 器件在实际工作中，通常是在交变温度载荷下进行工作的，而热循环载荷就是典型的交变温度载荷，温度循环加载在全部节点上，温度范围为-55～125℃，升、降温速率为 20℃/min。高、低温保温时间为 25min，热循环周期为 68min，共进行 6 个温度循环，并且假设模型在 25℃时，模型内部处于零应力状态。施加边界条件的有限元模型如图 6-4 所示。

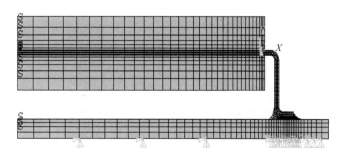

图 6-4　施加边界条件的有限元模型

（6）分析过程的 APDL 命令流

```
!*********************************
!设定求解环境
FINISH
/CLEAR
/FILNAME, QFP ANALYSIS.1                          !定义工作名
/TITLE, QFP UNDER TEMPERATURE CYCLIC LOADING      !定义工作标题
!用户界面配色
/GRA,POWER
/GST,ON
/PLO,INFO,3
/COLOR,PBAK,OFF
/RGB,INDEX,100,100,100,0
/RGB,INDEX,80,80,80,13
/RGB,INDEX,60,60,60,14
/RGB,INDEX,0,0,0,15                               !底色为白板
/REPLOT
!界面环境
/PLOPTS,INFO,3
/PLOPTS,LEG 1,0
/PLOPTS,LEG 2,0
/PLOPTS,FILE,0                                    !不显示工作名
/PLOPTS,WP,0                                      !不显示坐标系
/PLOPTS,DATE,0                                    !不显示日期
/TRIAD,ORIG
/REPLOT

!字体大小
/DEV,FONT,2,COURIER*NEW,400,0,-19,0,0,,,          !云图字体大小为 4 号
/DEV,FONT,1,COURIER*NEW,400,0,-19,0,0,,,          !图形字体大小为 4 号
!进入前处理
/PREP7
!定义单元类型
ET,1,PLANE82
KEYOPT,1,3,2
ET,2,VISCO108
!定义材料参数
!定义芯片材料属性
MP,EX,2,131E9
MP,PRXY,2,0.3
MP,ALPX,2,2.8E-6
```

!定义焊点材料属性

MP,ALPX,1,2.1E-5

MPTEMP,1,-55,-35,-15,5,20,50

MPTEMP,7,75,100,125

MPDATA,EX,1,1,47.97E9,46.89E9,45.79E9,44.38E9,43.25E9,41.33E9

MPDATA,EX,1,7,39.45E9,36.85E9,34.59E9

MPDATA,PRXY,1,1,0.352,0.354,0.357,0.36,0.363,0.365

MPDATA,PRXY,1,7,0.37,0.377,0.38

TB,ANAN,1,,,0   !60SN40PB 焊料 ANAND 黏塑性模型的材料参数

TBMODIF,1,1,56.33E6

TBMODIF,2,1,10830

TBMODIF,3,1,1.49E7

TBMODIF,4,1,11

TBMODIF,5,1,0.303

TBMODIF,6,1,2.64E9

TBMODIF,7,1,8.0415E7

TBMODIF,8,1,0.0231

TBMODIF,9,1,1.34

!定义 PCB 的材料属性

MP,EX,3,22E9

MP,PRXY,3,0.28

MP,ALPX,3,18E-6

!定义引线材料（铜）属性

MP,ALPX,4,17E-6

MP,EX,4,120.658E9

MP,PRXY,4,0.345

!建立有限元模型

!建引线,图 6-5

MAT,4

TYPE,1

RECTNG,0,0.6E-3,0,0.25E-3

CYL4,0.6E-3,-0.25E-3,0.25E-3,0,0.5E-3,90

RECTNG,0.85E-3,1.1E-3,-0.25E-3,-2.65E-3

CYL4,1.35E-3,-2.65E-3,0.25E-3,180,0.5E-3,270   !建立下面的四分之一圆环

RECTNG,1.35E-3,1.95E-3,-3.15E-3,-2.9E-3   !建立下面的矩形

AGLUE,1,2,3,4,5   !黏结面

NUMCMP,KP   !压缩编号

NUMCMP,LINE

NUMCMP,AREA

LESIZE,1,,,6

LESIZE,4,,,5

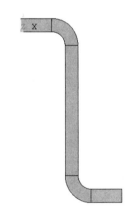

图 6-5　建引线

```
MSHKEY,1
AMESH,1
LESIZE,9,,,6
LESIZE,2,,,5
MSHKEY,1
AMESH,2
LESIZE,12,,,12
LESIZE,5,,,5
MSHKEY,1
AMESH,3
LESIZE,14,,,6
LESIZE,6,,,5
MSHKEY,1
AMESH,4
LESIZE,16,,,6
LESIZE,7,,,5
MSHKEY,1
AMESH,5
KLIST
```
!建立焊点,图 6-7,图 6-8
```
MAT,1
TYPE,2
```

!划分映射网格,图 6-6

图 6-6　划分映射网格

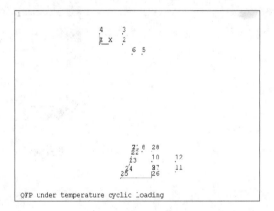

图 6-7　建立焊点（一）

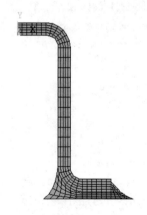

图 6-8　建立焊点（二）

```
K,21,0.85E-3,-2.65E-3
K,22,0.825E-3,-2.775E-3
K,23,0.775E-3,-2.975E-3
K,24,0.675E-3,-3.175E-3
K,25,0.55E-3,-3.3E-3
K,26,1.35E-3,-3.3E-3
```

!焊点前端

```
K,27,1.35E-3,-3.15E-3

K,28,1.35E-3,-2.65E-3

BSPLIN,21,22,23,24,25

L,25,26

L,26,27

LARC,21,27,28,0.5E-3

AL,17,10,19,20

RECTNG,1.35E-3,1.95E-3,-3.15E-3,-3.3E-3          !建立焊点中部的矩形

K,41,1.95E-3,-2.95E-3                            !建焊点后部上方的三角形

K,42,1.95E-3,-3.15E-3

K,43,2.15E-3,-3.15E-3

A,41,42,43

K,50,1.95E-3,-3.15E-3                            !建焊点后部下方的部位

K,51,1.95E-3,-3.3E-3

K,52,2.4E-3,-3.3E-3

K,53,2.3E-3,-3.25E-3

K,54,2.15E-3,-3.15E-3

L,50,51

L,51,52

L,50,54

BSPLIN,54,53,52,0,0,0,,,,0,0

AL,28,29,30,31

AGLUE,6,7,8,9

NUMCMP,KP                                        !压缩编号

NUMCMP,LINE

NUMCMP,AREA

LESIZE,17,,,5

LESIZE,18,,,6

LESIZE,19,,,5

LESIZE,20,,,6

MSHKEY,1

AMESH,6

LESIZE,22,,,4

LESIZE,23,,,4

LESIZE,24,,,4

MSHKEY,1

AMESH,7

LESIZE,25,,,6

MSHKEY,1

AMESH,8

LESIZE,21,,,5
```

```
LESIZE,28,,,5
LESIZE,27,,,4
MSHKEY,1
AMESH,9
!建芯片,图 6-9
MAT,2
TYPE,1
RECTNG,0,-14E-3,0,0.25E-3
RECTNG,-14E-3,0,0.25E-3,2E-3
RECTNG,-14E-3,0,0,-1.8E-3
RECTNG,0,0.3E-3,0.25E-3,2E-3
RECTNG,0,0.3E-3,0,-1.8E-3
AGLUE,10,11,12,13,14
NUMCMP,KP
NUMCMP,LINE
NUMCMP,AREA
LESIZE,31,,,30,5
LESIZE,29,,,30,0.2
LESIZE,32,,,5
MSHKEY,1
AMESH,10
LESIZE,33,,,30,5
LESIZE,40,,,6,5
LESIZE,39,,,6,5
MSHKEY,1
AMESH,12
LESIZE,34,,,30,0.2
LESIZE,37,,,6,5
LESIZE,38,,,6,5
MSHKEY,1
AMESH,11
LESIZE,35,,,6,5
LESIZE,42,,,3
LESIZE,41,,,3
MSHKEY,1
AMESH,13
LESIZE,36,,,6,0.2
LESIZE,43,,,3
LESIZE,44,,,3
MSHKEY,1
AMESH,14
```

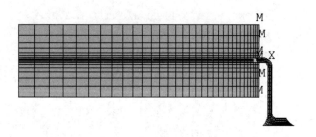

图 6-9　建立芯片并进行网格划分

!建立 PCB 底板,分为 5 部分,图 6-10

MAT,3

TYPE,1

RECTNG,0.55E-3,-14E-3,-3.3E-3,-4.3E-3

RECTNG,0.55E-3,1.35E-3,-3.3E-3,-4.3E-3

RECTNG,1.95E-3,1.35E-3,-3.3E-3,-4.3E-3

RECTNG,1.95E-3,2.4E-3,-3.3E-3,-4.3E-3

RECTNG,4.0E-3,2.4E-3,-3.3E-3,-4.3E-3

AGLUE,15,16,17,18,19

NUMCMP,KP   !压缩编号

NUMCMP,LINE

NUMCMP,AREA

LESIZE,47,,,30,5

LESIZE,45,,,30,0.2

LESIZE,48,,,4,2

LESIZE,46,,,4,0.5

MSHKEY,1

AMESH,15

LESIZE,49,,,4,0.5

LESIZE,53,,,6

MSHKEY,1

AMESH,16

LESIZE,50,,,4,0.5

LESIZE,55,,,6

MSHKEY,1

AMESH,17

LESIZE,51,,,4,0.5

LESIZE,57,,,4

MSHKEY,1

AMESH,18

LESIZE,52,,,4,0.5

LESIZE,59,,,6,2

LESIZE,60,,,6,2

MSHKEY,1

AMESH,19

NUMMRG,NODE,1E-6   !节点合并

NUMCMP,NODE   !节点编号缩并

!施加载荷及边界条件,图 6-11

/SOLU

ANTYPE,4   !设定为瞬态分析

NLGEOM,1   !设定为大变形分析

DL,32,,SYMM   !或者约束 X 方向 DL,32,,UX

图 6-10   建立 PCB 底板

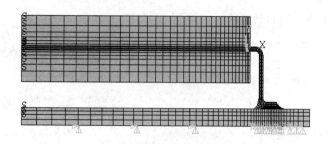

图 6-11　施加载荷及边界条件

```
DL,37,,SYMM
DL,40,,SYMM
DL,48,,SYMM
DL,45,,ALL                                    !底板约束为全约束
DL,53,,ALL
DL,55,,ALL
DL,57,,ALL
Dl,59,,All
!进行温度循环求解,图 6-12
TREF,25                                       !设定参考温度
TOFFST,273                                    !设定摄氏温度与开氏温度之间的差值
TUNIF,25                                      !设定只有一个时间很小的载荷步,作为初始条件
TIME,1E-5
CNVTOL,F,,,,0.00001                           !设定非线性分析的收敛值
SOLVE
DELTIM,60,60,60                               !设定时间步长为 60
KBC,0                                         !载荷类型为斜坡载荷
*DO,N,0,4,1                                   !施加一个温度循环载荷,循环圈数为 6 圈
TUNIF,125                                     !升温阶段
TIME,5*60+68*60*N
SOLVE
TIME,30*60+68*60*N                            !升温阶段
SOLVE
TUNIF,-55                                     !降温阶段
TIME,39*60+68*60*N
SOLVE
TIME,64*60+68*60*N                            !保温阶段
SOLVE
TUNIF,25                                      !升温阶段
TIME,68*60+68*60*N
SOLVE
*ENDDO
SAVE
```

```
!进入后处理
/POST1
SET,LAST
PLESOL,EPPL,X,0,1.0          !X向塑性应变,图 6-13
PLESOL,EPPL,Y,0,1.0          !Y向塑性应变,图 6-14
PLESOL,EPPL,XY,0,1.0         !XY向剪切塑性应变,图 6-15
```

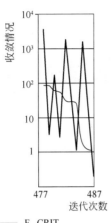

图 6-12　温度循环求解

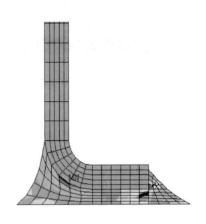

图 6-13　X向塑性应变分布云图

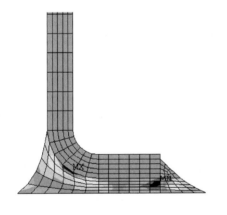

图 6-14　Y向塑性应变分布云图

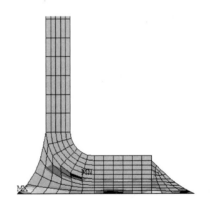

图 6-15　XY向剪切塑性应变分布云图

```
PLESOL,EPPL,1,0,1.0          !第一主方向塑性应变,彩插图 6-16
PLESOL,EPPL,2,0,1.0          !第二主方向塑性应变,图 6-17
PLESOL,EPPL,3,0,1.0          !第三主方向塑性应变,图 6-18
PLESOL,EPPL,EQV,0,1.0        !等效塑性应变,彩插图 6-19
PLESOL,EPPL,INT,0,1.0        !塑性应变强度,彩插图 6-20
!进入时间历程处理器
/POST26
```

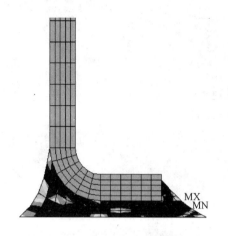

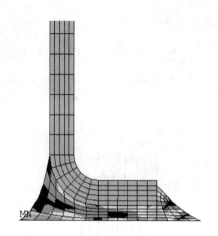

图 6-17　第二主方向塑性应变云图　　　　图 6-18　第三主方向塑性应变云图

```
ANSOL,2,783,EPPL,X,EPPLX_2          !X向塑性应变；
STORE,MERGE
FORCE,TOTAL
ANSOL,3,428,EPPL,Y,EPPLY_3          !Y向塑性应变；
STORE,MERGE
FORCE,TOTAL
ANSOL,4,783,S,X,SX_4                !X向应力；
STORE,MERGE
FORCE,TOTAL
ANSOL,5,428,S,Y,SY_5                !Y向应力；
STORE,MERGE
/COLOR,CURVE,BMAG,1                 !曲线颜色；
XVAR,1                              !X轴变量；
/AXLAB,X,Time(s)                    !X轴标识；
/AXLAB,Y,Plastic strain_X           !Y轴标识；
PLVAR,2                             !绘制 X 向塑性应变随时间变化曲线,图 6-21
```

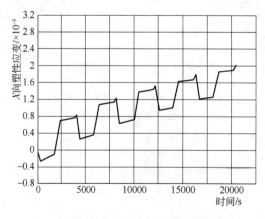

图 6-21　X向塑性应变随时间变化曲线（一）

```
/AXLAB,X,Time(s)
/AXLAB,Y,Plastic strain_Y
PLVAR,3                              !绘制 Y 向塑性应变随时间变化曲线,图 6-22
/AXLAB,X,Time(s)
/AXLAB,Y,Stress_X
PLVAR,4                              !绘制 X 向应力随时间变化曲线,图 6-23
```

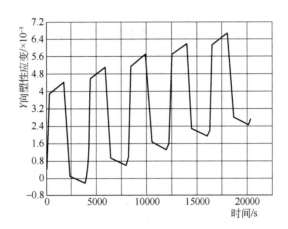

图 6-22   Y 向塑性应变随时间变化曲线（一）

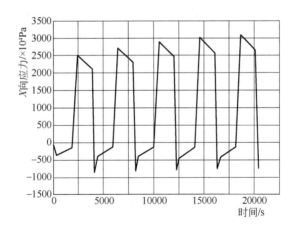

图 6-23   X 向应力随时间变化曲线（一）

```
/AXLAB,X,Time(s)
/AXLAB,Y,Stress_Y
PLVAR,5                              !绘制 Y 向应力随时间变化曲线,图 6-24
/AXLAB,X,Plastic strain_X
/AXLAB,Y,Stress_X
XVAR,2
PLVAR,4                              !绘制 X 向塑性应变随应力变化曲线,图 6-25
/AXLAB,X,Plastic strain_Y
```

```
/AXLAB,Y,Stress_Y
```

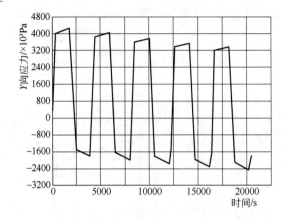

图 6-24　Y向应力随时间变化曲线（一）

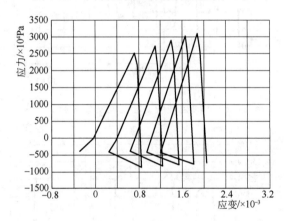

图 6-25　X向塑性应变随应力变化曲线（一）

```
XVAR,3

PLVAR,5                                                  !绘制 Y向塑性应变随应力变化曲线,图 6-26

!***************************
```

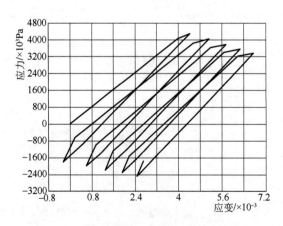

图 6-26　Y向塑性应变随应力变化曲线

（7）结果分析

对 QFP 有限元模型进行求解后可以得到如下结果。图 6-13 和图 6-14 显示了危险点 X 向和 Y 向的塑性应变云图；图 6-15 显示了 XY 方向的剪切塑性应变云图；图 6-16～图 6-18 显示了 3 个主方向的塑性应变云图；图 6-19 显示了等效塑性应变云图；图 6-20 显示了塑性应变强度分布云图。

下面给出 ANSYS 输出的节点塑性应变列表。

```
*****  POST1 NODAL PLASTIC STRAIN LISTING  *****
LOAD STEP =   26 SUBSTEP = 4
TIME=    20400.         LOAD CASE=  0
NODAL  RESULTS  ARE  FOR  MATERIAL  4
THE FOLLOWING X,Y,Z VALUES ARE IN ROTATED GLOBAL COORDINATES,
WHICH INCLUDE RIGID BODY ROTATION EFFECTS
NODE EPPLX  EPPLY  EPPLYZ  EPPLEY  EPPLZ  EPPLEZ
MINIMUM  VALUES
NODE  428  846  854  772  216  216
VALUE -0.34499E-02-0.26084E-02 0.27049E-03-0.46456E-02  0.0000 0.0000
MAXIMUM VALUES
NODE  846  428  865  624  216  216
VALUE 0.21346E-02 0.28026E-02 0.54146E-03 0.13998E-01  0.0000  0.0000
```

从以上结果可以看出。

① 在施加 5 个温度循环加载后，X 方向及 Y 方向塑性应变累积的绝对最大值都出在焊点前端倒角与铜引线交界处以及焊点后端倒角与铜引线交界处这两个部位；

② 对于焊料这种黏塑性材料，塑性应变是引起焊点材料失效的主要原因。因此，这里采用塑性应变来评估焊点的薄弱部位，以此确定出危险点为节点 428，焊点危险塑性应变为：X 向 -0.34499×10^{-2}，Y 向 0.28026×10^{-2}。

确定了焊点的危险点，即可通过时间后处理给出该点应力、塑性应变随加载时间变化的曲线，分别如图 6-21～图 6-24 所示。从图 6-21～图 6-24 中可以看出：

① 由 X、Y 方向的塑性应变随时间变化图可以得到，该点两个方向上的应力在高低保温过程中有应力松弛现象。该点两个方向上的塑性应变随温度循环都有一个累积过程，塑性应变的不断累积最终造成了焊点的失效，此种现象亦可称温度棘轮；

② 应力响应是一个非比例过程，且在温度循环周期中应力响应曲线非常相似。这说明在 6 个温度循环周期中，该位置上应力响应一直处在相对稳定状态。

图 6-25 和图 6-26 中给出了两个方向的塑性应变随应力变化关系曲线。从图 6-25 和图 6-26 中可以看出：

① X 向应力应变滞后环随着循环周次的不断增加而沿着塑性应变增加的方向移动，且 X 向应力峰值在初始几周随循环周次增加而有所增加，但增长趋势变缓；

② Y 向应力应变滞后环随着循环周次的增加，塑性应变的演化与 X 向相同，但注意到，Y 向应力峰值随循环周次不断降低，最后趋于平缓。

上述现象表明塑性应变是随时间不断增大的积累过程，即产生棘轮变形，但每一周期的塑性应变增幅随着循环周次的增加而变小，这是由于材料的变形抗力造成的。

（8）结论

在本例中，根据几何对称性和载荷对称性建立了一个 QFP 有限元模拟结构，并将其归结为平面应变问题进行分析，钎焊材料特性采用 Anand 黏塑性本构模型描述，加载 5 个温度循环载荷以模拟电子封装结构的实际服役环境，得到如下结果。

① 在温度循环加载过程中，两个方向的塑性应变最大值发生在焊点前端倒角与铜引线交界处以及焊点后端倒角与铜引线交界处，一处为正值，一处为负值，并依据塑性应变累积，确定了焊点的危险点 428 号节点。

② 通过对该危险点的应力应变响应分析，X 向应力应变滞后环随着循环周次的不断增加而沿着塑性应变增加的方向移动，且 X 向应力峰值在初始几周随循环周次增加而有所增加，但增长趋势变缓；Y 向应力应变滞后环随着循环周次的增加，塑性应变的演化与 X 向相同，但注意到，Y 向应力峰值随着循环周次不断降低，最后趋于平缓。

上述现象表明焊点在实际服役过程中，由于环境温度循环的不对称性，造成塑性应变随时间不断积累，即产生温度棘轮，但每一周期的塑性应变增幅随着循环周次的增加而变小，这是由于材料的变形抗力造成的。

6.3　在位移循环载荷下的有限元分析

（1）分析方案

为分析 QFP 在位移循环载荷下的变形行为，对铜引线和焊点连接处进行如下有限元分析。整个模型取 6.2 节的铜引线和焊点部分，如图 6-27 所示。在模型左边的边界上施加循环位移，在模型底边的边界上施加全约束。

（2）分析过程的 APDL 命令流

下面给出对位移循环下的 QFP 封装温度场分布求解过程的命令流。

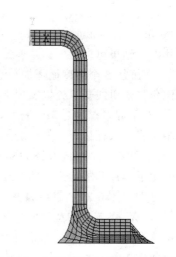

图 6-27　铜引线和焊点的有限元模型

```
!*****************************
!进行位移循环求解
/SOLU
LSCLEAR,ALL              !删除所有约束
ESEL,S,MAT,,1            !选取铜引线和焊点
ESEL,A,MAT,,4
ANTYPE,STATIC           !设定为静态分析
NLGEOM,1                !设定为大变形分析
DL,18,,ALL             !底板约束为全约束
DL,25,,ALL
DL,27,,ALL
DL,4,,UX,1E-8
TIME,1E-6              !设定只有一个时间很小的载荷步作为初始条件
SOLVE
DELTIM,60,60,60        !设定时间步长为 60
```

```
KBC,0                                    !载荷类型为斜坡载荷
*DO,N,0,4,1                              !施加一个位移循环加载,循环圈数为5圈
DL,4,,UX,-2E-4                           !拉伸
TIME,10*60+40*60*N
SOLVE
DL,4,,UX,2E-4                            !压缩阶段
TIME,30*60+40*60*N
SOLVE
DL,4,,UX,0                               !完成一个循环
TIME,40*60+40*60*N
SOLVE
*ENDDO
SAVE
!进入通用后处理
/POST1
SET,LAST
PLESOL,EPPL,X,0,1.0                      !X向塑性应变,图6-28
PLESOL,EPPL,Y,0,1.0                      !Y向塑性应变,图6-29
```

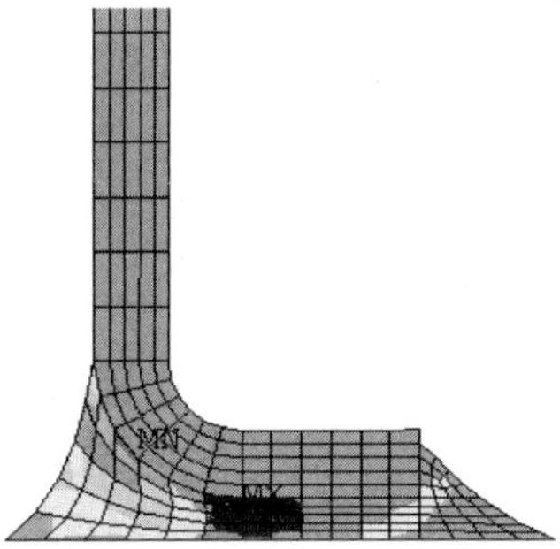

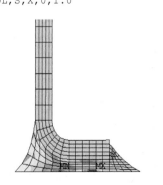

图 6-28　X 向塑性应变云图

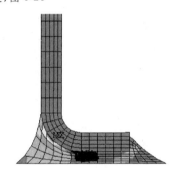

图 6-29　Y 向塑性应变云图

```
PLESOL,EPPL,XY,0,1.0                     !XY向塑性应变,图6-30
PLESOL,EPPL,EQV,0,1.0                    !等效塑性应变,彩插图6-31
PLNSOL,S,X,0,1.0                         !X向应力,图6-32
```

图 6-30　XY 向塑性应变云图

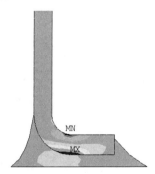

图 6-32　X 向应力云图

```
PLNSOL,S,Y,0,1.0                      !Y向应力,图 6-33
PLNSOL,S,XY,0,1.0                     !XY向应力,图 6-34
```

图 6-33 Y 向应力云图

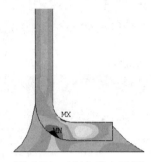

图 6-34 XY 向应力云图

```
PLNSOL,S,EQV,0,1.0                    !等效应力,彩插图 6-35
!进入时间历程处理器
/POST26
ANSOL,2,426,EPPL,X,EPPLX_2           !X向塑性应变
STORE,MERGE
FORCE,TOTAL
ANSOL,3,426,EPPL,Y,EPPLY_3           !Y向塑性应变
STORE,MERGE
FORCE,TOTAL
ANSOL,4,426,S,X,SX_4                 !X向应力
STORE,MERGE
FORCE,TOTAL
ANSOL,5,426,S,Y,SY_5                 !Y向应力
STORE,MERGE
/COLOR,CURVE,BMAG,1                  !曲线颜色
XVAR,1                               !X轴变量
/AXLAB,X,Time(s)                     !X轴标识
/AXLAB,Y,Plastic strain_X            !Y轴标识
PLVAR,2                              !绘制 X 向塑性应变随时间变化曲线,图 6-36
```

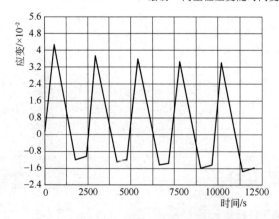

图 6-36 X 向塑性应变随时间变化曲线（二）

```
/AXLAB,X,Time(s)

/AXLAB,Y,Plastic strain_Y

PLVAR,3                          !绘制 Y 向塑性应变随时间变化曲线,图 6-37

/AXLAB,X,Time(s)

/AXLAB,Y,Stress_X

PLVAR,4                          !绘制 X 向应力随时间变化曲线,图 6-38
```

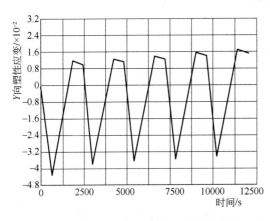 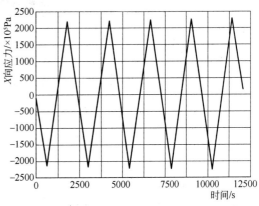

图 6-37 Y 向塑性应变随时间变化曲线（二）　　图 6-38 X 向应力随时间变化曲线（二）

```
/AXLAB,X,Time(s)

/AXLAB,Y,Stress_Y

PLVAR,5                          !绘制 Y 向应力随时间变化曲线,图 6-39

/AXLAB,X,Plastic strain_X

/AXLAB,Y,Stress_X

XVAR,3

PLVAR,5                          !绘制 X 向塑性应变随应力变化曲线,图 6-40
```

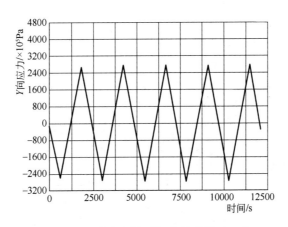

图 6-39 Y 向应力随时间变化曲线（二）

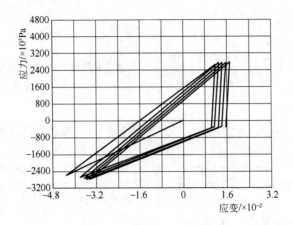

图 6-40 X 向塑性应变随应力变化曲线（二）

```
/AXLAB,X,Plastic strain_Y

/AXLAB,Y,Stress_Y

XVAR,4

PLVAR,5                                    !绘制 Y 向塑性应变随应力变化曲线
```

（3）结果分析

对 QFP 有限元模型进行求解后可以得到如下结果，图 6-28～图 6-31 显示了危险点 X 向、Y 向、XY 向塑性应变云图及等效塑性应变云图；图 6-32～图 6-35 显示了 X 向、Y 向、XY 向应力云图及等效应力云图。从以上结果可以看出：

① 在施加 5 个位移循环加载后，X 方向及 Y 方向塑性应变累积的绝对最大值均出现在焊点前端倒角与铜引线交界处以及焊点后端倒角与铜引线交界处这两个部位；

② X 向最大应力发生在铜引线与焊点连接交界处，值为 2.82×10^8MPa；Y 向最大应力发生在引铜线下侧拐弯处，值为 1.42×10^8MPa；XY 向最大应力发生在铜引线下端拐弯结束处上侧面，值为 7.08×10^7MPa，最大等效应力发生在铜引线下端拐弯结束处上侧面，值为 2.86×10^8MPa。

下面列出 ANSYS 求解得到的节点塑性应变列表。

```
*****  POST1 NODAL PLASTIC STRAIN LISTING  *****

LOAD STEP = 16  SUBSTEP = 10

TIME= 12000.        LOAD CASE= 0

NODAL  RESULTS  ARE  FOR  MATERIAL  4

THE FOLLOWING X,Y,Z VALUES ARE IN ROTATED GLOBAL COORDINATES,

WHICH INCLUDE RIGID BODY ROTATION EFFECTS

NODE EPPLX EPPLY EPPLYZ EPPLEY EPPLZ EPPLEZ

MINIMUM  VALUES

NODE  426  792  651  634  216  216

VALUE  -0.28505E-01-0.43437E-02 -0.30096E-03-0.26588E-02  0.0000  0.0000

MAXIMUM VALUES

NODE  794  426  822  768  216  216

VALUE 0.45014E-02 0.27982E-01 0.30744E-03 0.22767E-01   0.0000  0.0000
```

由上述可知，最大塑性应变发生在节点 426，分别为-2.8505×10^{-2} 和 2.7982×10^{-2}。
接下来列出 ANSYS 求解得到的节点应力列表。

```
*****  POST1 NODAL PLASTIC STRAIN LISTING  *****
LOAD STEP =  16  SUBSTEP = 10
TIME=     12000.       LOAD CASE=  0
NODAL  RESULTS  ARE  FOR  MATERIAL  4
THE FOLLOWING X,Y,Z VALUES ARE IN ROTATED GLOBAL COORDINATES,
WHICH INCLUDE RIGID BODY ROTATION EFFECTS
MINIMUM  VALUES
NODE  432  216  432  497  216  216
VALUE -0.11381E+09-0.11505E+09 -0.62752E+08  0.0000 0.0000
MAXIMUM VALUES
NODE  524  443  524  451  216  216
VALUE 0.14197E+09 0.11798E+09  0.70461E+08  0.0000  0.0000
```

由上述可知，最小应力发生在 432 号节点，值为-3.2918×10^{8}MPa；最大应力发生在 524
号节点，值为 2.8248×10^{8}MPa。

确定了焊点的危险点，即可通过时间后处理给出该点塑性应变和应力随加载时间的变化
曲线，分别如图 6-36～图 6-39 所示。从图 6-36 和图 6-39 中可以看出：

① 危险点两个方向上的塑性应变随位移循环加载分别向负、正方向转移；

② 应力响应与位移加载保持一致的趋势。

（4）结论

通过对 QFP 的铜引线和焊点连接部位进行位移循环加载有限元分析，得到如下结果。

① 在位移循环加载过程中，两个方向的塑性应变最大值发生在焊点前端倒角与铜引线
交界处以及焊点后端倒角与铜引线交界处，一处为正值，一处为负值。并依据塑性应变累积，
确定了焊点的危险点为 426 号节点。

② 最大等效应力发生在铜引线下端拐弯结束处上侧面，值为 2.86×10^{8}MPa。

③ 危险点两个方向上的塑性应变随位移循环加载分别向负、正方向转移；应力响应却
与位移加载保持一致的趋势。

通过温度循环和位移循环加载分析，得到了一些有益于了解电子结构在循环载荷下的变
形行为，进一步考察了温度加载率、位移加载率对焊点黏塑性变形行为的影响。另外，还可
以对应力循环下的棘轮行为进行研究。

练习题

（1）方形扁平封装结构在温度载荷和位移载荷下分析步骤的区别是什么？

（2）取 QFP 结构的 1/4，进行温度场有限元分析。

07

第 7 章
焊球组装结构有限元分析

7.1 问题描述

（1）计算假设和简化

1）由于模型和载荷的对称性且为了节约计算时间，仅截取 CBGA 结构中包含一个焊球的部分进行分析。

2）简化实际模型，模型包括芯片、焊球和 PCB 板三部分。

3）各材料界面之间的连接为完全连接。

4）芯片和 PCB 板四周的截面为自由表面。

5）PCB 板的下底面为完全约束。

6）假设结构的初始温度为 25℃，为初始零应力状态。

（2）单元类型的选取

1）芯片、PCB 板采用三维实体单元 SOLID45 来模拟。

2）焊点部分采用三维 8 节点黏塑性实体单元 VISCO107 来模拟。

（3）材料属性

结构的材料属性如表 7-1 所示；钎焊材料 63Sn37Pb 的弹性模量和泊松比如表 7-2 所示；钎焊材料 63Sn37Pb 的 Anand 模型参数如表 7-3 所示。

表 7-1　材料属性参数表

材料	弹性模量 EX/GPa	泊松比 PRXY	膨胀系数 ALPX/$\times 10^{-6} K^{-1}$
63Sn37Pb	见表 7-2		21.0
CBGA	26.5	0.2	6.9
PCB	22.0	0.28	18.0

表 7-2　63Sn37Pb 钎焊材料特性

温度/℃	-55	-35	-15	5	20	50	75	100	125
弹性模量 EX/GPa	47.97	46.89	45.79	44.38	43.25	41.33	39.45	36.85	34.59
泊松比 PRXY	0.352	0.354	0.357	0.360	0.363	0.365	0.370	0.377	0.380

表 7-3　63Sn37Pb 钎焊材料 Anand 模型参数

S_0/MPa	(Q/R)/K^{-1}	A/s^{-1}	ξ	h_0/MPa	m	S/MPa	n	a
56.33	10830	1.49E7	11	2640.75	0.303	80.415	0.0231	1.34

（4）参数设定

采用国际单位制，模拟过程中用到的参数设定如表 7-4 所示。

表 7-4　几何参数设定

几何参数	参数意义	几何参数	参数意义
PCB_L=47E-3	PCB 长度	SB_R=0.445E-3	焊球半径
PCB_W=47E-3	PCB 宽度	CHIP_L=18.5E-3	芯片长度
PCB_H=1.2E-3	PCB 高度	CHIP_W=18.5E-3	芯片宽度
SB_H=0.65E-3	焊球高度	CHIP_H=1E-3	芯片高度
SB_DIST=1.27E-3	焊球间距		

7.2　模型建立和参数定义

整个模型建立过程包括：参数定义、实体建模、定义材料属性、网格划分、单元复制及施加边界条件等六部分。

参数定义如下。

```
FINI
/CLE
/UNITS,SI                                      !国际单位制
/FILNAME,CBGA                                   !指定文件名为 CBGA
/TITLE,3D TEMPERTURE CIRCLE SIMULATION OF CBGA  !指定标题
!用户界面配色
/GRA,POWER
/GST,ON
/PLO,INFO,3
/COLOR,PBAK,OFF
/RGB,INDEX,100,100,100,0
/RGB,INDEX,80,80,80,13
/RGB,INDEX,60,60,60,14
/RGB,INDEX,0,0,0,15                             !底色为白板
/REPLOT
!字体大小
```

```
/DEV,FONT,2,COURIER*NEW,400,0,-19,0,0,,,        !云图字体大小为 4 号
/DEV,FONT,1,COURIER*NEW,400,0,-19,0,0,,,        !图形字体大小为 4 号
```

第一步：几何参数设定。

```
!定义芯片尺寸
*SET,CHIP_L,18.5E-3                             !芯片长度
*SET,CHIP_W,18.5E-3                             !芯片宽度
*SET,CHIP_H,1E-3                                !芯片高度
!定义焊球尺寸
*SET,SB_R,0.445E-3                              !焊球半径
*SET,SB_H,0.65E-3                               !焊球高度
*SET,SB_DIST,1.27E-3                            !焊球间距
*SET,SB_JJ,SQRT((SB_R**2)-((SB_H/2)**2))        !焊球相关的一个参量
!定义 PCB 板尺寸
*SET,PCB_L,47E-3                                !PCB 板长度
*SET,PCB_W,47E-3                                !PCB 板宽度
*SET,PCB_H,1.2E-3                               !PCB 板高度
```

第二步：定义单元类型。

```
!**********前处理**********
/PREP7                                          !进入前处理
ET,1,VISCO107                                   !定义两种单元类型
ET,2,SOLID45
```

第三步：定义材料属性。

```
!定义钎焊材料特性
MP,ALPX,1,21E-6                                 !钎料的热膨胀系数
MPTEMP,1,-55,-35,-15,5,20,50                    !定义描述材料特性的温度表
MPTEMP,7,75,100,125
MPDATA,EX,1,1,47.97E9,46.89E9,45.79E9,44.38E9,43.25E9,41.33E9
MPDATA,EX,1,7,39.45E9,36.85E9,34.59E9           !钎料温度相关的弹性模量
MPDATA,PRXY,1,1,0.352,0.354,0.357,0.36,0.363,0.365
MPDATA,PRXY,1,7,0.37,0.377,0.38                 !钎料温度相关的泊松比
TB,ANAN,1,,,0                                   !钎料 ANAND 模型材料参数
TBDATA,1,56.33E6,10830,1.49E7,11,0.303,2640E6
TBDATA,7,80.415E6,0.0231,1.34
!定义芯片材料属性——陶瓷
MP,EX,2,26.5E9                                  !陶瓷的弹性模量
MP,PRXY,2,0.2                                    !陶瓷的泊松比
MP,ALPX,2,6.9E-6                                !陶瓷的热膨胀系数
!定义 PCB 的材料属性——FR4 板
MP,EX,3,22E9                                    !PCB 的弹性模量
MP,PRXY,3,0.28                                  !PCB 的泊松比
MP,ALPX,3,18E-6                                 !PCB 的热膨胀系数
```

提示：焊球材料的弹性模量、泊松比定义为温度相关。

7.3　实体建模

实体建模时，首先建立结构的 1/2 平面模型，然后通过旋转命令建立 1/4 的实体结构，对其进行材料定义及网格划分，最后通过两个方向的镜像复制得到整体结构。在建模过程中，为了便于网格划分，对部分线段及部分平面进行了合并。

第一步：建立结构的平面模型。

PCIRC,SB_R,,-90,90	!建立一个半圆
LSEL,S,LOC,X,0,0	!根据坐标系选择线
LCOMB,ALL	!合并选择的线为一条线
RECTNG,0,SB_JJ,SB_H/2,SB_H/2+CHIP_H	!建立芯片矩形
RECTNG,0,SB_JJ,-SB_H/2,-SB_H/2-PCB_H	!建立 PCB 板矩形
AOVLAP,ALL	!叠分芯片、焊球和 PCB 模型

提示：采用 LCOMB 命令后合并半圆上的两条线，以便后续对焊球的网格划分，如图 7-1 所示。通过第一步得到的模型如图 7-2 所示。

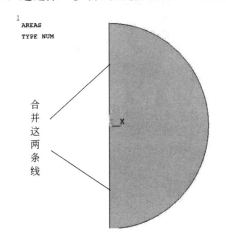

图 7-1　合并半圆的两条线

图 7-2　结构平面模型

第二步：对平面模型处理。

ASEL,S,LOC,Y,SB_H/2,SB_H/2+CHIP_H	!选择 PCB 板
AADD,ALL	!生成一个单一面
ASEL,S,LOC,Y,-SB_H/2,-SB_H-PCB_H	!选择芯片
AADD,ALL	!生成一个单一面

提示：由于在上一步采用了叠分操作，本来为同一材料的部分现在分为好几个独立的部分，这样不便于该部分网格的划分，所以概不对其采用 AADD 命令进行合并。

第三步：合并相关线，以便对平面结构进行旋转操作。

LSEL,S,LOC,X,0,0	!选择线
LSEL,R,LOC,Y,SB_H/2,SB_H/2+CHIP_H	

```
LCOMB,ALL                                        !合并生成一条单一的线
LSEL,S,LOC,X,0,0                                 !选择线
LSEL,R,LOC,Y,-SB_H/2,-SB_H/2-PCB_H
LCOMB,ALL                                        !合并生成一条单一的线
ALLSEL,ALL                                       !选择所有实体
NUMCMP,ALL                                       !压缩所有组元的编号
```

第四步：对平面模型旋转 90°得到 1/4 实体结构。

```
VROTAT,ALL,,,,,,4,1,90                           !旋转面得到体
BLOCK,0,SB_DIST/2,SB_H/2,CHIP_H+SB_H/2,0,SB_DIST/2  !建立长方体
BLOCK,0,SB_DIST/2,-SB_H/2,-PCB_H-SB_H/2,0,SB_DIST/2 !建立长方体
VOVLAP,ALL                                       !叠分选择的部分
NUMCMP,ALL                                       !压缩编号
ALLSEL,ALL                                       !选择所有实体
```

提示：通过旋转命令得到的 1/4 实体结构见图 7-3，通过第四步得到的结构如图 7-4 所示。

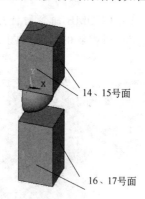

14、15号面

16、17号面

图 7-3　平面结构旋转得到的 1/4 实体结构　　　图 7-4　整体 1/4 结构

1）定义材料属性　这里是对未划分网格的 1/4 结构体定义材料及单元属性，采用 VATT 命令。

```
VSEL,S,LOC,Y,-SB_H/2,SB_H/2                      !选择焊球
VATT,1,1,,                                       !定义焊球材料及单元属性
VSEL,S,LOC,Y,SB_H/2,SB_H/2+CHIP_H               !选择芯片
VATT,2,2,,                                       !定义芯片材料及单元属性
VSEL,S,LOC,Y,-SB_H/2-PCB_H,-SB_H/2              !选择 PCB 板
VATT,3,2,,                                       !定义 PCB 板材料及单元属性
```

2）网格划分　这里对结构进行映射网格划分。为了得到较好的网格划分效果，对结构的部分线段进行了网格尺寸的设定，同时对芯片和 PCB 板的部分面进行连接操作，以便进行映射网格划分。

```
ACCAT,14,15                                      !连接两个平面以便于映射网格划分
ACCAT,16,17
LSEL,S,LOC,Y,SB_H/2+1E-5,SB_H/2+CHIP_H-1E-5     !选择相关线
LSEL,A,LOC,Y,-SB_H/2-1E-5,-SB_H/2-CHIP_H+1E-5
```

```
LESIZE,ALL,,,8,,1,,,1                        !将选择的线八等分
LSEL,S,LOC,Y,-SB_H/2+1E-5,SB_H/2-1E-5        !选择相关线
LESIZE,ALL,,,6,,1,,,1                        !将选择的线六等分
CSYS,5                                       !激活编号为 5 的柱坐标系
LSEL,S,LOC,X,1E-5,SB_R                       !选择相关线
LESIZE,ALL,,,2,,0,,,1                        !将选择的线二等分
CSYS                                         !激活笛卡尔坐标系
LSEL,S,LOC,X,0,0                             !选择相关线
LESIZE,ALL,,,4,,0,,,1                        !将选择的线四等分
LSEL,S,LOC,Z,0,0                             !选择相关线
LESIZE,ALL,,,4,,0,,,1                        !将选择的线四等分
ALLSEL,ALL                                   !选择所有实体
MSHAPE,0,3D                                  !设定划分单元的类型
MSHKEY,1                                     !采用映射网格划分
VMESH,ALL                                    !进行体的网格划分
NUMCMP,ALL                                   !压缩所有组元编号
```

提示：对结构进行网格划分后得到的网格分布状况如图 7-5 所示；焊球部分的网格划分状况如图 7-6 所示。

图 7-5　整体 1/4 结构网格划分

图 7-6　1/4 焊球网格划分

（1）单元复制得到完整结构

由于前面对相关线和面进行了连接操作，为了能对单元体顺利地进行镜像复制，将执行了连接操作的线和面删除。

```
LSEL,S,LCCA                                  !选择连接的线
LDELE,ALL                                    !删除选择的线
ASEL,S,ACCA                                  !选择连接的面
ADELE,ALL                                    !删除选择的面
ALLSEL,ALL                                   !选择所有实体
VSYMM,X,ALL,,,,0,0                           !通过 X 轴镜像复制得到一半焊球的模型
```

```
VSYMM,Z,ALL,,,,0,0              !通过 Z 轴镜像复制得到完整焊球的模型
NUMCMP,ALL                      !压缩编号
ALLSEL,ALL                      !选择所有实体
NUMMRG,NODE,1E-6                !节点合并
NUMCMP,ALL                      !压缩编号
```

提示：结构单元体进行镜像复制后的整体结构网格分布如图 7-7 所示；焊球部分网格分布如图 7-8 所示。由于用于合并等效组元的 NUMMRG 命令在进行节点合并时，默认节点最小间距为 1.0×10^{-4}，小于该值时将进行合并，在此使用该命令时将节点最小间距值设为 1.0×10^{-6}。

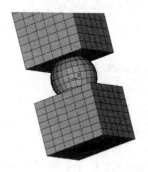

图 7-7　整体结构网格分布

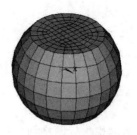

图 7-8　焊球部分网格分布

（2）边界条件

由于 CBGA 结构本身有许多个焊球，在简化为单个焊球进行分析时，唯一能确定的边界条件就是 PCB 板底面的约束，在此假设切割出来的芯片和 PCB 板四周的侧面及芯片的上表面为自由表面。

```
ASEL,S,LOC,Y,-SB_H/2-PCB_H,-SB_H/2-PCB_H    !选择 PCB 板的底面
DA,ALL,ALL                                  !PCB 板底面施加全约束
ALLSEL,ALL                                  !选择所有实体
```

7.4　加载及求解

CBGA 器件在实际工作中，通常是在交变温度载荷下进行工作的，而热循环载荷本身就是典型的交变温度载荷。温度循环加载在全部节点上。温度范围为-55～125℃，升、降的温度率为 36℃/min，高、低温保温时间为 25min。从 25℃开始温度循环。

（1）设定求解选项

在模拟 CBGA 温度循环时，打开大变形选项，同时采用全 N-R 进行求解。由于在温度加载时以摄氏度为单位，而 ANSYS 求解时对某些公式中的温度项采用开氏温度，所以采用 TOFFST 命令设置了摄氏温度与开氏温度的差值。

```
!*********加载求解**********
/SOLU                          !进入求解器
ANTYPE,4                       !设定为瞬态分析
TRNOPT,FULL                    !定义瞬态分析类型
NLGEOM,ON                      !设定为大变形分析
```

```
NROPT,FULL                          !设定全 N-R 求解
TREF,25                             !设定参考温度
TOFFST,273                          !设定摄氏温度与开氏温度的差值
OUTRES,ALL,ALL                      !输出每个子步的所有值
```

（2）初始载荷

设定一个时间很小的载荷步，求解初始温度下的结果，以此为结构的初始条件。

```
TUNIF,25                            !定义节点温度为 25℃
TIME,1E-5                           !定义时间为 1×10⁻⁵
SOLVE                              !求解
```

（3）循环载荷

对温度循环采用*DO 循环语句进行控制。

```
NSUBST,15                          !设定载荷子步数为 15
KBC,0                              !定义载荷为斜坡载荷
*DO,N,0,4,1                        !施加温度循环载荷,循环 5 圈
TUNIF,125                          !升温阶段
TIME,5*60+68*60*N                  !升温结束时间
SOLVE                             !求解
TIME,30*60+68*60*N                 !保温结束时间
SOLVE                             !求解
TUNIF,-55                          !降温结束时间
TIME,39*60+68*60*N                 !
SOLVE                             !求解
TIME,64*60+68*60*N                 !保温结束时间
SOLVE                             !求解
TUNIF,25                           !升温阶段
TIME,68*60+68*60*N                 !升温结束时间
SOLVE                             !求解
*ENDDO
SAVE
```

7.5 结果分析

施加循环温度载荷后，由于结构各材料之间的热膨胀失配，将会在结构内部产生累积塑性应变和应力；而且在施加温度循环载荷的过程中，在焊球的内部也将会产生周期性的应力应变响应。这些都和焊点的失效有着紧密的联系。

（1）通用后处理

通用后处理可以确定在一定的温度循环载荷后的结构应力应变累积情况。通过查看结构的等效塑性应变分布，可以确定结构的失效危险点。

```
!********通用后处理**************
/POST1                            !进入通用后处理
PLNSOL,S,EQV,0,1                  !查看总体等效应力分布云图,如彩插图 7-9 所示
```

```
PLNSOL,EPPL,EQV,0,1                  !查看总体等效塑性应变分布云图,如彩插图 7-10 所示
FINISH
```

从等效应力及等效塑性变形应变分布云图可以看出，它们各自的最大值都出现在焊球与芯片的连接处，可以以此确定结构失效的危险部位为焊球结构。彩插图 7-11 和图 7-12 给出了焊球结构的等效应力及等效塑性应变分布云图。

提示：为了观察焊球内部的应力应变分布，彩插图 7-13 和图 7-14 给出了截取半个焊球得到的等效应力、等效塑性应变分布云图。

（2）时间后处理

在通用后处理时可以确定温度循环后焊球上累计塑性应变最大的点，即 24 号节点，为结构失效危险点。通过时间历程后处理，可以得到焊球失效危险点上的应力应变随时间变化曲线。本例采用危险点上的单元结果进行处理。

```
!*************时间历程后处理********
/POST26                              !进入时间历程处理器
ESOL,2,495,24,S,Y,Y_2                !保存后处理文件中危险点的 Y 向应力
XVAR,1                               !定义 X 轴变量
PLVAR,2                              !Y 向应力随时间变化图如图 7-15 所示
ESOL,3,495,24,EPPL,Y,EPPLY_3         !保存后处理文件中危险点 Y 向塑性应变
XVAR,1                               !定义 X 轴变量
PLVAR,3                              !Y 向塑性应变随时间变化图如图 7-16 所示
```

由图 7-15 可以发现随着温度循环载荷的进行，每个循环的 Y 向应力最大值不断变大；由图 7-16 可以发现随着温度循环载荷的进行，危险点上的塑性应变不断累积，最终将会造成结构失效。

```
ESOL,4,495,24,EPEL,Y,EPELY_4         !保存后处理文件中危险点 Y 向弹性应变
XVAR,1                               !定义 X 轴变量
PLVAR,4                              !Y 向弹性应变随时间变化图如图 7-17 所示
```

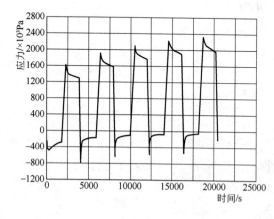

图 7-15　Y 向应力随时间变化图

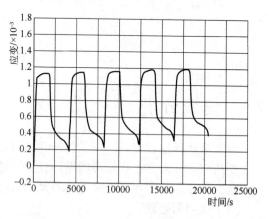

图 7-16　Y 向塑性应变随时间变化图

```
ADD,5,3,4,,T_STRAIN,,,1,1,1          !对数据进行加法处理
XVAR,1                               !定义 X 轴变量
PLVAR,5                              !Y 向总应变随时间变化图如图 7-18 所示
```

```
XVAR,5                          !定义 X 轴变量
PLVAR,2                         !危险点 Y 向应力应变环如图 7-19 所示
/AXLAB,X,Y STRAIN               !定义 X 轴标注
/AXLAB,Y,Y STRESS/Pa            !定义 Y 轴标注
```

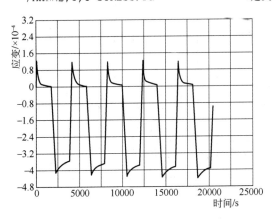

图 7-17　Y 向弹性应变随时间变化图

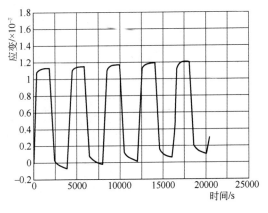

图 7-18　Y 向总应变随时间变化图

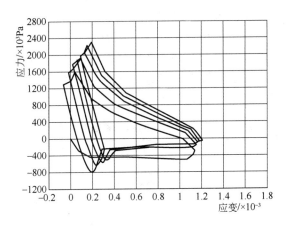

图 7-19　Y 向应力-Y 向应变迟滞环

7.6　多芯片组件热模拟

　　本节以多芯片组件加散热器（热沉）的冷却方式为例，介绍有限元软件 ANSYS 在电子封装热模拟中的应用。图 7-20（a）和图 7-20（b）分别为 MCM 结构的截面图和俯视图，5 个芯片采用倒装焊方式置于有机基板之上。其中，中间大芯片的尺寸为 8mm×8mm×0.65mm，凸点为 10×10 的全阵列分布方式。周围 4 个小芯片的尺寸相等，为 5mm×5mm×0.65mm，凸点为 6×6 的全阵列分布方式。凸点的直径为 0.4mm，高度为 0.2mm，凸点之间的中心距为 0.75mm。大小芯片之间的中心距为 11.5mm。基板的尺寸为 40mm×40mm×1.5mm。基板的背面通过 26×26 全阵列分布的焊料球与 PCB 相连，焊球的直径为 0.6mm，高度为 0.4mm，中心距为 1.27mm。PCB 的尺寸为 100mm×100mm×1.5mm。为了增加模块的散热能力，在芯片

背面上加一个热扩展面，两者之间涂敷一层 0.15mm 厚的热介质材料，热扩展面上再放置一个铝质热沉，热扩展面与铝质热沉之间也涂敷一层 0.15mm 厚的热介质材料。热沉的尺寸为基座 46.5mm×46.5mm×1.5mm，针柱个数 16，针柱高度 8mm。

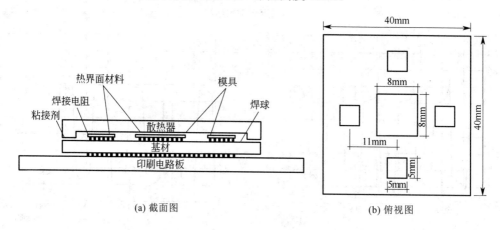

(a) 截面图   (b) 俯视图

图 7-20 MCM 结构

考虑到结构的对称性和节约计算时间，可以仅取 MCM 的 1/4 进行分析。表 7-5 为多芯片组件的结构参数和材料属性。模型的热边界条件如下：热源为芯片的功耗，其中中间大芯片的功耗为 2.5W，热流密度为 $6.01×10^7 \text{W/m}^3$；周围四个小芯片的功耗为 1W，热流密度为 $6.154×10^7 \text{W/m}^3$。总的功耗为 6.5W（所建立 1/4 模型的总功耗 1.625W）；模型外部（热扩展面、基板、PCB）通过与空气的对流和辐射进行散热，在空气自然对流情况下，取周围空气的温度为 25℃，对流换热系数为 10W/（$\text{m}^2 \cdot$℃），基板的黑度为 0.8，PCB 的黑度为 0.9。

表 7-5 多芯片组件的结构参数和材料属性

模型组件	材料	尺寸/mm	热导率 /［W/（m·℃）］
芯片	硅	8×8×0.65；5×5×0.65	82
芯片凸点	5Sn/95Pb	10×10，6×6，ϕ0.4，高度 0.2，间距 0.75	36
基板	聚酰亚胺	40×40×1.5	0.2
焊料球	37Sn/63Pb	26×26，ϕ0.6，高度 0.4，间距 1.27	50
PCB	FR4	100×100×1.5	8.37,8.37,0.32
热介质材料	导热脂	厚度 0.15	1
粘接剂	粘接剂	厚度 0.15	1.1
热扩展面	铜	40×40×1.5	390
热沉	铝	基座 46.5×46.5×1.5，针柱 16 个，针柱高度 8	240

针对上面的模型和边界条件，采用 ANSYS 的参数化编程语言 APDL 格式建立了 MCM 的 1/4 模型并进行了热模拟分析，给出了 MCM 模块的温度分布情况及热平衡情况。下面给出具体的模拟步骤（以 APDL 命令流方式给出）。

（1）设定结构的基本参数（以国际单位表示）

```
/UNITS,SI                              !国际单位制
```

```
/FILNAME,MCM                                            !指定单位名为 MCM
/TITLE,3D  THERMAL  SIMULATION  OF  MULTICHIP  MODULE    !指定标题
/GRA,POWER
/GST,ON
/PLO,INFO,3
/COLOR,PBAK,OFF
/RGB,INDEX,100,100,100,0
/RGB,INDEX,80,80,80,13
/RGB,INDEX,60,60,60,14
/RGB,INDEX,0,0,0,15
/REPLOT
!定义中间大芯片的尺寸
*SET,D1_LENGTH,8E-3
*SET,D1_WIDTH,8E-3
*SET,D1_HEIGHT,0.65E-3
!定义周围小芯片尺寸
*SET,D2_LENGTH,5E-3
*SET,D2_WIDTH,5E-3
*SET,D2_HEIGHT,0.65E-3
!定义大芯片下凸点的尺寸和数量
*SET,SB1_RADIUS,0.2E-3
*SET,SB1_DIST,0.75E-3
*SET,SB1_NB,10
*SET,SB1_HEIGHT,0.2E-3
*SET,SB1_SIDE,0.625E-3
!定义小芯片下凸点的尺寸和数量
*SET,SB2_RADIUS,SB1_RADIUS
*SET,SB2_DIST,0.75E-3
*SET,SB2_NB,6
*SET,SB2_HEIGHT,0.2E-3
*SET,SB2_SIDE,0.625E-3
!定义基板的尺寸
*SET,SUB_LENGTH,40E-3
*SET,SUB_WIDTH,40E-3
*SET,SUB_HEIGHT,1.5E-3
!定义基板下焊料球的尺寸和数量
*SET,SB3_RADIUS,0.3E-3
*SET,SB3_DIST,1.27E-3
*SET,SB3_NB,26
*SET,SB3_HEIGHT,0.4E-3
*SET,SB3_SIDE,4.125E-3
```

```
!定义大小芯片之间的中心距
*SET,D_DIST,11.5E-3
!定义 PCB 的尺寸
*SET,PCB_LENGTH,100E-3
*SET,PCB_WIDTH,100E-3
*SET,PCB_HEIGHT,1.5E-3
!定义热扩展面的尺寸
*SET,HS_LENGTH,40E-3
*SET,HS_WIDTH,40E-3
*SET,HS_THICK,1.5E-3
!定义粘接剂的厚度
*SET,SA_HEIGHT,0.15E-3
!定义热介质材料的厚度
*SET,TIM_HEIGHT,0.15E-3
!定义热沉的尺寸
*SET,SINK_LENGTH,46.5E-3
*SET,SINK_WIDTH,46.5E-3
*SET,SINK_HEIGHT,1.5E-3
*SET,FIN_NB,16
*SET,FIN_HEIGHT,8E-3
*SET,FIN_THICK,1.5E-3
*SET,FIN_DIST,1.5E-3
```

（2）选择单元类型

```
!进入前处理,并定义实体单元类型为三维 8 节点热单元 SOLID70
/PREP7
ET,1,SOLID70
```

（3）定义材料参数

```
MP,KXX,1,82              !定义芯片的热导率
MP,KXX,2,36              !定义芯片凸点的热导率
MP,KXX,3,0.2             !定义基板的热导率
MP,KXX,4,50              !定义基板下焊料球的热导率
MP,KXX,5,8.37            !定义 PCB 的热导率（各向异性）
MP,KYY,5,8.37
MP,KZZ,5,0.32
MP,KXX,6,390             !定义热扩展面 Cu 的热导率
MP,KXX,7,1.1             !定义粘接剂的热导率
MP,KXX,8,1               !定义热介质材料的热导率
MP,KXX,9,240             !定义热沉的热导率
```

（4）建立几何模型

```
!卡式坐标原点定位 PCB 下表面的中心点
/PNUM,VOLU,1
```

!建立 PCB 的模型

```
BLOCK,0,PCB_LENGTH/2,0,PCB_WIDTH/2,0,PCB_HEIGHT
```

!建立基板下焊料球及基板的模型，如图 7-21 所示。

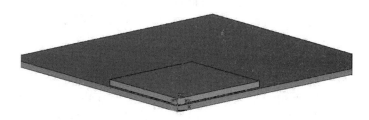

图 7-21　PCB 板、基板、焊料球模型

!焊料球是鼓状的，可通过 OVERLAP 命令重叠球体和长方体来获得

!先建立一个鼓状的焊料球，其余可通过 VGEN 命令复制生成

!偏移工作平面至球体的中心，并建立球体模型

```
WPOFF, SB3_DIST/2, SB3_DIST/2,PCB_HEIGHT+SB3_HEIGHT/2
SPHERE, SB3_RADIUS, , 0,360
```

!偏移工作平面至基板的左下角，并建立基板模型

```
WPOFF,-SB3_DIST/2, -SB3_DIST/2, SB3_HEIGHT/2
BLOCK, 0, SUB_LENGTH/2, 0, SUB_WIDTH/2, 0, SUB_HEIGHT
```

!重叠基板、焊球和 PCB 模型

```
VOVLAP, ALL
NUMCMP, ALL
CSYS,0
VSEL,S,LOC,Z,0,PCB_HEIGHT
VADD,ALL
CSYS,4
VSEL,S,LOC,Z,0,SUB_HEIGHT
VADD, ALL
```

!根据 Z 坐标范围来选择刚才建立的基板下焊球

```
VSEL,S,LOC, Z, 0, -SB3_HEIGHT
```

!往 X 方向复制

```
VGEN,SB3_NB/2, ALL, , , SB3_DIST, , , ,0
VSEL,S,LOC,Z,0,-SB3_HEIGHT
```

!往 Y 方向复制

```
VGEN, SB3_NB/2, ALL, , , , SB3_DIST, , ,0
NUMCMP, ALL
```

!建立芯片下凸点及芯片的模型，如图 7-22 所示

!同样，凸点也是鼓状的，也需要通过 OVERLAP 命令重叠球体和长方体来获得

!同样先在每个芯片下建立一个鼓状的焊料球，其余可通过 VGEN 命令复制生成

图 7-22　芯片及凸点

```
WPOFF,SB1_DIST/2,SB1_DIST/2,SUB_HEIGHT+SB1_HEIGHT/2
SPHERE,SB1_RADIUS, ,0,360
WPOFF,-SB1_DIST/2,-SB1_DIST/2,SB1_HEIGHT/2
BLOCK,0,D1_LENGTH/2,0,D1_WIDTH/2,0,D1_HEIGHT
BLOCK,0,D2_LENGTH/2,D_DIST-D2_WIDTH/2,D_DIST+D2_WIDTH/2,0,D2_HEIGHT
```
!此行前提表示：与前一行为同一行

```
BLOCK,D_DIST-D2_LENGTH/2,D_DIST+D2_LENGTH/2,0,D2_WIDTH/2,0,D2_HEIGHT
```
!此行前提表示：与前一行为同一行

```
WPOFF,D_DIST-D2_LENGTH/2+SB2_SIDE,SB2_DIST/2,-SB2_HEIGHT/2
SPHERE,SB2_RADIUS,,0,360
WPOFF,-(D_DIST-D2_LENGTH/2+SB2_SIDE),-SB2_DIST/2
WPOFF,SB2_DIST/2,D_DIST-D2_WIDTH/2+SB2_SIDE
SPHERE,SB2_RADIUS,,0,360
WPOFF,-SB2_DIST/2,-(D_DIST-D2_WIDTH/2+SB2_SIDE),SB2_HEIGHT/2
VSEL,S,LOC,Z,-(SB1_HEIGHT+SUB_HEIGHT),D1_HEIGHT
VOVLAP,ALL
NUMCMP,ALL
VSEL,S,LOC,Z,-(SB1_HEIGHT+SUB_HEIGHT),-SB1_HEIGHT
VADD,ALL
NUMCMP,ALL
VSEL,S,LOC,Z,0, D1_HEIGHT
VADD,ALL
NUMCMP,ALL

VSEL,S,LOC,X,0,D1_LENGTH/2
VSEL,R,LOC,Y,0,D1_WIDTH/2
VSEL,R,LOC,Z,0,-SB1_HEIGHT
VGEN,SB1_NB/2,ALL,,,,SB1_DIST,,,0
VSEL,S,LOC,X,0,D1_LENGTH/2
VSEL,R,LOC,Y,0,D1_WIDTH/2
VSEL,R,LOC,Z,0,-SB1_HEIGHT
VGEN,SB1_NB/2,ALL,,,SB1_DIST,,,,0

VSEL,S,LOC,X,D_DIST-D2_LENGTH/2,D_DIST+D2_LENGTH/2
VSEL,R,LOC,Y,0,D2_WIDTH/2
VSEL,R,LOC,Z,0,-SB2_HEIGHT
```

```
VGEN,SB2_NB,ALL,,,,SB2_DIST,,,,0

VSEL,S,LOC,X,D_DIST-D2_LENGTH/2,D_DIST+D2_LENGTH/2
VSEL,R,LOC,Y,0,D2_WIDTH/2
VSEL,R,LOC,Z,0,-SB2_HEIGHT
VGEN,SB2_NB/2,ALL,,,,SB2_DIST,,,0

VSEL,S,LOC,X,0,D2_LENGTH/2
VSEL,R,LOC,Y, D_DIST-D2_WIDTH/2,D_DIST+D2_WIDTH/2
VSEL,R,LOC,Z,0,-SB2_HEIGHT
VGEN,SB2_NB/2,ALL,,,SB2_DIST,,,,0

VSEL,S,LOC,X,0,D2_LENGTH/2
VSEL,R,LOC,Y,D_DIST-D2_WIDTH/2,D_DIST+D2_WIDTH/2
VSEL,R,LOC,Z,0,-SB2_HEIGHT
VGEN,SB2_NB,ALL,,,,SB2_DIST,,,0
```
!建立芯片上热介质材料的模型
```
WPOFF,0,0,D1_HEIGHT
BLOCK,0,D1_LENGTH/2,0,D1_WIDTH/2,0,TIM_HEIGHT
BLOCK,0,D2_LENGTH/2,D_DIST-D2_WIDTH/2,D_DIST+D2_WIDTH/2,0,TIM_HEIGHT
```
　　　　　　　　　　　　　　　　　　　!此行前提表示：与前一行为同一行
```
BLOCK,D_DIST-D2_LENGTH/2,D_DIST+D2_LENGTH/2,0,D2_WIDTH/2,0,TIM_HEIGHT
```
　　　　　　　　　　　　　　　　　　　!此行前提表示：与前一行为同一行

!建立热扩展面的模型
```
WPOFF,0,0,TIM_HEIGHT
BLOCK,0,HS_LENGTH/2,0,HS_WIDTH/2,0,HS_THICK
*SET,HS_HEIGHT,TIM_HEIGHT+D1_HEIGHT+SB1_HEIGHT-SA_HEIGHT
BLOCK,0,SUB_LENGTH/2,SUB_WIDTH/2-HS_THICK,SUB_WIDTH/2,0,-HS_HEIGHT
BLOCK,SUB_LENGTH/2-HS_THICK,SUB_LENGTH/2,0,SUB_WIDTH/2-HS_THICK,0,-HS_HEIGHT
```
!此行前提表示：与前一行为同一行

!建立基板上粘接剂的模型
```
WPOFF,0,0,- (TIM_HEIGHT+D1_HEIGHT+SB1_HEIGHT)
BLOCK,0,SUB_LENGTH/2,SUB_WIDTH/2-HS_THICK,SUB_WIDTH/2,0,SA_HEIGHT
BLOCK,SUB_LENGTH/2-HS_THICK,SUB_LENGTH/2,0,SUB_WIDTH/2-HS_THICK,0,SA_HEIGHT
```
!此行前提表示：与前一行为同一行
!建立热沉的模型
```
WPOFF,0,0,TIM_HEIGHT+D1_HEIGHT+SB1_HEIGHT+HS_THICK
BLOCK,0,SUB_LENGTH/2,0,SUB_WIDTH/2,0,TIM_HEIGHT
BLOCK,0,SINK_LENGTH/2,0,SINK_WIDTH/2,TIM_HEIGHT,TIM_HEIGHT+SINK_HEIGHT
```

```
!此行前提表示：与前一行为同一行
WPOFF,0,0,TIM_HEIGHT+SINK_HEIGHT
BLOCK,SINK_LENGTH/2-FIN_THICK,SINK_LENGTH/2,0,SINK_WIDTH/2,0,FIN_HEIGHT
!此行前提表示：与前一行为同一行
VSEL,S,LOC,Z,0,FIN_HEIGHT
VGEN,FIN_NB/2,ALL,,,-(FIN_DIST+FIN_THICK),,,,0
!通过 OVERLAO 将 PCB 分为两部分，方便结构规则的部分进行 SWEEP 网格划分。
CSYS,0
WPAVE,0,0,0
CSYS,4
BLOCK,0,SUB_LENGTH/2,0,SUB_WIDTH/2,0,PCB_HEIGHT
VSEL,S,LOC,Z,0,PCB_HEIGHT
VOVLAP,ALL
!全部体积通过 VGLUE 粘合起来
VSEL,ALL
VGLUE,ALL
NUMCMP,ALL
```

图 7-23 为建立好的 1/4MCM 模型图。

图 7-23　1/4MCM 模型图

（5）赋材料属性

```
!沿坐标轴 z 轴从下至上，依次选取对应于不同材料的体积，并赋予材料属性
VSEL,S,LOC,Z,0,PCB_HEIGHT
VATT,5,,1,0
VSEL,S,LOC,Z,PCB_HEIGHT,PCB_HEIGHT+SB3_HEIGHT
VATT,4,,1,0
VSEL,S,LOC,Z,PCB_HEIGHT+SB3_HEIGHT,PCB_HEIGHT+SB3_HEIGHT+SUB_HEIGHT
VATT,3,,1,0
!此行前提表示：与前一行为同一行
WPOFF,0,0,PCB_HEIGHT+SB3_HEIGHT+SUB_HEIGHT
VSEL,S,LOC,Z,0,SB1_HEIGHT
VSEL,R,LOC,X,0,SUB_LENGTH/2-HS_THICK
VSEL,R,LOC,Y,0,SUB_WIDTH/2-HS_THICK
VATT,2,,1,0
```

```
VSEL,S,LOC,Z,SB1_HEIGHT,SB1_HEIGHT+D1_HEIGHT

VSEL,R,LOC,X,0,SUB_LENGTH/2-HS_THICK
VSEL,R,LOC,Y,0,SUB_WIDTH/2-HS_THICK
VATT,1,,1,0

WPOFF,0,0, SB1_HEIGHT+ D1_HEIGHT
VSEL,S,LOC,Z,0,SA_HEIGHT
VSEL,R,LOC,X,0,SUB_LENGTH/2-HS_THICK
VSEL,R,LOC,Y,0,SUB_WIDTH/2-HS_THICK
VATT,7,,1,0
VSEL,S,VOLU,,245,247,2
VATT,7,,1,0

WPOFF,0,0, SA_HEIGHT+ HS_THICK+ TIM_HEIGHT
VSEL,S,LOC,Z,0, SINK_HEIGHT+FIN_HEIGHT
VATT,9,,1,0
VSEL,S,VOLU,,243,246,3
VSEL,A,VOLU,,248
VATT,6,,1,0
VSEL,S,VOLU,,242
VATT,8,,1,0
/PNUM,MAT,1
/NUMBER,1
VSEL,ALL
```

图 7-24 为结构材料分布图。

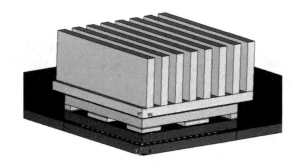

图 7-24　结构材料分布图

（6）划分网格

由于模型中体积较多，整体结构复杂，没有规则性，不能对其全部进行延伸划分或者映射划分，所以只对 PCB（部分）和热沉针柱局部结构规则的部分采用延伸划分，其余部分采用自由网格划分。

!延伸划分部分（图 7-25）

```
VSEL,S,VOLU,,228,234,1
VSEL,A,VOLU,,244
VSEL,A,VOLU,,236
VSWEEP,ALL
```

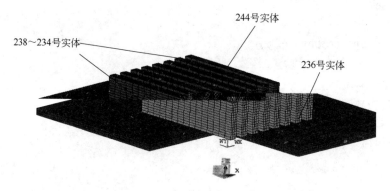

图 7-25　延伸划分部分

!自由网格划分部分

```
VSEL,INVE
SMRTSIZE,8
MSHAPE,1,3D
MSHKEY,0
VMESH,ALL
VSEL,ALL
```

图 7-26 为模型的网格划分图。

图 7-26　模型的网格划分

（7）施加载荷并求解

!先建立需施加边界条件的面、体积组件，再施加前面提到的相应的边界条件（图 7-27）

!建立 PCB 对流和辐射面组件，并施加 PCB 对流和辐射边界条件

```
ALLSEL,ALL
ASEL,S,,,3
ASEL,A,,,5
```

```
ASEL,A,,,997
CM,PCB_LOAD,AREA
SFA,ALL,1,CONV,10,25
SFA,ALL,,RDSF,0.9,1
```

!建立基板对流和辐射面组件,施加基板对流和辐射边界条件(图7-28)

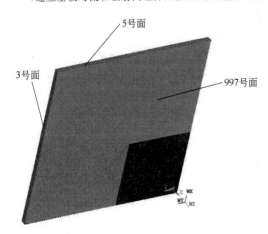

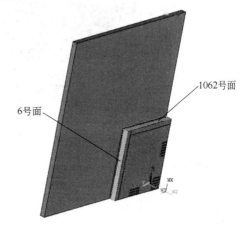

图 7-27　PCB 施加边界条件面　　　　　　图 7-28　基板施加边界条件面

```
ASEL,S,,,6
ASEL,A,,,1062
CM,SUB_LOAD,AREA
SFA,ALL,1,CONV,10,25
SFA,ALL,,RDSF,0.8,1
```

!建立热扩展面对流面组件,施加热扩展面对流边界条件

```
ASEL,S,,,1032
ASEL,A,,,1030
ASEL,A,,,1017
ASEL,A,,,1041
ASEL,A,,,937
CM,HS_LOAD,AREA
SFA,ALL,1,CONV,10,25
```

!建立热沉对流面组件,施加热沉对流边界条件(图7-29)

```
VSEL,S,MAT,,9
ASLV,S
ASEL,U,,,939,1021,82
ASEL,U,,,943,979,6
CM,SINK_LOAD,AREA
SFA,ALL,1,CONV,10,25
```

!设置辐射计算的参数

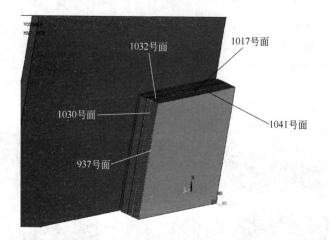

图 7-29　热扩展面施加边界条件面

```
STEF,5.67E-8            !玻尔兹曼常数 5.67×10⁻⁸W/(m²·℃)
TOFFST,273             !摄氏温度与开尔文温度的差值
RADOPT,0.5,0.01,0      !辐射求解设置
SPCTEMP,1,25           !环境温度
TUNIF,25               !设定初始温度
```

!建立周围大芯片体积组件,施加大芯片的热源边界条件

```
ALLSEL,ALL
VSEL,S,,,252
CM,BIG_DIE,VOLU
BFV,ALL,HGEN,60.1E6
```

!建立周围小芯片体积组件,施加小芯片的热源边界条件

```
VSEL,S,,,250
VSEL,A,,,251
CM,SMALL_DIE,VOLU
BFV,ALL,HGEN,61.54E6
ALLSEL,ALL
/SOLU
```

!辐射计算为高度非线性,设置时间子步提高分析精度和收敛性（图 7-30）

图 7-30　施加载荷整体图

```
TIME,1
DELTIM,0.5,0.5,0.5
NEQIT,1000
!求解
SOLVE
```

（8）查看温度分布图

!进入后处理,选择不同材料的单元,查看不同材料内的温度分布
```
FINISH
/POST1
```
!查看总体温度分布图,如图 7-31 所示
```
PLNSOL,TEMP,,0
```

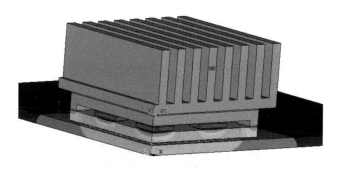

图 7-31　总体温度分布图

!查看芯片温度分布图,如图 7-32 所示
```
ESEL,S,MAT,,1
PLNSOL,TEMP,,0
```

图 7-32　芯片温度分布图

!查看芯片下焊球凸点温度分布图,如图 7-33 所示
```
ESEL,S,MAT,,2
PLNSOL,TEMP,,0
```

图 7-33　焊球凸点温度分布图

!查看基板温度分布图,如图 7-34 所示

```
ESEL,S,MAT,,3
PLNSOL,TEMP,,0
```

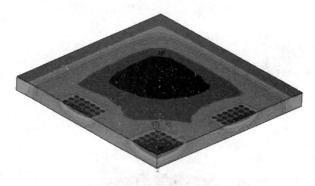

图 7-34　基板温度分布图

!查看基板下焊球温度分布图,如图 7-35 所示

```
ESEL,S,MAT,,4
PLNSOL,TEMP,,0
```

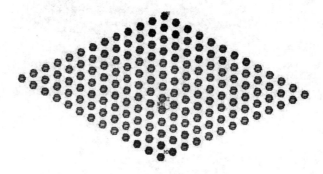

图 7-35　焊球温度分布图

!查看 PCB 板温度分布图,如图 7-36 所示

```
ESEL,S,MAT,,5
PLNSOL,TEMP,,0
```

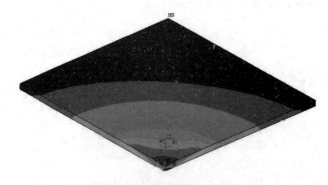

图 7-36　PCB 板温度分布图

!查看热沉的温度分布图,如图 7-37 所示

```
ESEL,S,MAT,,9
PLNSOL,TEMP,,0
```

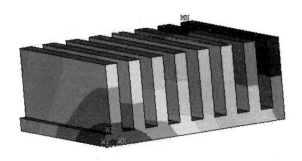

图 7-37　热沉温度分布图

从这些图中可以看出：由于结构的对称性,模型的温度基本沿通过大芯片中心的对角线呈对称分布（说明可只取 MCM 模型的 1/8）。模型中温度最高的值在大芯片的中心，为 66.2 ℃。而且各芯片内的温度基本相等。温度最小值在 PCB 外拐角处。

（9）热平衡分析

!计算模型的热收入(芯片热源)和热支出(对流和辐射)

!计算热扩散面的对流散热

```
ALLSEL,ALL
ESEL,S,MAT,,6
CMSEL,S,HS_LOAD
NSLA,S,1
ESLN,R
*DO,LOOP,1,6
NB_FACE=5+6*(LOOP-1)
ETAB,HT_RT,NMISC,%NB_FACE%
SSUM
*GET,H%LOOP%,SSUM,,ITEM,HT_RT
*ENDDO
CONV_HS=H1+H2+H3+H4+H5+H6
```

!计算基板的对流散热

```
ALLSEL,ALL
ESEL,S,MAT,,3
CMSEL,S,SUB_LOAD
NSLA,S,1
ESLN,R
*DO,LOOP,1,6
NB_FACE=5+6*(LOOP-1)
ETAB,HT_RT,NMISC,%NB_FACE%
SSUM
```

```
*GET,H%LOOP%,SSUM,,ITEM,HT_RT
*ENDDO
CONV_SUB=H1+H2+H3+H4+H5+H6
!计算 PCB 的对流散热
ALLSEL ALL
ESEL,S,MAT,,5
CMSEL,S,PCB_LOAD
NSLA,S,1
ESLN,R
*DO,LOOP,1,6
NB_FACE=5+6*(LOOP-1)
ETAB,HT_RT,NMISC,%NB_FACE%
SSUM
*GET,H%LOOP%,SSUM,,ITEM,HT_RT
*ENDDO
CONV_PCB=H1+H2+H3+H4+H5+H6
!计算热沉的对流散热
ALLSEL ALL
ESEL,S,MAT,,9
CMSEL,S,SINK_LOAD
NSLA,S,1
ESLN,R
*DO,LOOP,1,6
NB_FACE=5+6*(LOOP-1)
ETAB,HT_RT,NMISC,%NB_FACE%
SSUM
*GET,H%LOOP%,SSUM,,ITEM,HT_RT
*ENDDO
CONV_SINK=H1+H2+H3+H4+H5+H6
!按史蒂芬-玻尔兹曼定律计算基板的辐射散热
ALLSEL ALL
ESEL,S,MAT,,3
CMSEL,S,SUB_LOAD
NSLA,S,1
ESLN,R
*DO,LOOP,1,6
INDA=1+6*(LOOP-1)
INDT=3+6*(LOOP-1)
ETAB,A,NMISC,%INDA%

ETAB,T,NMISC,%INDT%
```

```
SADD,KT,A,T,0,1,273

SMULT,KT_2,KT,KT,1,1

SMULT,KT_4,KT_2,KT_2,1,1

SADD,KT_4_25,A,KT_4,0,1,-7886150416

SMULT,T_4, A,KT_4_25,1,1

SSUM

*GET,RAD%LOOP%,SSUM, ,ITEM,T_4

*ENDDO

RAD_SUB=(RAD1+RAD2+RAD3+RAD4+RAD5+RAD6)*4.563E-8
```

! 按斯蒂芬-玻尔兹曼定律计算 PCB 的辐射热

```
ALLSEL,ALL

ESEL,S,MAT, ,5

CMSEL,S,PCB_LOAD

NSLA,S,1

ESLN,R

*DO,LOOP,1,6

INDA=1+6*(LOOP-1)

INDT=3+6*(LOOP-1)

ETAB,A,NMISC,%INDA%

ETAB,T,NMISC,%INDT%

SADD,KT,A,T,0,1,273

SMULT,KT_2,KT,KT,1,1

SMULT,KT_4,KT_2, KT_2,1,1

SADD,KT_4_25,A,KT_4,0,1,-7886150416

SMULT,T_4,A,KT_4_25,1,1

SSUM

*GET,RAD%LOOP%,SSUM,,ITEM,T_4

*ENDDO

RAD_PCB=(RAD1+RAD2+RAD3+RAD4+RAD5+RAD6)*5.103E-8
```

!计算芯片热源

```
ALLSEL,ALL

CMSEL,S,BIG_DIE

ESLV,S

ETAB,E_VOL1,VOLU

SSUM

*GET,VOLU1,SSUM,,ITEM,E_VOL1

POWER1=VOLU1*60.1E6

ALLSEL,ALL

CMSEL,S,SMALL_DIE

ESLV,S

ETAB,E_VOL2,VOLU
```

```
SSUM
*GET,VOLU2,SSUM,,ITEM,E_VOL2
POWER2=VOLU2*61.54E6
```

通过以上的热平衡计算得到的散热分布如表 7-6 所示。可以看出：通过对流和辐射散热的总和为 1.634 W，与热输入 1.625W 基本平衡，计算误差只有 0.55%。其中通过热沉面上对流散出的热量最大，占 85.3%，这是由于硅、铜和铝的导热性能好和热沉的散热面积大的缘故；通过 PCB 散出的热量占 1.7%。这也归功于 PCB 与空气的接触面积大。通过基板散出的热量少，只占 8.29%。另外还可以看出，对流是主要的散热方式，占 95.4%，辐射只占了 4.6%。

表 7-6　模型的散热分布表

项目	热沉		热扩展面		基板		PCB	
	值/W	百分比/%	值/W	百分比/%	值/W	百分比/%	值/W	百分比/%
对流散热	1.39	85.3	0.03	1.85	0.018	1.1	0.1174	7.18
辐射散热					0.010	0.62	0.0644	3.95

08

第8章
平板堆焊热应力分析

模型的几何尺寸为 100mm×100mm×6mm，电弧在钢板中间沿直线运动，因此在计算时取模型的一半进行研究。一半模型简图如图 8-1 所示。

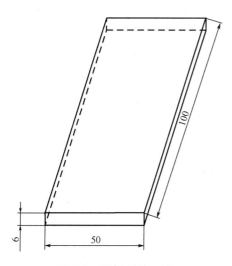

图 8-1　平板对接一半
模型简图（单位：mm）

本实例采用间接法计算薄板的残余热应力问题，使用 SOLID70 进行热计算，在热计算中采用拉伸单元方法，因此还要使用平面热单元 PLANE55；使用 SOLID85 进行应力计算。为了保证计算精度，在靠近焊缝处采用加密网格，网格大小控制在 1.2mm，在远离焊缝处采用较疏的网格。热源模型采用高斯热源，其焊接参数如下：电弧电压 U=15V；焊接电流 I=160A；焊接速度 v=10m/s；焊接热效率 η=0.7；电弧有效加热半径 R=7×10^{-3}m。焊接材料为低碳钢，材料性能如表 8-1 所示，各参数的单位均为国际单位。

热计算时，焊件的初始温度为 20℃，焊件的上下两个面和周围的三个面为对流换热，其对流系数为 30，焊件的对称面绝热。

应力计算时，在有限元计算中加载位移边界条件是为了防止计算中产生刚性位移，但所加的位移约束又不能严重阻碍焊接过程中应力的自由释放和自由变形。约束的形式因结构的不同而有所不同。本例为平板堆焊，采用的约束为焊件底面的一个边在 Y 方向和 Z 方向约束。本实例的计算终止时间为 1100s，此时的平板已经冷却至室温，所以此时的热应力是残余应力。

表 8-1　焊件的材料性能

温度 T/℃	20	250	500	750	1000	1500	1700	2500
热导率 /[W/(m·℃)]	50	47	40	27	30	35	45	50

续表

密度 /（kg/m³）	7820	7700	7610	7550	7490	7350	7300	7090
比热容 /[J/（kg·℃）]	460	480	530	675	670	660	780	820
泊松比	0.28	0.29	0.31	0.35	0.4	0.49	0.5	0.5
膨胀系数 /（×10⁻⁵m·℃）	1.1	1.22	1.39	1.48	1.34	1.33	1.32	1.31
弹性模量 /×10⁶Pa	205000	187000	150000	70000	20000	0.002	0.0015	0.001
屈服应力 /×10⁶Pa	220	175	80	40	10	0.1		

（1）定义参数

依次选择 Utility Menu>File>Change Jobname，弹出一个对话框，在输入栏中输入"Welding Stress"，单击"OK"。

依次选择 Utility Menu>Parameters>Scalar Parameters，弹出对话框，在"Selection"中输入"L=0.1"，单击"Accept"，完成对焊件长度参数的定义，按照此方法继续定义焊件的宽度"W=0.1"，焊件的高度"H=0.006"，焊接电压"U=20"，焊接电流"I=160"，焊接速度"V=0.01"，焊接热效率"YITA=0.7"，电弧有效加热半径"R=0.007"，电弧热功率"Q=U*I*YITA"，加热斑点中心最大热流密度"Qm=3/(3.1415*R*R)*Q"，定义完毕后单击"Close"。

依次选择 Main Menu>Preprocessor>Element Type>Add/Edit/Delete，弹出对话框，单击"Add"，首先在弹出对话框的左边选择"Thermal Solid"，然后在右边选择"Quad 4node55"单元，单击"Apply"。继续在对话框左边选择"Thermal solid"，在右边选择"Brick 8node 70"，单击"OK"。

依次选择 Main Menu>Preprocessor>Material Props>Material Models，弹出一个对话框，单击 Structural>Liner>Elastic>Isotropic，又弹出一个输入材料属性的对话框，连续单击"Add Temperature"，一直增加到"T8"，然后根据材料表每一列分别输入"T1=20，EX=2.05E11，PRXY=0.28""T2=250，EX=1.8E11，PRXY=0.29""T3=500，EX=1.5E11，PRXY=0.31""T4=750，EX=7E10，PRXY=0.35""T5=1000，EX=2E10，PRXY=0.4""T6=1500，EX=2E3，PRXY=0.49""T7=1700，EX=1.5E3，PRXY=0.5""T8=2500，EX=1E3，PRXY=0.5"，单击"OK"。

设置材料的应力应变关系为双线性等向强化：单击 Structural>Nonlinear>Inelastic>Rate Independent>Mises Plasticity>Bilinear，弹出一个输入材料属性的对话框，连续单击"Add Temperature"，一直增加到"T6"，然后根据材料表每一列分别输入"T1=20，Yield Stss=2.2E8，Tang Mod=0""T2=200，Yield Stss=1.75E8，Tang Mod=0""T3=500，Yield Stss=8E7，Tang Mod=0；T4=750，Yield Stss=4E7，Tang Mod=0；T5=1000，Yield Stss=1E7，Tang Mod=0；T6=1500，Yield Stss=1E5，Tang Mod=0"，单击"OK"。

设置材料的密度：单击 Structural>Density，弹出一个输入材料属性的对话框，连续单击"Add Temperature"，一直增加到"T8"，然后根据材料表每一列分别输入"T1=20，DENS=7820""T2=200，DENS=7700""T3=500，DENS=7610""T4=750，DENS=7550""T5=1000，DENS=7490""T6=1500，DENS=7350""T7=1700，DENS=7300""T8=2500，DENS=7090"，单击"OK"。

设置材料的比热容：单击 Thermal>Specific Heat，弹出一个输入材料属性的对话框，连续单击"Add Temperature"，一直增加到"T8"，然后根据材料表每一列分别输入"T1=20，C=460""T2=200，C=480""T3=500，C=530""T4=750，C=675""T5=1000，C=670""T6=1500，C=660""T7=1700，C=780""T8=2500，C=820"，单击"OK"。

设置热膨胀系数：单击 Structural>Thermal Expansion>Secent Coefficient>Isotropic，弹出一个输入材料属性的对话框，连续单击"Add Temperature"，一直增加到"T8"，然后根据材料表一列分别输入"T1=20，ALPX=1.1E-5""T2=200，ALPX=1.22E-5""T3=500，ALPX=1.39E-5""T4=750，ALPX=1.48E-5""T5=1000，ALPX=1.34E-5""T6=1500，ALPX=1.33E-5""T7=1700，ALPX=1.32E-5""T8=2500，ALPX=1.31E-5"，单击"OK"。

设置热导率：单击 Thermal>Conductivity，弹出对话框，在其对应位置分别输入"T1=20，KXX=50""T2=200，KXX=47""T3=500，KXX=40""T4=750，KXX=27""T5=1000，KXX=30""T6=1500，KXX=35""T7=1700，KXX=45""T8=2500，KXX=50"，单击"OK"。

（2）建立模型

依次选择 Main Menu>Preprocessor>Modeling>Create>Keypoints>In Active CS，在弹出的对话框中输入"NPT=1，X=0，Y=0，Z=0"，单击"Apply"；继续输入"NPT=2，X=0，Y=L，Z=0"，单击"Apply"；继续输入"NPT=3，X=-W/2*0.15，Y=L，Z=0"，单击"Apply"；继续输入"NPT=4，X=-W/2*0.3，Y=L，Z=0"，单击"Apply"；继续输入"NPT=5，X=-W/2*0.5，Y=L，Z=0"，单击"Apply"；继续输入"NPT=6，X=-W/2，Y=L，Z=0"，单击"Apply"；继续输入"NPT=7，X=-W/2，Y=0，Z=0"，单击"Apply"；继续输入"NPT=8，X=-W/2*0.5，Y=0，Z=0"，单击"Apply"；继续输入"NPT=9，X=-W/2*0.3，Y=0，Z=0"，单击"Apply"；继续输入"NPT=10，X=-W/2*0.15，Y=0，Z=0"，单击"Apply"；继续输入"NPT=11，X=0，Y=0，Z=H"，单击"OK"。

依次选择 Main Menu>Preprocessor>Modeling>Create>Areas>Arbitrary>Through KPs，弹出拾取对话框，用鼠标按顺序拾取关键点 1、2、3 和 10，单击"Apply"；继续拾取关键点 10、3、4 和 9，单击"Apply"；继续拾取关键点 9、4、5 和 8，单击"Apply"；继续拾取关键点 8、5、6 和 7，单击"OK"。

（3）网格划分

依次选择 Main Menu>Preprocessor>Meshing>MeshTool，选择网格划分工具面板"Size Controls"中的"Global"的"Set"，在弹出的对话框中的"SIZE"选项输入"0.0012"，单击"OK"。单击网格划分工具面板中的"Mesh"按钮，弹出拾取对话框，拾 A_1 面，单击"OK"。选择网格划分工具面板"Size Controls"中的"Global"的"Set"，在弹出的对话框中的"SIZE"选项输入"0.0025"，单击"OK"。单击网格划分工具面板中的"Mesh"按钮，弹出拾取对话框，拾 A_2 面，单击"OK"。选择网格划分工具面板"Size Controls"中的"Global"的"Set"，在弹出的对话框中的"SIZE"选项输入"0.005"，单击"OK"。单击网格划分工具面板中的"Mesh"按钮，弹出拾取对话框，拾 A_3 面，单击"OK"。选择网格划分工具面板"Size Controls"中的"Global"的"Set"，在弹出的对话框中的"SIZE"选项输入"0.0065"，单击"OK"。单击网格划分工具中的"Mesh"按钮，弹出拾取对话框，拾 A_4 面，单击"OK"。

由面网格拉伸成体网格：依次选择 Main Menu>Preprocessor>Modeling>Operate>Extrude>Elem Ext Opts。

弹出单元拉伸设置对话框，设置单元类型号"Element type number"为 2 号 SOLID70；

设置拉伸单元尺寸选项 "Element sizing options for extrusion" 中的单元拉伸数量 "No.Elem. divs" 为 "4"，单击 "OK"。

首先选择 Main Menu>Preprocessor>Modeling>Operate>Extrude>Areas>Along Normal，弹出拾取对话框，拾取面 A_1，单击 "OK"，在弹出的对话框中输入 "DIST=H"，单击 "OK"。

然后再选择 Main Menu>Preprocessor>Modeling>Operate>Extrude>Areas>Along Normal，弹出拾取对话框，拾取面 A_2，单击 "OK"，在弹出的对话框中输入 "DIST=H"，单击 "OK"。

再选择 Main Menu>Preprocessor>Modeling>Operate>Extrude>Areas>Along Normal，弹出拾取对话框，拾取面 A_3，单击 "OK"，在弹出的对话框中输入 "DIST=H"，单击 "OK"。

再选择 Main Menu>Preprocessor>Modeling>Operate>Extrude>Areas>Along Normal，弹出拾取对话框，拾取面 A_4，单击 "OK"，在弹出的对话框中输入 "DIST=H"，单击 "OK"。

最后选择 Main Menu>Preprocessor>Numbering Ctrls>Merge Item，在弹出的对话框中设置 "Type of item to be merge" 为 "All"，单击 "OK"。

（4）进行瞬态热分析

单击 Main Menu>Solution>Analysis Type>New Analysis，在弹出的对话框中选中 "Transient"，单击 "OK"，含义为进行瞬态热分析问题求解，保持弹出对话框的默认设置，默认设置为安全法，单击 "OK"。

（5）定义高斯热源

Utility Menu>Parameters>Functions>Define/Edit，弹出定义函数面板，在面板的 Resule 中输入 "Qm*exp（-3*（{X}^2+（{Y}-V*{TIME}）^2）/R^2）"，保存函数并命名函数名为 "gaosi"。注意：保存函数的路径不能有中文符号。选择函数编辑器面板 "Function Editor" 上的 File > Save，输入保存文件名为 "gaosi"，单击保存。

选择函数编辑器面板的 File>Close。

Solution>Define Loads>Apply>Functions>Read File，弹出选择函数文件对话框，选择 "gaosi.func"，单击打开，弹出函数加载 "Function Loader" 对话框，在表格函数名 "Table parameter name" 中输入 "gaosi"，在常数数值 "Constant Values" 中输入 "Qm=QM" "V=V" "R=R"，单击 "OK"。

（6）定义边界条件

定义初始温度：单击 Main Menu>Solution>Define Loads>Settings>Uniform Temp，弹出均匀温度设置对话框，输入 "20"，单击 "OK"。

定义对流换热系数：单击 Main Menu>Solution>Define Loads>Apply>Thermal>Convection>On Areas，弹出拾取对话框，拾取除 A_6、A_5 和 A_{10} 所有的面，单击 "OK"，弹出在面上施加对流换热系数对话框，设置对流换热系数 "Film coefficient" 为 "30"，外界空气温度 "Bulk temperature" 为 "20"，单击 "OK"。

加载热源：单击 Main Menu>Solution>Define Loads>Apply>Thermal>Heat Flux>On Areas，弹出拾取对话框，拾取面 A_5 和 A_{10}，单击 "OK"，在弹出的对话框中设置施加热流密度方式 "Apply HFLUX on areas as a" 为表格 "Existing table"，单击 "OK"；在弹出对话框中选择 "GAOSI"，单击 "OK"。

（7）设置载荷步

单击 Main Menu>Preprocessor>Loads>Load Step Opts>Output Ctrls>DB/Results File，在弹出的对话框中设置输出每一个子步 "Every substep"，单击 "OK"。

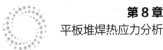

设置计算时间和子步：单击 Main Menu>Preprocessor>Loads>Load Step Opts>Time/Frequenc>Time and Substps，在弹出对话框中输入"TIME=L/V""NSUBST=50""Maximum no of substeps=50""Minmum no of Substeps=50"，单击"OK"。

写入文件：单击 Main Menu>Solution>Loads Step Opts>Write LS File，在弹出的对话框中输入"1"，单击"OK"。

设置计算时间和子步：单击 Main Menu>Preprocessor>Loads>Load Step Opts>Time/Frequenc>Time and Substps，在弹出的对话框中输入"TIME=20""NSUBST=20""Maximum no of substeps=20""Minmum no of Substeps=20"，单击"OK"。

写入文件：单击 Main Menu>Solution>Load Step Opts>Write LS File，在弹出的对话框中输入"2"，单击"OK"。

设置计算时间和子步：单击 Main Menu>Preprocessor>Loads>Load Step Opts>Time/Frequenc>Time and Substps，在弹出的对话框中输入"TIME=50""NSUBST=30""Maximum no of substeps=30""Minmum no of Substeps=30"，单击"OK"。

写入文件：单击 Main Menu>Solution>Load Step Opts>Write LS File，在弹出的对话框中输入"3"，单击"OK"。

计算时间和子步：单击 Main Menu>Preprocessor>Loads>Load Step Opts>Time/Frequenc>Time and Substps，在弹出的对话框中输入"TIME=1100""NSUBST=105""Maximum no of substeps=105""Minmum no of Substeps=105"，单击"OK"。

写入文件：单击 Main Menu>Solution J Load Step Opts>Write LS File，在弹出的对话框中输入"4"，单击"OK"。

（8）开始求解

单击 Main Menu>Solution>Solve>From LS Files，在弹出的对话框中输入"LSMIN=1""LSMAX=4"，单击"OK"。

（9）进行瞬态应力分析

由热分析转为结构分析：单击 Main Menu>Preprocessor>Element Type>Switch Elem Type，在弹出的对话框中设置"Thermal to Struc"，单击"OK"。

设置分析为瞬态动力学：单击 Main Menu>Solution>Analysis Type>New Analysis，在弹出的对话框中选中"Transient"，含义为进行瞬态问题求解，单击"OK"。在弹出的对话框中选择完全法"Full"，不勾选"LUMPM"，表示计算中使用协调一致质量矩阵，单击"OK"。单击 Main Menu>Solution>Analysis Type>Analysis Options，弹出分析选项设置对话框，激活大变形分析"Large deform effects"，设置牛顿-拉斐森"Newton-Raphson option"为完全法"Full N-R"，设置完毕后，单击"OK"。

设置参考温度：单击 Main Menu>Solution>Define Loads>Settings>Reference Temp，在弹出的对话框中输入"20"，单击"OK"。

设置对称位移约束:单击 Main Menu>Solution>Define Loads>Apply>Structural>Displacement>Symmetry B.C.>On Areas，弹出拾取对话框，拾取对称面 A_6，单击"OK"。

设置位移约束：单击 Main Menu>Solution>Define Loads>Apply>Structural>Displacement>On Lines，弹出拾取对话框，拾取线 L_{13}、L_{10}、L_7 和 L_4，单击"Apply"，在弹出的对话框中选择"UY"，单击"Apply"。继续拾取线 L_1，单击"Apply"，在弹出的对话框中选择"UZ"，单击"OK"。

（10）命令流

由于要读入大量的数据，因此采用命令流很方便，命令流如下。

```
*DO,1,1,50
LDREAD,TEMP,,,0.2*1,, 'weldingstress','rth',"!读入热分析的计算结果
OUTRES,ALL,LL,
TIME,0.2*I
DHLTIM,0.2,0.075,0.2,1
SOLVE
*ENDDO
*DO,1,1,20
LDREAD,TEMP,,,10+I*0.5,,'weldingstress','rth',"
OUTRES,ALL,ALL,
TIME,10+I*0.5
DELTIM,0.5,0.5,1,1
SOLVE
*ENDDO
*DO,I,1,30
LDREAD,TEMP,,,20+1,,'weldingstress','rth',''
OUTOES,ALL.ALL,
TIME.20+T
DELTOU,1,1,1
SOLVE
*ENDDO
*DO,I,1,105
LDREAD,TEMP,,,50+10*I,,'weldingstress','rth',"
OUTRES,ALL,ALL,
TIME,50+10*I
DELTIM,10,10,10,1
SOLVE
*ENDDO
```

（11）后处理

查看 0.2s 时的等效应力：单击 Main Menu>General Postproc>Read Results>By Pick，在弹出的对话框中选择"Time"为"0.2"的结果，单击"Read"。单击 Main Menu>General Postproc>Plot Results>Contour Plot>Nodal Solu，弹出节点求解数据"Contour Nodal Solution Date"对话框，选择 Nodal Solution>Stress>von Mises stress，单击"OK"，结果如彩插图 8-2 所示。

查看 5s 时的等效应力：单击 Main Menu>General Postproc>Read Results>By Pick，在弹出的对话框中选择"Time"为"5"的结果，单击"Read"。单击 Main Menu>General Postproc>Plot Results>Contour Plot>Nodal Solu，弹出节点求解数据"Contour Nodal Solution Date"对话框，选择 Nodal Solution>Stress>von Mises stress，单击"OK"，结果如彩插图 8-3 所示。

查看 10s 时的等效应力：单击 Main Menu>General Postproc>Read Results>By Pick，在弹出的对话框中选择"Time"为"10"的结果，单击"Read"。单击 Main Menu>General Postproc>Plot

Results>Contour Plot>Nodal Solu，弹出节点求解数据"Contour Nodal Solution Date"对话框，选择 Nodal Solution>Stress>von Mises stress，单击"OK"，结果如彩插图 8-4 所示。

练习题

（1）平板堆焊的有限元分析步骤是什么？

（2）利用电弧线材堆焊和利用粉末进行熔敷堆积的有限元模拟是否一样？为什么？

09

第 9 章
三维焊缝热应力分析

9.1 三维焊缝热应力分析案例

某钢焊接过程的焊缝热应力分析，选用厚度为 6mm 的 9Ni 钢进行数值模拟，焊接热源作为内部热源。分析采用的是两平板开 Y 形口三道焊缝进行焊接，采用如下焊接参数：焊接电压 U_1=36V；焊接电流为 50A；焊接速度 V=10mm/s；焊接有效系数为 0.7；电弧有效加热半径 R= 1mm。材料的热物理性能主要包括密度、比热容、弹性模量和屈服强度见表 9-1。在数值模拟计算中，热物理性能采用了经验数值。

表 9-1　钢的材料性能参数

温度 T/℃	比热容 c/[J/（kg·K）]	密度 ρ/（kg/m³）	弹性模量 E/（N·mm²）	屈服强度 Re_L/MPa
0	440	7859	210000	702
300	504	7770	196000	660
600	957	7650	145000	635
1000	1360	7600	30000	550
1300	2700	6750	2000	100
2000	2000	6750	2000	15

根据对称性，采用板的 1/2 进行数值模拟，在对称面上不考虑散热，其余各截面均需考虑散热作用。

命令流如下：

```
/clear
/filname,ex9-5
/title,thermal stress of welds
/prep7
et,1,plane77
et,2,solid90
```

```
v=0.01                                              !焊接速度
length=0.05
l_number=length/v
mptemp,1,0,300,600,1000,1300,2000
mpdata,DENS,1,1,7850,7770,7650,7600,6750,6750       !焊件性能
mpdata,DENS,2,1,7850,7770,7650,7600,6750,6750
mpdata,C,1,1,450,514,967,1370,2800,2000
mpdata,C,2,1,440,504,957,1380,2790,2000
mpdata,KXX,1,1,67,53,39,31,20,20
mpdata,KXX,2,1,67,53,39,31,20,20
rect,0,0.10,0,0.01                                  !几何建模
k,5,0.002
k,6,0.002,0.002
k,7,0.00662,0.01
k,8,0.00339,0.01112
k,9,0,0.0115
larc,7,9,8
a,1,5,6,7,9
agen,2,2
asba,1,2
aglue,all
k,20,0,-0.00385
circle,20,0.008,,,90
circle,20,0.012,,,90
asbl,3,4
asbl,2,5
esize,0.00075                                       !划分表格
smrtsize,7
mshape,1
amesh,3,5,1
esize,0.003
amesh,1
extopt,esize,l_number
extopt,aclear,1
mat,1
vext,3,5,1,,,length
mat,2
vext,1,,,,,length
nummrg,node
alls
finish
/solu                                               !求解设置
```

```
autots,on
outpr,nsol,all
outres,nsol,all
kbc,1
antype,trans                        !瞬态求解
timint,off
nsubst,4
d,all,temp,25
time,0.1
solve                               !求解
timint,on,ther
ddele,all,temp
time=0.01
*dim,s,array,8
*dim,e_node,array,20
*get,elem_max,elem,0,num,max
*get,elem_min,elem,0,num,min
*get,node_max,node,0,num,max
*get,node_min,node,0,num,min
*dim,node_ave,array,node_max
*do,j,node_min,node_max
alls
*if,nsel(j),eq,1,then
nsel,s,,,j
esln,s
*get,node_ave(j),elem,0,count
*endif
*enddo
alls
*do,kk,1,3
r=0.02
*if,kk,eq,1,then
q=3200*0.8
qmax=3*q/3.14/r/r
xc=0.11190e-02
yc=0.21451e-02
v_num=2
time_inc=length/l_number/v
*endif
*if,k,eq,2,then
q=4500*0.8
```

```
qmax=3*q/3.14/r/r
xc=0.20454e-02
yc=0.67334e-02
v_num=1
time_inc=length/l_number/1.5/v
*endif
*if,k,eq,3,then
q=5800*0.8
qmax=3*q/3.14/r/r
xc=0.29574e-02
yc=0.94731e-02
v_num=3
time_inc=length/l_number/2/v
*endif
*do,j,1,l_number
sfedele,all,all,hflux
vsel,s,,,v_num
eslv,s,1
nsel,r,loc,z,(j-1)*length/l_number+0.001,j*length/l_number-0.001
esln,r
ealive,all
zc=(j-0.5)*length/l_number
*do,i,elem_min,elem_max
*if,esel(i),eq,1,then
esel,s,,,i
*do,k,1,8
*get,e_node(k),elem,i,node,k
ss=e_node(k)
disp=sqrt((nx(ss)-xc)*(nx(ss)-xc)+(ny(ss)-yc)*(ny(ss)-yc)+(nz(ss)-zc)*(nz(ss)-zc))
eee=3*disp*disp/r/r
*if,eee,lt,25,then
s(K)=qmax*exp(-eee)/node_ave(e_node(k))
*else
s(k)=0
*endif
*enddo
*if,s(1)+s(2)+s(3)+s(4),ne,0,then
sfe,i,1,hflux,,s(1),s(2),s(3),s(4)
*endif
*if,s(1)+s(2)+s(5)+s(6),ne,0,then
sfe,i,2,hflux,,s(1),s(2),s(6),s(5)
```

```
*endif
*if,s(6)+s(2)+s(3)+s(7),ne,0,then
sfe,i,3,hflux,,s(2),s(3),s(7),s(6)
*endif
*if,s(1)+s(4)+s(5)+s(7),ne,0,then
sfe,i,5,hflux,,s(1),s(4),s(7),s(5)
*endif
*if,s(5)+s(6)+s(7)+s(8),ne,0,then
sfe,i,6,hflux,,s(5),s(6),s(7),s(8)
*endif
alls
*endif
*enddo
alls
asel,s,loc,z,0
asel,s,loc,z,length
asel,a,,,20,22,1
asel,a,,,17
sfa,all,1,conv,30,20
alls
time=time+time_inc
nsubst,5,10,3
lnsrch,on
time,time
solve
*enddo
time=time+3600
time,time
sfedele,all,all,hflux
solve
save
*enddo
finish
/prep7
etchg,tts
et,3,combin14
r,1,1000
mptemp
mptemp,1,0,300,600,1000,1300,1400,2000
mpdata,ex,1,1,2.1e11,1.96e11,1.45e11,2.1e10,0.3e7,2e7,2e7
mpdata,ex,2,1,2.1e11,1.96e11,1.45e11,2.1e10,0.3e7,2e7,2e7
```

```
mpdata,prxy,1,1,0.33,0.33,0.35,0.36,0.4,0.4
mpdata,prxy,2,1,0.33,0.33,0.35,0.36,0.4,0.4
mpdata,alpx,1,1,12e-6,12.6e-6,13.0e-6,13.4e-6,13.7e-6,14e-6,13.7e-6
mpdata,alpx,2,1,12e-6,12.6e-6,13.0e-6,13.4e-6,13.7e-6,14e-6,13.7e-6
mp,reft,1,20
mp,reft,2,20
tb,bkin,1,5
tbtemp,15
tbdata,1,280e6,2e9
tbtemp,800
tbdata,1,10e6,1e7
tbtemp,2500
tbdata,1,10e6,1e6
tbcopy,bkin,1,2
k,50,0.11,0.01
k,51,0.11,0.01.length
l,50,3
l,51,25
type,3
real,1
esize,,1
lmesh,49,50,1
finish
/solu
dk,10,all
da,8,ux
da,14,ux
da,18,ux
antype,trans
outpr,all,all
outres,all,all
kbc,0
autots,on
time,0.02
esel,s,mat,,1
ekill,all
esel,all
nsubst,1
solve
time=0.02
*do,k,1,3
```

```
*if,k,eq,1,then
v_num=2
time_inc=length/l_number/v
*endif
*if,k,eq,2,then
v_num=1
time_inc=length/l_number/1.5/v
*endif
*if,k,eq,3,then
v_num=3
time_inc=length/l_number/2/v
*endif
*do,j,1,l_number
vsel,s,,,v_num
eslv,s,1
nsel,r,loc,z,(j-1)*length/l_number+0.001,j*length/l_number-0.001
esln,r
ealive,all
alls
time=time+time_inc
bfdele,all,temp
ldread,temp,,,time,,,rth
nsubst,10,50,3
lnsrch,on
time,time
nlgeom,on
solve
*enddo
time=time+3600
bfdele,all,temp
ldread,temp,,,time,,,rth
time,time
solve
save
*enddo
finish
/post1
set,,,,,1.02
plnsol,bfe,temp,0,1.0                        !温度分布图
plnsol,s,eqv,0,1.0
finish
```

热应力分布图见图 9-1。

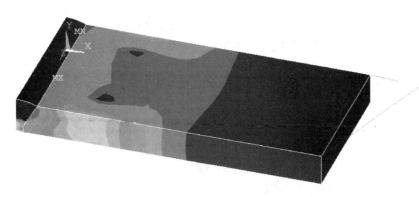

图 9-1　热应力分布图

9.2　港珠澳大桥建造中焊接热应力分析的应用

港珠澳大桥（图 9-2）是我国继三峡工程、青藏铁路之后又一项重大的基础设施建设项目，被英国《卫报》誉为"现代世界七大奇迹"之一。港珠澳大桥所在地地质结构复杂、施工环境恶劣、技术标准高、环保要求高。55 公里的超长距离、淤泥深厚以及海洋腐蚀环境严峻的外海施工环境、海底 40 多米深处建造最长的沉管隧道……港珠澳大桥自筹建之始就面临着一个个超级难题。

图 9-2　港珠澳大桥

港珠澳大桥钢箱梁制作总体采用成熟的长线法拼装技术在胎架上进行钢箱梁小节段拼装焊接，同时进行分段拼接，形成分段后下胎进行涂装。分段完成涂装后转运至大节段专用拼装胎架上进行大节段组焊及预拼装。大节段长细比较大，总体扭曲、旁弯、线形的控制是重点。为了使大节段拼装获得理想的几何尺寸、线形，通过有限元的分析、计算，对拼装厂房地面采取了加固措施，在梁段支撑位置铺设钢板，钢板上焊接纵向加劲肋。经过实时监测梁段线形高程，通过对地面沉降的连续观测，证明此处理措施有效地避免了地面局部沉降对

大节段制作线形的影响。另外，考虑到单点受力过大可能导致支点位置钢箱梁变形，还对钢箱梁主体结构进行了安全性验算，证明支撑梁段横肋板较横隔板更为安全。

大节段拼装场地位于广东省中南部，珠江三角洲中部，夏季炎热多雨，最高气温可达 37℃ 左右。为了研究温度效应对港珠澳深水区非通航孔桥体系转化过程的影响，确定合理的焊接施工时段，降低焊接过程对钢箱梁线形的影响，保证最终成桥线形满足设计要求，根据热传导和有限元基本原理，采用有限元方法建立了一段无铺装层钢箱梁三维模型，通过施加对流换热、长波热辐射及太阳辐射 3 种载荷，模拟钢箱梁与外界环境之间的热交换，求解其温度场分布规律；选取钢箱梁温度场预测分析时 4 个重要参数（风速、日极温度、热辐射率和钢板表面的热流密度），对钢箱梁顶、底板温差进行参数敏感性分析；通过数值分析模拟不同时刻温度效应对钢箱梁焊接施工的影响，并根据施工质量控制标准，将顶、底板温差低于 2℃ 作为施工控制性条件。经工程实践证明：大节段在厂房内拼装将顶底板温差控制在 ±2℃ 范围内，能有效避免顶底板温差过大而导致钢箱梁大节段精度难以控制、线形变化及测量数据离散性较大等问题。

10

第 10 章
丁字接头温度场及应力场分析

10.1　生死单元法

在 ANSYS 中，单元的生死功能被称为单元非线性，是指一些单元在状态改变时表现出的刚度突变行为。

（1）单元生死的原理

在 ANSYS 中，单元的生死功能是通过修改单元刚度的方式实现的。单元被"杀死"时，它不是从刚度矩阵删除了，而是它的刚度降为一个低值，杀死的单元的刚度乘以一个极小的减缩系数（缺省为 1.0×10^{-6}）。为了防止矩阵奇异，该刚度不设置为 0。与杀死的单元有关的单元载荷矢量（如压力、温度）是零输出，对于杀死的单元质量、阻尼和应力刚度矩阵设置为 0。单元一被杀死，单元应力和应变就被重置为 0。

当单元"活"的时候，也是通过修改刚度系数的方式实现的。所有的单元，包括开始被杀死的，在求解前必须存在，这是因为在分析过程中刚度矩阵的尺寸不能改变，所以，被激活的单元在建模时就必须建立，否则无法实现杀死与激活。

当单元被重新激活时，它的刚度、质量与载荷等参数被返回到真实状态。

当大变形效应打开时，为了与当前的节点位置相适应，单元被激活后，其形状会被改变（拉长或压短）。当不使用大变形效应时，单元将在原始位置被激活。

当单元"激活"后，它们没有任何应变历史记录，它们通过生和死操作被"退火"，生的时候所有应力和所有应变等于零。

（2）单元生死求解过程

① 建立模型。对将要进行杀死或激活的单元进行分组。

② 定义第一个载荷步。在第一个载荷步中，必须选择分析类型和适当的分析选项。通常情况下，应该打开大应变效应，而且当要使用单元死活行为时，必须在第一个载荷步中明确设置选项。

③ 其余载荷步。在接下来的载荷步中，可以按照设计好的流程，将单元杀死或激活。

④ 查看结果。与常规计算类似。

（3）使用生死单元的注意事项

① 约束方程不能施加在死的自由度上。

② 程序默认的单元刚度系数不一定适用，可根据实际问题进行调整。

③ 在非线性分析中，注意不要让单元的死活导致奇异点的出现，这样会导致不收敛。

④ 可以通过计算结果来判断单元是否应该被杀死和激活，比如轴力、应变等。

（4）对于外加载荷的应特别注意事项

① 对于杀死的单元，单元载荷矢量（压力、温度）自动置零。

② 质量被置零，加速度载荷也不影响杀死的单元。

③ 集中节点力不能自动从杀死单元的自由度中删除，用户必须手动删除杀死节点的集中载荷。类似地，当单元重新激活时，这些节点载荷必须重新施加。

④ 对于重新激活单元，所有单元和惯性载荷（压力、温度和加速度）被恢复。

（5）边界条件的提示

① 当杀死单元被重新激活时，若想保持单元的形状，则约束杀死单元的节点可能是重要的，重新激活单元时，务必删除这些人为的约束。

② 不与任何单元连接的节点会"漂移"，有些情况下，可能想约束杀死的自由度，以减少要求解的方程数目。

③ 注意约束方程不能用于杀死的自由度。

10.2　问题描述

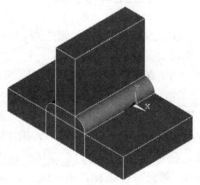

对丁字接头焊接件两条焊缝凝固过程的温度场进行分析，几何模型如图 10-1 所示。底板：200mm× 120mm×34mm；立板：120mm×100mm×34mm；圆柱：R17mm。焊条及两块钢板的材料为 Q235 钢，其物理性能见表 10-1。初始条件：焊接件的温度为 25℃，焊缝温度 2000℃；对流边界条件：热导率 0.0005W/(m·℃)，空气温度 25℃。求 2000s 后整个焊接件的温度分布。

图 10-1　丁字接头几何模型

表 10-1　材料相关参数

温度/℃	0	2643	2750	2875	3000
热导率 /[W/(m·℃)]	5×10⁻⁴				
比热容/[J/(kg·℃)]	0.2				
密度/(kg/m³)	0.2833				
热焓/(J/mol)	0	128.1	163.8	174.2	184.6

10.3　操作步骤

（1）定义分析文件名

选择应用菜单 File>Change Jobname，在弹出的对话中输入"Welding4"，点击"OK"；File>Change Directory，在弹出的对话框中选择存储的目标文件夹后点击"OK"。File>Change

Title，在弹出的对话框中输入"Welding4"，点击"OK"。选择应用菜单 Plot>Replot。从主菜单中选择 Preference，选择分析类型 Thermal 后点击"OK"。如图 10-2 所示。

图 10-2　Preferences 对话框

（2）定义单元类型

从主菜单中选择 Preprocesor>Element Type>Add/Edit/Delete，在弹出的对话框中选择"Add"，再在弹出的对话框中选择 Solid 和 Brick 8node 70，点击"OK"，再点击"Close"。如图 10-3 所示。

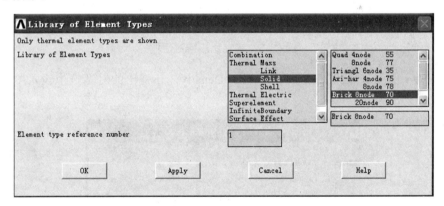

图 10-3　单元类型对话框

（3）定义焊缝及钢板的材料属性

① 定义右边焊缝的材料属性。

定义热导率：从主菜单中选择 Preprocessor>Material Props>Material Models，在弹出的对话框中右侧点击 Thermal>Conductivity>Isotropic，在弹出的对话框中输入热导率 0.5e-3，如图 10-4 所示，完毕点击"OK"。

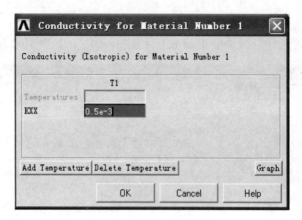

图 10-4　定义热导率对话框

定义比热容：点击对话框右侧的 Thermal>Specific Heat，在弹出的对话框中输入 0.2，如图 10-5 所示，完毕点击"OK"。

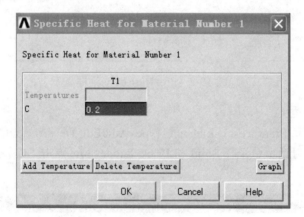

图 10-5　定义比热容对话框

定义密度：点击对话框右侧的 Thermal>Density，在弹出的对话框中输入 0.2833，如图 10-6 所示，完毕点击"OK"。

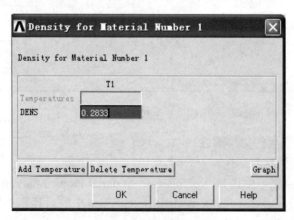

图 10-6　定义密度对话框

定义焓参数：点击对话框右侧的 Thermal>Enthalpy，在弹出的对话框中连击 4 次"Add Temperature"，然后按图 10-7 将参数输入对话框。完毕点击"OK"。

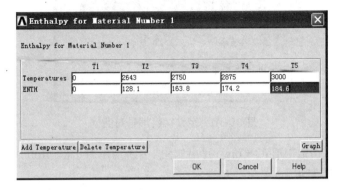

图 10-7　定义焓参数对话框

② 定义两钢板的材料属性。

点击定义材料属性对话框中的 Material>New Model，在弹出的对话框中点击"OK"，如图 10-8 所示。

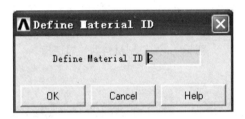

图 10-8　定义钢板材料编号

点击材料属性对话框中的 Edit>Copy，弹出如下对话框，from……中选择 1，to……中输入 2，如图 10-9 所示，完毕点击"OK"。

图 10-9　材料复制对话框

这样，材料 2 复制了材料 1 的全部属性。由于钢板属性不需要焓参数，因此要删掉材料 2 中的 Enthalpy。先选中材料 2 中的 Enthalpy，然后点击 Edit>Delete。（在一些版本中，需要右键点击材料 2 中的 Enthalpy，再选中菜单中的 Delete。）

③ 定义左边焊缝的材料属性。

左焊缝的材料属性与右焊缝的完全一样，可以直接复制材料 1 的属性。点击材料属性对话框中 Material>New Model，弹出如下对话框，如图 10-10 所示，点击"OK"。

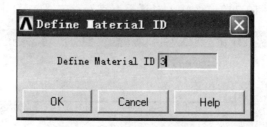

图 10-10　定义材料编号对话框

点击材料属性对话框中 Edit>Copy，弹出如图 10-11 所示对话框，from……中选择 1，to……中输入 3，完毕点击"OK"。

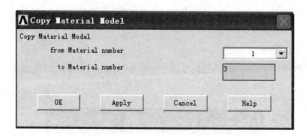

图 10-11　复制材料属性对话框

设置完毕后如图 10-12 所示。

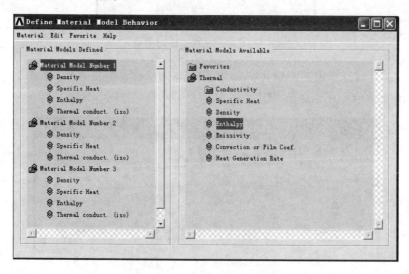

图 10-12　材料属性对话框

（4）几何建模

① 建立长方体。

从主菜单中选择 Preprocessor>Modeling>Create>Volumes>Block>By Dimension，在弹出的对话框的 X1，X2，Y1，Y2，Z1 和 Z2 中按照下图数据输入，每组数据输入完成后点击"Apply"，输入最后一组数据完成后需点击"OK"。如图 10-13 所示。

Create Block by Dimensions

[BLOCK] Create Block by Dimensions

X1,X2 X-coordinates	-0.17	0.17
Y1,Y2 Y-coordinates	0	0.34
Z1,Z2 Z-coordinates	0	1.2

OK　　Apply　　Cancel　　Help

Create Block by Dimensions

[BLOCK] Create Block by Dimensions

X1,X2 X-coordinates	0.17	0.34
Y1,Y2 Y-coordinates	0	0.34
Z1,Z2 Z-coordinates	0	1.2

OK　　Apply　　Cancel　　Help

Create Block by Dimensions

[BLOCK] Create Block by Dimensions

X1,X2 X-coordinates	0.34	1
Y1,Y2 Y-coordinates	0	0.34
Z1,Z2 Z-coordinates	0	1.2

OK　　Apply　　Cancel　　Help

Create Block by Dimensions

[BLOCK] Create Block by Dimensions

X1,X2 X-coordinates	-0.17	0.17
Y1,Y2 Y-coordinates	0.34	0.51
Z1,Z2 Z-coordinates	0	1.2

OK　　Apply　　Cancel　　Help

Create Block by Dimensions

[BLOCK] Create Block by Dimensions

X1,X2 X-coordinates	-0.17	0.17
Y1,Y2 Y-coordinates	0.51	1.34
Z1,Z2 Z-coordinates	0	1.2

OK　　Apply　　Cancel　　Help

图 10-13　建立长方体对话框

② 平移坐标系。

从应用菜单中选择 Work Plane>Offset WP by Increments，弹出如下的工作坐标系平移对话框，在 X，Y，Z Offsets 中输入 0.17，0.34，0。完毕点击"OK"。如图 10-14 所示。

③ 建立圆柱体。

从主菜单中选择 Preprocessor>Modeling>Create>Volumes>Cylinder>By Dimension，弹出圆柱体建立对话框。在 RAD1、RAD2、Z1、Z2、THETA1 和 THETA2 依次输入 0.17、0、0、1.2、0 和 90。完毕点击"OK"。如图 10-15、图 10-16 所示。

图 10-14　平移坐标系对话框

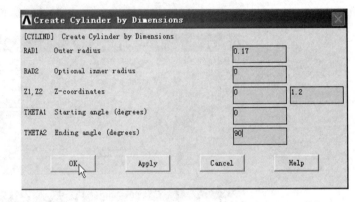

图 10-15　建立圆柱体对话框

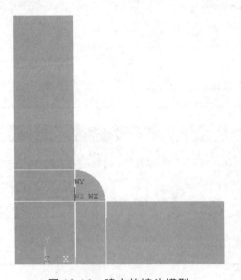

图 10-16　建立的接头模型

④ 复制。

从应用菜单中选择 Work Plane>Offset WP to>Global Origin。从主菜单中选择 Preprocessor>Modeling>Reflect>Volumes，在弹出的对话框中选中 V2、V3、V6，点击"OK"。在弹出的体映射复制对话框中点击"OK"，如图 10-17、图 10-18 所示。

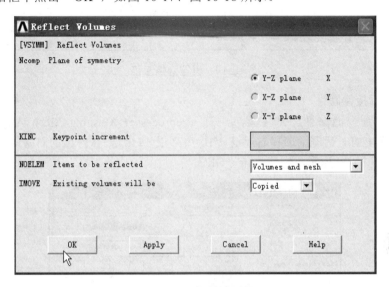

图 10-17 复制对话框

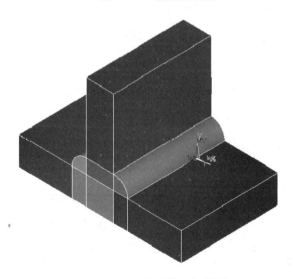

图 10-18 完整的几何模型

（5）布尔操作

从主菜单中选择 Preprocessor>Modeling>Operate>Booleans>Glue>Volumes，在弹出的对话框中点击"Pick All"。

（6）设置单元网格划分密度

从主菜单中选择 Preprocessor>Meshing>Size Cntrls>Manualsize>Global>Size，在弹出的对话框 Element edge length 中输入 0.05，如图 10-19 所示，完毕点击"OK"。

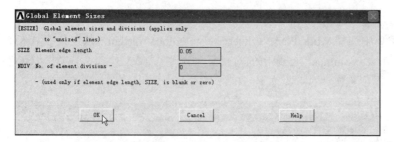

图 10-19　设置网格密度

（7）设置焊接件属性

①　设置右边焊缝属性。从主菜单中选 Preprocessor>Meshing>Mesh Attributes>Picked Volumes，在弹出的对话框中选择右焊缝 V10 后点击"OK"，在弹出的对话框中选择 1 和 1 SOLID70，如图 10-20 所示。完毕点击"OK"。

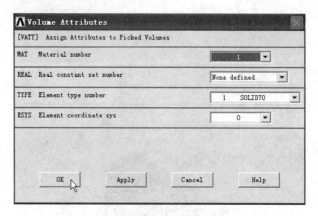

图 10-20　设置右边焊缝属性对话框

②　设置两钢板属性。从主菜单中选择 Preprocessor>Meshing>Mesh Attributes>Picked Volumes，在弹出的对话框中选择两钢板 V1、V12~V17（除两柱状焊缝外其他部分）后点击"OK"，在弹出的对话框中选择 2 和 1 SOLID70，如图 10-21 所示，完毕点击"OK"。

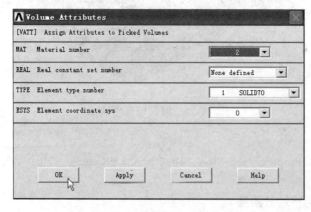

图 10-21　设置钢板属性对话框

③　设置左边焊缝属性。从主菜单中选择 Preprocessor>Meshing>Mesh Attributes>Picked

Volumes，在弹出的对话框中选择左焊缝 V11 后点击"OK"，在弹出的对话框中选择 3 和 1 SOLID70，如图 10-22 所示。完毕点击"OK"。

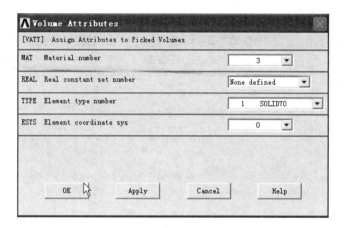

图 10-22　设置左边焊缝属性对话框

（8）划分单元

从应用菜单中选择 Select>Everything，选择所有对象。从主菜单中选择 Preprocessor>Meshing>Mesh>Volume Sweep>Sweep，点击"Pick All"。划分单元后的有限元模型如图 10-23 所示。

（9）杀死左焊缝单元

从主菜单中选择 Preprocessor>Loads>Load Step Opts>Other>Birth&Death>Kill Elements，在弹出的对话框中选择 Min，Max，Inc，输入 9577，9888，1 后按回车，如图 10-24 所示。完毕点击"OK"。从应用菜单中选择 Select>Everything，选择所有对象。

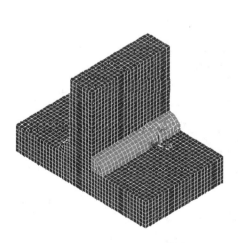

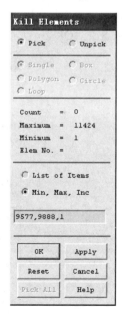

图 10-23　网格划分后的模型　　　　　图 10-24　杀死单元对话框

（10）温度偏移量设置

从主菜单中选择 Solution>Analysis Type>Analysis Options，在弹出的对话框的 TOFFST 中输入 460，如图 10-25 所示。

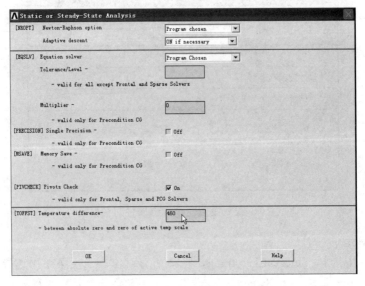

图 10-25　温度偏移设置对话框

（11）稳态求解

进行稳态求解，得到温度的初始条件（分析时间：1s）。

① 施加初始温度。

对焊缝施加初始温度：从应用菜单中选择 Select Entities>Elements、By Attributes 和 Material num，在 Min，Max，Inc 中输入 1，点击"Apply"。再选择 Nodes、Attached to、Elements 和 From Full，点击"OK"。点击"Replot"，显示出所选单元。如图 10-26 所示。

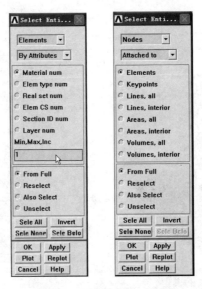

图 10-26　选择实体对话框

从主菜单中选择 Solution>Define Loads>Apply>Thermal>Temperature>On Nodes，在弹出的对话框中点击"Pick All"，弹出如下图所示的温度约束条件施加对话框。在 Lab2……中选择 TEMP，在 VALUE……中输入 3000，完毕点击"OK"。如图 10-27 所示。

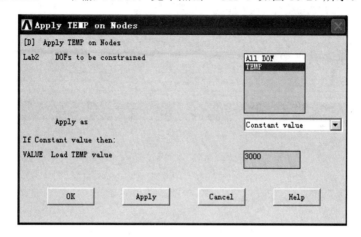

图 10-27　施加温度对话框

对两钢板施加初始温度：从应用菜单中选择 Select Entities>Nodes、By Num/Pick 和 From Full，然后点击"Invert"。

从主菜单中选择 Solution>Define Loads>Apply>Thermal>Temperature>On Nodes，在弹出的对话框中点击"Pick All"，弹出图 10-28 所示对话框。在 Lab 中选择 TEMP，在 VALUE 中输入 70，完毕点击"OK"。

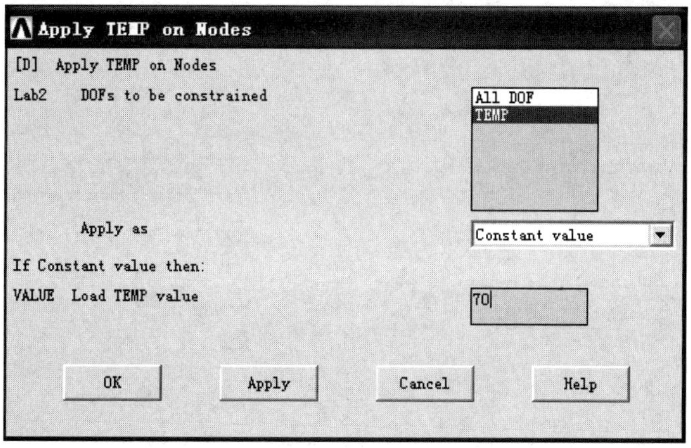

图 10-28　对钢板施加温度

② 设置求解选项。

从主菜单中选择 Solution>Analysis Type>New Analysis，在弹出的对话框中选择 Transient，完毕点击"OK"，如图 10-29 所示。在随后的对话框中接受默认设置，点击"OK"。

从主菜单中选择 Solution>Load Step Opts>Time/Frequenc>Time Integration>Newmark Parameters，在弹出的对话框中将 TIMINT 设置为 Off，点击"OK"，如图 10-30 所示，即定义为稳态分析。

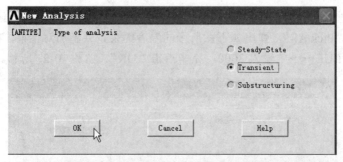

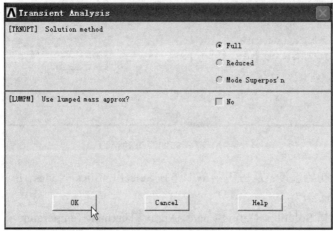

图 10-29　设置求解项

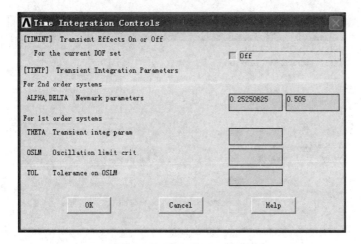

图 10-30　设置稳态分析

从主菜单中选择 Solution>Load Step Opts>Time/Frequenc>Time-Time Step，设定 TIME 为 1，然后点击"OK"，如图 10-31 所示。

③ 求解。从应用菜单中选择 Select>Everything。从主菜单中选择 Solution>Solve>Current LS。

（12）右边焊缝液固相变瞬态求解

进行瞬态求解，分析右焊缝液固相变过程（分析时间：1~100 s）。

① 删除温度载荷。从主菜单中选择 Solution>Define Loads>Delete>Thermal>Temperature>On

Nodes，在弹出的对话框中点"Pick All"，在弹出的约束条件删除对话框中选 TEMP，完毕点击"OK"，如图 10-32 所示。

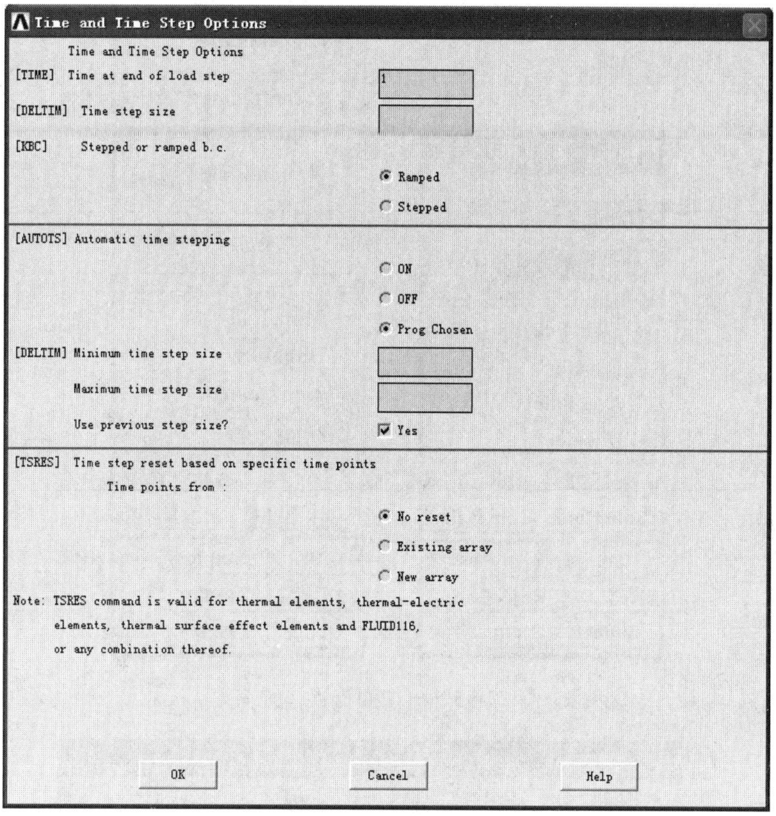

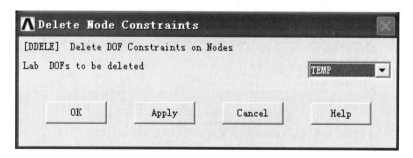

图 10-31　设置时间

图 10-32　删除节点约束

② 施加对流换热载荷。从应用菜单中选择 Select Entities> Areas、Exterior 和 From Full，点击"Apply"。再选择 Areas、By Location 和 Y coordinates，在 Min，Max 中输入 0，选择 Unselect，完毕点击"OK"。如图 10-33 所示。

从主菜单中选择 Solution>Define Loads>Apply>Thermal>Convection>On Areas，在弹出的对话框中点击"Pick All"，弹出图 10-34 所示对话框，在 VALI 中输入 5e-5，VAL2I 中输入 70，完毕点击"OK"。

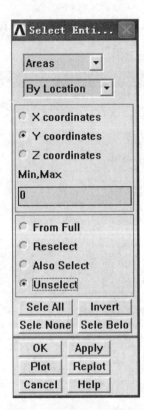

图 10-33　施加对流换热载荷

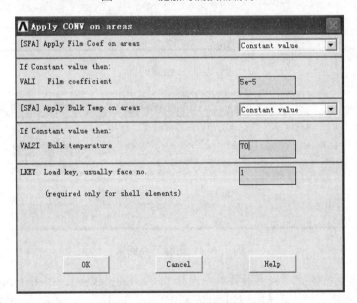

图 10-34　施加载荷到面积

③ 瞬态求解设置。从主菜单中选择 Solution>Load Step Opts>Time/Frequenc>Time Integration> Newmark Parameters，在弹出的对话框中将 TIMINT 设置为 On，点击 "OK"，如图 10-35 所示，即定义为瞬态分析。

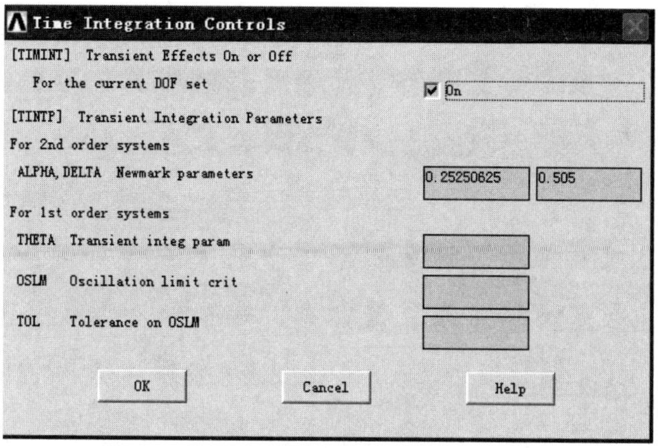

图 10-35　瞬态求解设置

　　从主菜单中选择 Solution>Load Step Opts>Time/Frequenc>Time-Time Step，在弹出的对话框中设定 TIME 为 100，DELTIM 为 1，KBC 中选择 Stepped，将 AUTOTS 设置为 ON，Minimum time step size 设置为 0.5，Maximum time step size 设置为 10，然后点击 "OK"，如图 10-36 所示。

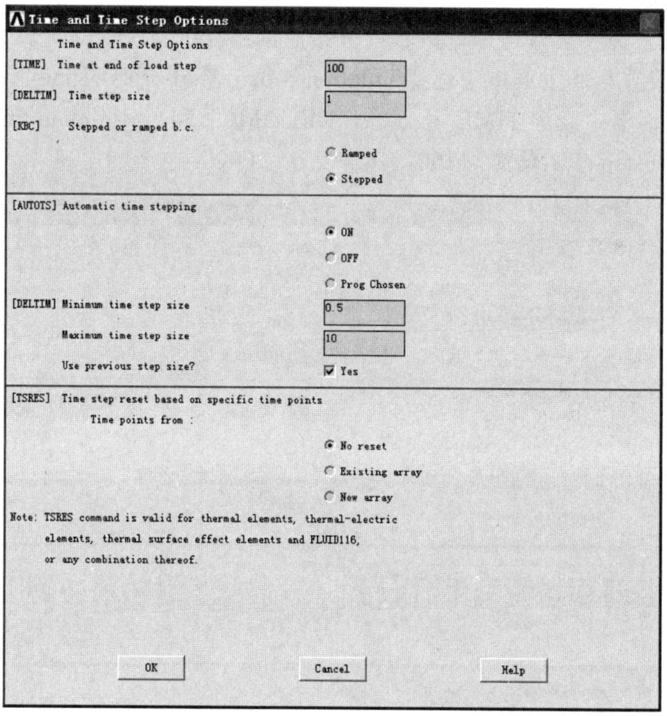

图 10-36　时间步设置

　　④ 输出控制对话框。从主菜单中选择 Solution>Analysis Type>Sol'n Controls，在弹出的对话框 Frequency 中选择 Write every substep，如图 10-37 所示，完毕点击 "OK"。
　　⑤ 求解。从应用菜单中选择 Select >Everything。从主菜单中选择 Solution>Solve>Current LS。

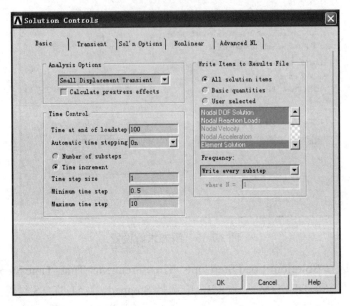

图 10-37　输出对话框设置

（13）右边焊缝凝固过程瞬态求解

进行瞬态求解，分析右焊缝凝固过程（分析时间：100～1000 s）。

① 瞬态求解设置。从主菜单中选择 Solution>Load Step Opts>Time/Frequenc>Time-Time Step，在弹出的对话框中设定 TIME 为 1000，DELTIM 为 50，Minimum time step size 设置为 10，Maximum time step size 设置为 100，然后点击"OK"，如图 10-38 所示。

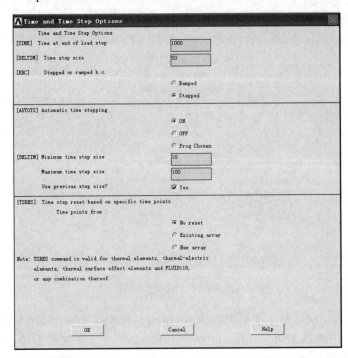

图 10-38　时间步设置

② 求解。从主菜单中选择 Solution>Solve>Current LS。

（14）短暂的瞬态求解

激活所有单元，进行短暂的瞬态求解（进行准稳态分析），得到温度的初始条件（分析时间：1000~1001s）。

① 激活左焊缝单元。从主菜单中选择 Solution>Load Step Opts>Other>Birth&Death>Kill Elements，在弹出的对话框中选择 Min，Max，Inc，输入 9577,9888,1 后按回车，如图 10-39 所示。完毕点击"OK"。从应用菜单中选择 Select>Everything，选择所有对象。

② 施加左焊缝的温度载荷。从应用菜单中选择 Select Entities>Elements、By Attributes、Material num 和 From Full，在 Min，Max，Inc 中输入 3，点击"Apply"。再选择 Nodes、Attached to、Elements 和 From Full，点击"OK"。

③ 从主菜单中选择 Solution>Define Loads>Apply>Thermal>Temperature>On Nodes，在弹出的对话框中点"Pick All"。在弹出的对话框中在 Lab 中选择 TEMP，在 VALUE 中输入 3000，完毕点击"OK"。从应用菜单中选择 Select>Everything，选择所有对象。

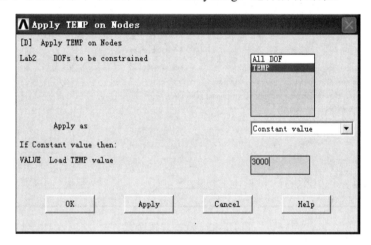

图 10-39　施加温度载荷

④ 瞬态求解设置。从主菜单中选择 Solution>Load Step Opts>Time/Frequenc>Time-Time Step，在弹出的对话框中设定 TIME 为 1001，DELTIM 为 1，AUTOTS 设置为 ON，Minimum time step size 设置为 1，Maximum time step size 设置为 1，然后点击"OK"，如图 10-40 所示。

⑤ 求解。从主菜单中选择 Solution>Solve>Current LS。

（15）左边焊缝液固相变瞬态求解

进行瞬态求解，分析左焊缝液固相变过程（分析时间：1001~1100 s）。

① 删除温度载荷。从主菜单中选择 Solution>Define Loads>Delete>Thermal>Temperature>On Nodes，在弹出的对话框中点"Pick All"，在弹出的约束条件删除对话框中选 TEMP，完毕点击"OK"。

② 瞬态求解设置。从主菜单中选择 Solution>Load Step Opts>Time/Frequenc>Time-Time Step，在弹出的对话框中设定 TIME 为 1100，DELTIM 为 1，AUTOTS 设置为 ON，Minimum time step size 设置为 0.5，Maximum time step size 设置为 10，然后点击"OK"。从应用菜单中选择 Select>Everything，选择所有对象。

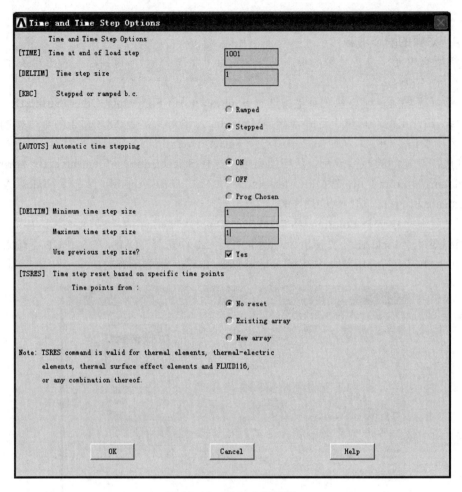

图 10-40　瞬态求解设置

③ 求解。从主菜单中选择 Solution>Solve>Current LS。

（16）左边焊缝凝固过程瞬态求解

进行瞬态求解，分析右焊缝凝固过程（分析时间：1100~2000s）。

① 瞬态求解设置。从主菜单中选择 Solution>Load Step Opts>Time/Frequenc>Time-Time Step，在弹出的对话框中设定 TIME 为 2000，DELTIM 为 100，Minimum time step size 设置为 10，Maximum time step size 设置为 200，然后点击"OK"。

② 求解。从主菜单中选择 Solution>Solve>Current LS。

（17）后处理

① 显示 1s 和 2s 后温度场分布云图。从应用菜单中选择 PlotCtrls>Window Controls> Window Options，在弹出的对话框的 INFO 中选择 Legend ON，DATE 中选择 No Date or Time，然后点击"OK"。如图 10-41 所示。

从主菜单中选择 General Postproc>Read Result>By Pick，弹出下图所示的结果读取对话框，选中第 1 个载荷步的分析结果后，点击"Read"，然后点击"Close"。如图 10-42 所示。

从主菜单中选择 General Postproc>Plot Result>Contour Plot>Nodal Soul，在弹出的对话框中选择 DOF solution>Nodal Temperature，点击"OK"。如图 10-43 所示。

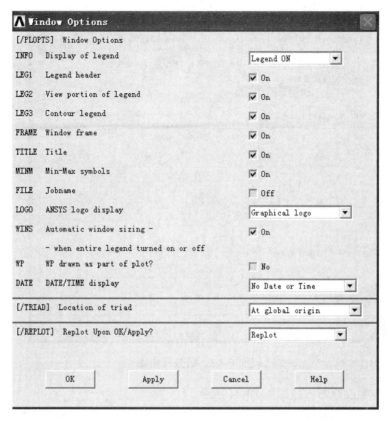

图 10-41　显示设置

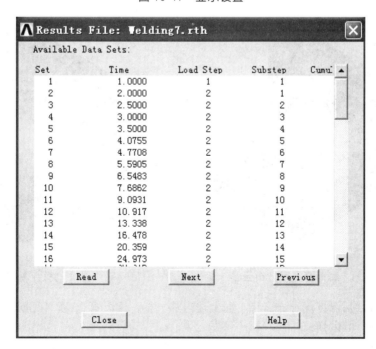

图 10-42　结果文件

图 10-43　后处理设置

第 1 载荷步温度分布云图如图 10-44 所示。

按同样的方法读取第 2 步（时间为 2s）的温度分布云图（先 Read 再 Plot），如图 10-45 所示。

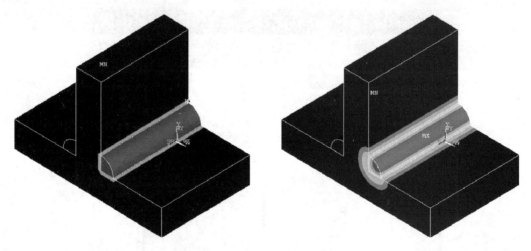

图 10-44　第 1 载荷步温度分布云图　　　　　图 10-45　　第 2 载荷步温度分布云图

② 显示 100s 后温度场分布云图。同上述方法一样，读取第 25 步（时间为 100s）的温度云图结果，如图 10-46 所示。

③ 显示 1000s 后温度场分布云图。同上述方法一样，读取第 37 步（时间为 1000s）的温度云图结果，如图 10-47 所示。

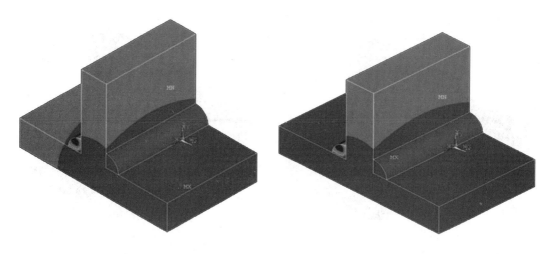

图 10-46　100s 后温度场分布　　　　　图 10-47　1000s 后温度场分布

④ 显示 1001s 后温度场分布云图。同上述方法一样，读取第 38 步（时间为 1001s）的温度云图结果，如图 10-48 所示。

⑤ 显示 1002s 后温度场分布云图。同上述方法一样，读取第 39 步（时间为 1002s）的温度云图结果，如图 10-49 所示。

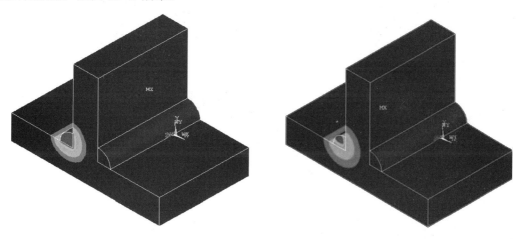

图 10-48　1001s 后温度场分布　　　　　图 10-49　1002s 后温度场分布

⑥ 显示 1100s 后温度场分布云图。同上述方法一样，读取第 60 步（时间为 1100s）的温度云图结果，如图 10-50 所示。

⑦ 显示 2000s 后温度场分布云图。同上述方法一样，读取第 68 步（时间为 2000s）的温度云图结果，如图 10-51 所示。

⑧ 焊接过程动画。从应用菜单中选择 PlotCtrls>Animate>Over Results，在弹出对话框的 Model result data 中选择 Load Step Range，在 Range Minimum，Maximum 中输入 1，6，在 Display Type 中的左侧选中 DOF solution，右侧选择 Temperature TEMP，将 Auto contour scaling 设置为 On，点击 "OK"。如图 10-52 所示。放映过程中，PlotCtrls>Animate>Save Animate 可存储动画。

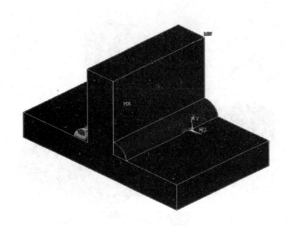

图 10-50　1100s 后温度场分布

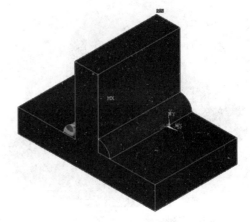

图 10-51　2000s 后温度场分布

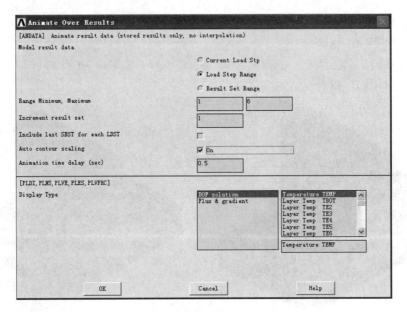

图 10-52　过程动画设置

第 11 章
点焊有限元分析

ANSYS 是大型的通用有限元分析软件，该软件集结构、热、流体、电磁、声学于一体，在我国的机械制造、航空航天、交通、铁道、石油化工、能源、土木工程等领域得到应用，为各领域产品设计、科学研究做出了贡献。ANSYS/LS-DYNA 模块是 ANSYS 公司采用 LSTC（Livermore Software Technology Corporation）公司开发的 LS-DYNA 程序求解器，并且开发了针对 LS-DYNA 的前处理器，用来处理高度非线性的瞬态动力学问题。

两平板各长 80mm、宽 40mm、厚 2mm，相互搭接，4 组点焊固连；左端固定，右端给定速度拉开，时间速度关系见表 11-1。

表 11-1　参数设置表

时间/ms	沿 X 向速度/（mm/ms）
0.0	0.0
10.0	0.3048
20.0	0.3048

材料特性：弹性模量 68.9GPa，密度 $2.7 \times 10^{-6} kg/mm^3$，泊松比 0.33，初始屈服极限 0.286GPa；$\beta = 1.0$（Harding Parm 硬化参数），随动硬化，单面接触。

失效条件：$\left(\dfrac{|f_n|}{S_n} \right)^n + \left(\dfrac{|f_n|}{S_n} \right)^m \geqslant 1$，$S_n = 7.854kN$，$S_s = 4.534kN$，$n = m = 2.0$

式中，S_n 为正应力；S_s 为剪切力；n 为正应力指数；m 为剪切力指数。

（1）模型建立

1）建立两个搭接平面　依次单击"开始"＞"程序"＞ANSYS5.7＞Interactive，运行"Interactive5.7"，弹出对话框。在"Product select"的下拉选框里选中"ANSYS/LS-DYNA"。在"Working directory"里键入工作目录或者从后面的目录选择按钮选择。在"Initial jobname"里键入需要建立的文件名。

根据自己内存的配置，设置所需内存"Memory requested（megabytes）"，一个是总工作区的"for Total Workspace"，一个是存储数据用的"for Database"。

其他选项保持默认，单击下面"Run"按钮，启动 ANSYS/LS-DYNA 模块，打开工作界面，包括适用菜单"Utility Menu"、命令输入窗口"Input"、工具箱"Toolbar"、主菜单和图形显示窗口"Graphics"，还有一个被挡住的命令输出窗口。

单击 Utility Menu: File>Change Title...，弹出对话框，在空白文本区键入需要的标题，本例为"high velocity impact of projectile on target"，然后单击下面的"OK"按钮。

两平面在 Z 向相距 2mm，即板的厚度，如图 11-1 所示（建议直接使用命令流完成此步，将建立模型段的代码复制到输入栏中即可）。

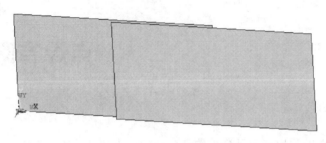

图 11-1　建立平面

2）选择单元　依次选择 Main Menu>Preprocessor>Element Type>Add/Edit/Delete，在弹出的对话框中选择"Add"按钮，在左侧"LS-DYNA Explicit"中选择"SHELL163"，单击"OK"按钮，通过单击"Options"按钮打开对话框，选择算法，此处选择"S/R Hughes"。

3）定义材料　依次选择 Main Menu>Preprocessor>Material Props>Material Models，弹出"Define Material Mode Behavior"对话框，在"Material Modes Defined"一栏中默认材料号 1，在"Material Modes Available"中依次选择 LS_DYNA>Nonlinear>Inelastic>Kinematic Hardening>Plasticity Kinematic，在打开的对话框上指定"DENS=2.7e-6""EX=68.9""NUXY=0.33""Yield Stss=0.286""Tangent Modulus=0.00689""Beta=1.0"。单击"OK"按钮，关闭对话框。

4）网格划分　依次选择 Main Menu>Preprocessor>MeshTool，在打开的网格划分工具上，首先分配单元属性和指定单元尺寸，然后指定"Mesh"为"Areas"，在"Shape"选择"Quad"和"Mapped"，单击"Mesh"按钮，拾取要划分网格的面，单击"OK"按钮。具体效果如图 11-2 所示。

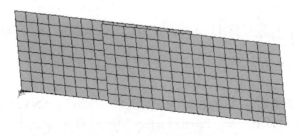

图 11-2　网格划分

（2）点焊和接触的定义

1）定义点焊　依次选择 Main Menu>Preprocessor>LS-DYNA Option>Spotweld>Massless Spotweld，弹出拾取对话框，在网格上拾取要定义点焊的节点（注意，连续选择两个节点，且存在点焊关系的这两个节点不重合，即必须是两个独立的节点），单击"OK"，在弹出的"Create Spotweld between nodes"（点焊定义）对话框上填入点焊失效条件，连续定义 4 组点焊。

2）定义接触　依次选择 Main Menu>Preprocessor>LS-DYNA Option>Contact>Define Contact，在弹出的"Contact Parameter Definitions"（接触参数定义）对话框上选择单面接触的自动接触模式。

（3）加载与求解

1）约束固定端　依次选择 Main Menu>Solution>Constraints>Apply>On Lines，拾取左侧边（即 X=0 的线），单击"OK"按钮，在打开的对话框上选择"UX""UY""UZ""ROTX""ROTY""ROTZ"作为约束自由度，值为"0"，单击"OK"按钮，效果如图 11-3 所示。

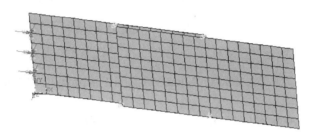

图 11-3　约束固定端

2）定义时间和速度数组　首先依次选择 Main Menu>Parameters>Array Parameters>Define/Edit，在打开的对话框上单击"Add"按钮，定义两个一维数组，名为"time"和"V"；然后单击"Edit"按钮编辑数组中的数值，即将时间和速度的值输入，保存并关闭。

3）定义组件　首先依次选择 Main Menu>Select>Entities，在打开的对话框中直接单击"OK"，然后选择右侧边上的节点。

依次选择 Main Menu>Select>Comp/Assembly>Create Component，在打开的对话框上给定新建组件名称"new"，组件内容为节点（即刚才选择的节点），单击"OK"按钮。

4）施加速度　依次选择 Main Menu>Solution>Loading Option>Specify Loads，在打开的对话框上设定"UX"，施加给"new"，数值分别选择"time"和"V"，结果如图 11-4 所示。

依次选择 Utility Menu>Select>Everything。

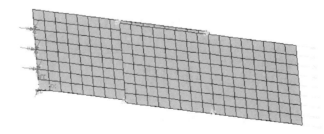

图 11-4　施加速度的结果

5）设定求解时间　依次选择 Main Menu>Solution>Time Controls>Solution Time，在打开的对话框上输入求解终止时间为"8"。

6）设定输出文件控制　依次选择 Main Menu>Solution>Output Controls>File Output Freq>Number of Steps，在打开的对话框上设置".rst"文件输出步数为"40"，".his"文件输出步数为"40"。

7）求解　依次选择 Main Menu>Solution>Solve，结果如图 11-5 所示。

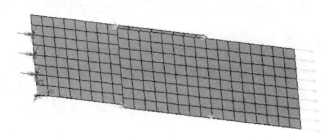

图 11-5　求解

（4）查看结果

1）读入计算结果　依次选择 Main Menu>General Postproc>Read Results，选择要查看的某计算步的结果，即读入。

2）打开单元形状，查看计算结果　总体位移与变形前的对比如图 11-6 所示，等效应力变化云图如彩插图 11-7 所示。

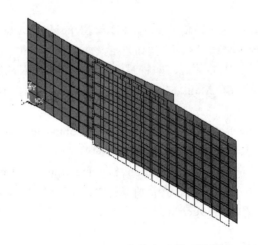

图 11-6　位移变形前后比较

练习题

（1）电阻点焊和电弧焊接的有限元分析的区别是什么？

（2）练习多排电阻点焊有限元模拟。

参考文献

[1] 祝效华，余志详. ANSYS 高级工程有限元分析范例精选 [M]. 北京：电子工业出版社，2004.

[2] 张乐乐，苏树强，谭南林. ANSYS 辅助分析应用基础教程上机指导 [M]. 北京：清华大学出版社，北京交通大学出版社，2007.

[3] 陈家权，肖顺湖，杨新彦，等. 焊接过程数值模拟热源模型的研究进展 [J]. 装备制造技术，2005（03）：10-14.

[4] 高耀东，刘学杰. ANSYS 机械工程应用精华 50 例 [M]. 北京：电子工业出版社，2011.

[5] 尚晓江，邱峰，赵海峰. ANSYS 结构有限元高级分析方法与范例应用 [M]. 北京：中国水利水电出版社，2008.

[6] 邵蕴秋. ANSYS 8.0 有限元分析实例导航 [M]. 北京：中国铁道出版社，2003.

[7] MOAVNENI S. 有限元分析 [M]. 欧阳宇，王卷，等译. 北京：电子工业出版社，2012.

[8] 赵海欧. LS-DNYA 动力分析指南 [M]. 北京：兵器工业出版社，2003.

[9] 赵经文，王宏钰. 结构有限元分析 [M]. 哈尔滨：哈尔滨工业大学出版社，1988.

[10] 贺李平，龙凯，肖介平. ANSYS 13.0 与 HyperMesh 11.0 联合仿真有限元分析 [M]. 北京：机械工业出版社，2012.

[11] 江民圣. ANSYS Workbench 19.0 基础入门与工程实践 [M]. 北京：人民邮电出版社，2019.

[12] 程久欢，陈利，于有生. 焊接热源模型的研究进展 [J]. 焊接技术，2004，33（1）：13-15.

[13] 龚曙光，黄云清. 有限元分析与 ANSYS APDL 编程及高级应用 [M]. 北京：机械工业出版社，2003.

[14] 谢元峰. 基于 ANSYS 的焊接温度场和应力的数值模拟研究 [D]. 武汉理工大学，2006.

[15] 蒋春松，孙洁，朱一林. ANSYS 有限元分析与工程应用 [M]. 北京：电子工业出版社，2012.

[16] 杨建国. 焊接结构有限元分析基础及 MSC.Marc 实现 [M]. 北京：机械工业出版社，2009.

[17] 张树丽，郭忠，柳丹. 基于 ANSYS 的 L 型焊接件温度场分析 [J]. 汽车实用技术，2018（14）：120-122.

[18] 阚前华. ANSYS 高级工程应用实例分析与二次开发 [M]. 北京：电子工业出版社，2006.

[19] 陈楚. 数值分析在焊接中的应用 [M]. 上海：上海交通大学出版社，1985.

[20] 武传松. 焊接热过程数值分析 [M]. 哈尔滨：哈尔滨工业大学出版社，1990.

[21] 孙雪英，卢岳川，臧峰刚. 焊接残余应力有限元分析技术研究 [J]. 原子能科学技术，2008，42（1）：593-596.

[22] 王国强. 实用工程数值模拟技术及其在 ANSYS 上的实践 [M]. 西安：西北工业大学出版社，1999.

[23] 谭建国. 使用 ANSYS6.0 进行有限元分析 [M]. 北京：北京大学出版社，2002.

[24] 胡仁喜，康士廷. ANSYS15.0 热力学有限元分析从入门到精通 [M]. 北京：机械工业出版社，2016.

[25] 张朝晖. ANSYS 热分析教程与实例解析 [M]. 北京：中国铁道出版社，2007.

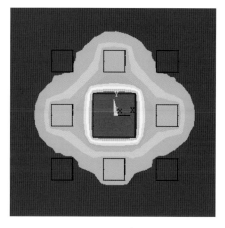

图 5-11　温度云图

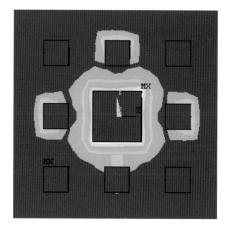

图 5-12　多芯片的热梯度云图

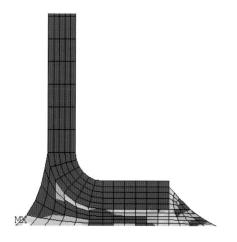

图 6-16　第一主方向塑性应变云图

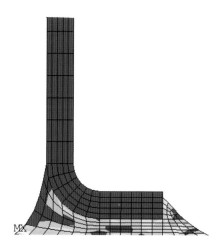

图 6-19　等效塑性应变云图（一）

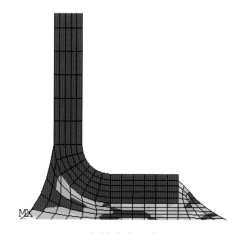

图 6-20　塑性应变强度分布云图

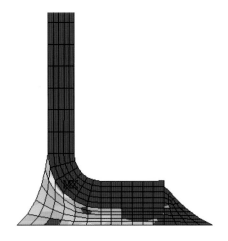

图 6-31　等效塑性应变云图（二）

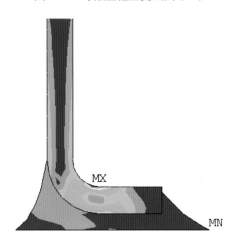

图 6-35　等效应力云图

图 7-9　总体等效应力分布云图

图 7-10　总体等效塑性应变分布云图

 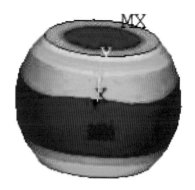

图 7-11 焊球等效应力分布云图　　　　图 7-12 焊球等效塑性应变分布云图

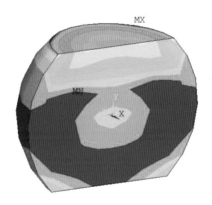

图 7-13 焊球半结构等效应力分布云图

图 7-14 焊球半结构等效塑性应变分布云图

图 8-2　焊件 0.2s 时的等效应力云图

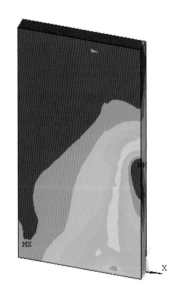

图 8-3　焊件 5s 时的等效应力云图

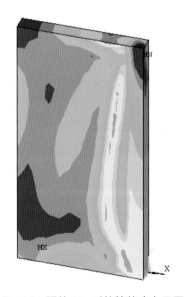

图 8-4　焊件 10s 时的等效应力云图

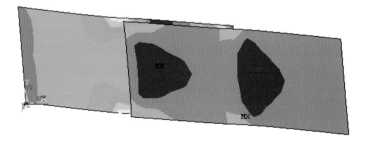

图 11-7　等效应力变化云图